新
艺述

U0348806

孙振涛——著

3D动画电影研究

本体理论与文化表征

文化藝術出版社
Culture and Art Publishing House

图书在版编目（CIP）数据

3D动画电影研究：本体理论与文化表征 / 孙振涛著.
—北京：文化艺术出版社，2019.9

ISBN 978-7-5039-6740-5

Ⅰ.①3… Ⅱ.①孙… Ⅲ.①三维—动画—制作—研究 Ⅳ.①TP391.41

中国版本图书馆CIP数据核字（2019）第154160号

3D动画电影研究——本体理论与文化表征

著　　者　孙振涛
责任编辑　魏　硕　郭丽媛
书籍设计　赵　矗
出版发行　文化艺术出版社
地　　址　北京市东城区东四八条52号　（100700）
网　　址　www.caaph.com
电子邮箱　s@caaph.com
电　　话　（010）84057666（总编室）　84057667（办公室）
　　　　　（010）84057696—84057699（发行部）
传　　真　（010）84057660（总编室）　84057670（办公室）
　　　　　（010）84057690（发行部）
经　　销　新华书店
印　　刷　国英印务有限公司
版　　次　2019年11月第1版
印　　次　2019年11月第1次印刷
印　　张　18.125
字　　数　260千字
开　　本　787毫米×1092毫米　1/16
书　　号　ISBN 978-7-5039-6740-5
定　　价　68.00元

本书系福建省社科规划基础研究后期资助项目“3D动画转型及其文化表征”（项目编号：FJ2017JHQZ006）和华侨大学高层次人才科研启动资助项目“3D动画研究”（项目编号：17SKBS218）的结项成果

目　录

导论　建构 3D 动画研究的文化维度　1

第一节　3D 动画的崛起　3

第二节　国内外研究现状述评　11

第三节　研究思路和方法　14

第四节　研究框架　18

第一章　3D 动画的本体论　21

第一节　3D 动画是什么　23

第二节　3D 动画的类型确立　30

第三节　视觉真实感及其意义　41

第四节　去分化：3D 动画的文化逻辑　50

第二章　规约与创构：3D 动画的审美张力　71

第一节　文体演化视域中的 3D 动画　73

第二节　传统动画作为惯例的规约意义　76

第三节　技术诱引下的审美创构　85

第四节　“艺术界”及其仲裁功能　105

第三章　3D 动画及其美学生成的结构语境　111
第一节　一个比特的时代　113
第二节　3D 动画场域的形成　118
第三节　消费社会、视觉文化与 3D 动画奇观　124
第四节　3D 动画新感性与后现代话语　135

第四章　在呈现中建构：3D 动画表征中的文化意味　147
第一节　3D 动画表征中的文化意味及其批判立场　149
第二节　从“分化”到“去分化”的意义生成　154
第三节　3D 动画，作为单向度的“肯定的文化”　159
第四节　3D 动画表征中的商品与拜物　168

第五章　作为现代性文化表象的 3D 动画　179
第一节　3D 动画是现代性的一种文化表象　181
第二节　3D 动画全球化与文化帝国主义　186
第三节　现代性视域下的 3D 动画合理性问题　194
第四节　3D 动画，现代的？后现代的？　203

第六章　利用 3D 技术提升国产动画中华文化传播力　207
第一节　“国漫复兴”与国家文化安全　209
第二节　新语境，新动画：3D 动画的传播优势　222
第三节　国产动画的文化主体性建构　229
第四节　国产 3D 动画的民族化问题　242

结 语 3D 动画展望及其表征重建 261

参考文献 268

后 记 277

导论　建构 3D 动画研究的文化维度

对某一事物的研究，根据不同的研究目的和研究方法，可以有不同的切入方式。3D 动画的研究更是如此，因为作为动画领域中新崛起的动画形态，3D 动画富含了太多可资读解的科学技术、政治、经济等社会信息，本书对于 3D 动画的研究，意欲采取的是一种文化的观照方式。

“文化”一词，无疑是一个宽泛和复杂的概念，同时也是一个历史性概念，向来被认为属于英语中最难以界定的几个词汇之一，其含义随着历史的发展而不断发生扩展和位移。英文 culture 是从古法文 cultura 和拉丁文 colere 发展而来的，具有“耕种”“居住”等词义，直至今日，在权威的英文大辞典中依然保留着“土壤的耕作、某一动植物的生长发育”这一释义项[①]。随着人类生存空间和生活方式的改变，“文化”的含义也在发生改变，进而专指人类精神层面的社会建构，被用来指称“诸种艺术以及其他人类智慧成果的展现”[②]、“对艺术及智慧的崇尚或产品；艺术、文学、风度等精致品位；由教育或培训得到的提升；文明的某一阶段或形式；文化群落”[③]等。由于该词的当代意义关联于人类的精神领域，其意义植根于现实的生活世界，因此，“对文化的分析不是一种寻求规律的实验科学，而是一种探求意义的解释科学”[④]。

---

① David B. Guralnik (eds.), *Webster's New World Dictionary of The American Language*, Willim Collins Publishers, Inc., 1980, p.345.

② Judy Pearsall and Patrick Hanks (eds.), *The New Oxford Dictionary of English*, Oxford: Clarendon Press, 1998, p.447.

③ Wendalyn R. Nichols, et al. (eds.), *Random House Webster's College Dictionary*, New York: Random House, 1999, p.323.

④ [美] 克利福德·格尔茨:《文化的解释》，韩莉译，译林出版社 1999 年版，第 5 页。

英国著名学者雷蒙·威廉斯在其著名的《文化分析》一文中曾经对“文化”一词进行了恰当的分析界定。

> 文化一般有三种含义。首先是“理想的”文化定义，根据这个定义，就某些绝对或普遍价值而言，文化是人类完善的一种状态或过程。如果这个定义能被接受，文化分析在本质上就是对生活或作品中被认为构成一种永恒秩序、或与普遍的人类状况有永久关联的发现和描写。其次是“文献式”文化定义，根据这个定义，文化是知性和想象作品的整体，这些作品以不同的方式详细记录了人类的思想和经验。从这个定义出发，文化分析是批评活动，借助这种批评活动，思想和体验的性质、语言的细节，以及它们活动的形式和惯例，都得到描写和评价。……最后，是文化的“社会”定义，根据这个定义，文化是对一种特殊生活方式的描述，这种描述不仅表现艺术和学问中某些价值和意义，而且也表现制度和日常行为中的某些意义和价值。从这样一种定义出发，文化分析就是阐明一种特殊方式、一种特殊文化隐含或外显的意义和价值。①

从威廉斯的这一经典“文化”界定出发，本书对于 3D 动画采取的“文化的”观照方式之“文化”，建基于威廉斯的第三种定义，即“社会”定义，将文化看作一种特殊生活方式的描述，进而将对文化的分析聚焦于意义和价值的阐释。

基于“文化”的“社会”定义之上的 3D 动画文化观照便意味着将 3D 动画看作一个社会（生活方式）的表征过程，透过这一艺术符号表层，进而深入其丰厚宽广的社会文化关联域，从而证明这一特殊文化形态所蕴含的“特殊生活方式”之意义生成。

---

① ［英］雷蒙·威廉斯:《文化分析》，赵国新译，载罗钢、刘象愚主编《文化研究读本》，中国社会科学出版社 2000 年版，第 125 页。

第一节　3D 动画的崛起

一个新事物崛起的完整阶段总是悄然而漫长的，它需要静候旧势力的式微和新生力量的成长、成熟，但无论怎样漫长的过程，呈现于历史表面的总归于一个特定的历史节点，作为一个标志和仪式，这个节点以一个隐喻而闪烁。

如果抛去节点表层下的“暗流汹涌”，在动画电影的新旧势力之间界定出那个历史节点之所在，1994 年至 1995 年，无疑是一个相当恰当的选择。它见证了“旧”的式微与“新”的崛起。

1994 年，迪士尼动画长片《狮子王》的巨大成功，成了迪士尼传统二维动画无法逾越的高峰。该片于 1994 年 6 月 24 日在美国上映，凭借影片在卡通形象塑造、故事叙述以及壮丽场景建构方面的精良品质，甫一上映便观众如潮。在 1995 年第 67 届奥斯卡颁奖晚会上，该片将最佳电影配乐和最佳电影原创歌曲两项大奖收入囊中。随后《狮子王》被译成 27 种语言，在 46 个国家和地区上映，并受到广泛赞叹和欢迎。最终，该片在美国本土创造了 3.28 亿美元票房，在全球更是创造了 7.834 亿美元的票房纪录，从而成为电影史上唯一进入票房前十名的卡通片。[①]

① 参见李四达编著《迪斯尼动画艺术史》，清华大学出版社 2009 年版，第 172 页。

图0-1 《狮子王》海报

从某种意义上来说，《狮子王》可以看作沃尔特·迪士尼去世之后，由艾斯纳入主迪士尼帝国所开启的长篇剧情动画复兴的一个终结。这个长篇动画复兴始自 1989 年的《小美人鱼》，该片上映后美国票房收入 1.1 亿美元，同时收获奥斯卡最佳音乐奖；紧随其后的是 1991 年的《美女和野兽》及 1992 年的《阿拉丁》，两片分别在美国本土狂收 1.45 亿美元和 2 亿美元，并都获得了奥斯卡奖项。这股良好的发展态势至 1994 年的《狮子王》达到顶峰，《狮子王》以其灿烂夺目的巨大成功为这次的迪士尼动画长片复兴画上了一个完美的句号，也为传统二维动画的黄金时代画上了一个完美的句号。从此，传统二维动画的风光不再，并走上了一条急剧式微的“下坡路”。

《狮子王》之后，至 2003 年，迪士尼宣布公司将全面转向 3D 电脑动画近十年的时间里，推出的传统二维动画长片有《风中奇缘》《钟楼怪人》《大力士》《花木兰》《幻想曲 2000》《变身国王》《亚特兰蒂斯：失落的帝国》《星银岛》《星际宝贝》《熊的传说》《牧场是我家》11 部。纵观这 11 部动画长片，除了《花木兰》和《星际宝贝》在评论和票房上还差强人意外，其他几部均遭遇了失败，比如《亚特兰蒂斯：失落的帝国》《星银岛》《熊的传说》

《牧场是我家》均没有收回成本，如果除去宣传推广的资金投入，有的影片甚至是近似于“颗粒无收”的惨败。[①]

在新旧千年的交替里，与传统二维动画的式微形成鲜明对比的却是另一股新生势力的强势崛起，即 3D 动画的“横空出世”。

1995 年是一个在动画史上值得大书特书的年份，因为在这一年里，《玩具总动员》的诞生宣告了一种动画新形态的问世。

图0-2　《玩具总动员》海报

1995 年 11 月 22 日，《玩具总动员》上映，“周三首映，到周末就获得 1000 万美元的收入，之后的周末三天又入账 2800 万美元。它可以算是有史以来在感恩节上映的最成功的影片。放映头 12 天，《玩具总动员》共挣得 6470 万美元”，“《玩具总动员》成为 1995 年最卖座的电影。它也是首部获奥斯卡最佳原创剧本提名的动画电影。1996 年拉塞特被奥斯卡授予特别成就奖，表彰他对皮克斯《玩具总动员》团队的杰出领导，带来了世界上第一部电脑动画长片”。[②]

① 参见李四达编著《迪斯尼动画艺术史》，清华大学出版社 2009 年版，第 185—221 页。

② ［美］大卫·A.普莱斯：《皮克斯总动员：动画帝国全接触》，吴怡娜等译，中国人民大学出版社 2009 年版，第 138—139 页。

自 1995 年《玩具总动员》公映以来，3D 动画以令人瞠目结舌的视觉效果和票房收益不断刷新着人类的观影期待，也在不断重新调整着界定一部动画影片“成功”与否的票房标准。仅以迪士尼 / 皮克斯合作出品的一系列 3D 动画为例，几乎每一部影片都取得了巨大的成功。1998 年，《虫虫危机》上映，共收得美国 1.62 亿美元、全球 3.63 亿美元的票房，成为当年动画长片票房冠军；次年，《玩具总动员 2》上映，再次刷新动画片票房纪录——美国 2.45 亿美元、全球 4.85 亿美元；2001 年，《怪兽电力公司》上映，上映 10 天即突破 1 亿美元大关，全美票房再创新高，达到 2.55 亿美元，全球 5.25 亿美元；2003 年，《海底总动员》最终以 3.4 亿美元的票房成绩超过真人电影《加勒比海盗》，成为年度北美票房冠军，打破了 1994 年迪士尼传统二维卡通动画《狮子王》保持的 3.28 亿美元的动画片最高票房纪录，该片的全球票房更是让人难以置信地高达 8.64 亿美元，从而超过了由《狮子王》保持的 7.834 亿美元的全球票房纪录，成为动画历史上一个新的里程碑；2004 年，《超人总动员》上映一周即在北美票房排行榜以 7000 万美元的票房成绩傲视群雄，最终以北美 2.5 亿美元、全球 6.2 亿美元的票房成绩收官。[1]

图0-3 《海底总动员》海报

① 参见李四达编著《迪斯尼动画艺术史》，清华大学出版社 2009 年版，第 259—283 页。

2006 年 5 月，迪士尼成功收购皮克斯，之后推出的一系列 3D 动画继续以不可抗拒的强势续写着 3D 动画的票房辉煌。《赛车总动员》《美食总动员》《机器人总动员》均取得了不俗的票房成绩。尤其值得一提的是，借助立体电影技术在 21 世纪的“复兴”，迪士尼 / 皮克斯顺时推出的 3D 立体动画进一步提升了 3D 动画的视觉感染力，由其推出的 3D 立体动画《霹雳狗》《飞屋环游记》《玩具总动员 3》等也都获得了巨大的成功。

不只是迪士尼 / 皮克斯，在美国，其他电影制作公司也纷纷推出 3D 动画电影。梦工厂、20 世纪福克斯、华纳、索尼 / 哥伦比亚等电影制作公司，均紧随迪士尼 / 皮克斯之后顺应时势推出了自己的 3D 动画电影。

下面这张 3D 动画年表可以有力地证明了在 21 世纪初 3D 动画所确立的强势地位。

表 0-1　2000—2010 年由迪士尼 / 皮克斯、梦工厂、20 世纪福克斯、华纳、索尼 / 哥伦比亚出品的主要 3D 动画长片名录及其票房收益[①]

片名	出品年份	美国票房（美元）	出品公司
冰冻星球	2000	22753426	20 世纪福克斯
怪物史莱克	2001	267665011	梦工厂
怪兽电力公司	2001	255000000	迪士尼 / 皮克斯（下：迪士尼）
最终幻想	2001	34223025	索尼 / 哥伦比亚（下：索尼）
冰河世纪	2002	176387405	20 世纪福克斯
海底总动员	2003	340000000	迪士尼
怪物史莱克 2	2004	441226247	梦工厂
鲨鱼黑帮	2004	160861908	梦工厂
超人总动员	2004	250000000	迪士尼
极地特快	2004	162775358	华纳

① 本表格参考援引了李四达编著《迪斯尼动画艺术史》（清华大学出版社 2009 年版）第 242、246 页的相关数据。

（续表）

片名	出品年份	美国票房（美元）	出品公司
加菲猫	2004	75280117	20 世纪福克斯
马达加斯加	2005	193595521	梦工厂
机器人历险记	2005	128200012	20 世纪福克斯
战鸽总动员	2005	19450000	迪士尼
四眼天鸡	2005	120000000	迪士尼
森林保卫战	2006	155020000	梦工厂
鼠国流浪记	2006	64488856	梦工厂
别惹蚂蚁	2006	18152994	华纳
冰河世纪 2	2006	195330000	20 世纪福克斯
加菲猫 2	2006	195330000	20 世纪福克斯
快乐的大脚	2006	17967038	华纳
棒球小英雄	2006	11594000	20 世纪福克斯
丛林大反攻	2006	84303558	索尼
赛车总动员	2006	244082982	迪士尼
狂野大自然	2006	36322586	迪士尼
怪物史莱克 3	2007	307908000	梦工厂
蜜蜂总动员	2007	122355577	梦工厂
艾尔文和花栗鼠	2007	94476107	20 世纪福克斯
冲浪企鹅	2007	58867694	索尼
新忍者神龟	2007	54149098	华纳
美食总动员	2007	198196000	迪士尼
拜见罗宾逊一家	2007	97800000	迪士尼
霍顿与无名氏	2008	105000000	20 世纪福克斯

（续表）

片名	出品年份	美国票房（美元）	出品公司
功夫熊猫	2008	215434591	梦工厂
机器人总动员	2008	223808164	迪士尼
太空黑猩猩	2008	30105968	20 世纪福克斯
马达加斯加 2	2008	130000000	梦工厂
闪电狗	2008	90053000	迪士尼
怪兽大战外星人	2009	200000000	梦工厂
飞屋环游记	2009	293004164	迪士尼
冰河世纪 3	2009	336000000	20 世纪福克斯
美食从天而降	2009	120000000	索尼
玩具总动员 3	2010	415004880	迪士尼
怪物史莱克 4	2010	250000000	梦工厂
驯龙记	2010	201000000	梦工厂

一边是传统二维动画的急剧式微，另一边是 3D 动画的强势崛起，在 21 世纪的第一个十年里，动画电影完成了新旧势力的历史交替。作为一个象征性的历史事件，2004 年 1 月 12 日，迪士尼公司关闭了位于美国佛罗里达州奥兰多市的传统动画工作室，工作室的 260 名员工绝大部分下岗，只有极少数制作人员转到位于加州的迪士尼公司总部工作。次年又宣布关闭澳大利亚 Disneytoon 工作室，在此之前，迪士尼已相继关闭了位于法国、加拿大、日本的传统动画工作室。迪士尼公司宣布自此以后将全面转向 3D 动画的制作和生产。

不只是美国，3D 动画电影在世界范围内都开始攻城略地，当然，由于 3D 动画技术和资金的限制，美国之外的其他地区并没有像美国本土这样迅速地完成新旧交替，但 3D 动画作为动画电影的主流形态已成为动画电影未来一个时期发展的趋势，其他国家也在不断推出自己的 3D 动画电影，比如法国相继推出了《盖娜》《复活》《巨龙猎人》等 3D 动画电影，西班牙推出了《骑士歪传》，比利时推出了《带我去月球》，挪威推出了《解救吉米》，韩国推出了《倒霉熊》系列，泰国推出了《小战象》等 3D 动画影片，德国于 2004 年推出了三部 3D 动画，《重返戈雅城》是目前德国最为昂贵的动画之一；日本也推出了《苹果核战记》《生化危机：恶化》《2077 日本锁国》《弃宝之岛》《猫屎一号》等影片，我国第一部 3D 动画电影是由环球数码制作的《魔比斯环》，之后又有《向钱冲，向前冲》《阿童木》《麋鹿王》《齐天大圣前传》《超蛙战士》《世博总动员》等 3D 动画问世。

对于传统二维动画的式微与 3D 动画的崛起，不管我们是否愿意看到这样的情形，这已经构成了一个事实。当然，这仅仅是对传统二维动画与 3D 动画在 21 世纪前后 10 多年里的发展状况的描述，至于 3D 动画是否能够取代传统二维动画这样的问题，笔者不拟做出简单判断。对于这个问题，历来仁者见仁、智者见智，如戴艽仪在《法国传统动画〈美丽城三重奏〉与〈大雨大雨一直下〉的启示》中就表达了这样的看法："2003 年迪士尼总裁艾斯纳公开宣称：二维动画的时代即将走到尽头，就像黑白电视已经走到了尽头一样，并指出未来迪士尼将不再推出二维动画长片。有趣的是，同年不仅有《大雨大雨一直下》与《美丽城三重奏》两部法国动画长片上映，向来以二维动画著称的宫崎骏作品更是人气不断上升。……二维动画长片至今尚未满一个世纪，有数字科技作为工具，应探索更多新的可能。数字科技并不代表手绘或人文思考已经过时，反而让人们开始重新思考动画艺术在手绘过程与人文期待的新方向。"① 与戴艽仪表达了相似意见的还有英国阿德曼动画工作室创始人之一的彼得·罗德和荷兰著名独立动画导演葛瑞·凡·狄克，他们在访谈中均支持了这一倾向。② 同时，这一观点显然不能得到迈克尔·斯克洛金斯等人的认同，他们代表了另一种相对的看法，认为"未来几年，电脑动画片可预期只会越来越多，甚至排挤传统的电影市场，或者说电影已经无

① 参见余为政主编《动画笔记》，海洋出版社 2009 年版，第 176 页。
② 参见余为政主编《动画笔记》，海洋出版社 2009 年版，第 391、408 页。

法不使用电脑特效等相关技术，让我们拭目以待，迎接崭新的世纪来临”[①]，“传统动画的历史最早可以追溯到 20 世纪的前几年，而 21 世纪无疑是电脑动画的黄金时代”[②]，“您认为偶动画技术，是否终将会被电脑所取代？——噢，我必须悲观地告诉你，我认为会的”[③]。

对此问题，笔者认为仓促地下结论是不可取的，正如马克思在《哲学的贫困》里所说的那样，一切事物都是发展的、变化的，没有什么东西是永存的，所有东西都同它们所表现的关系一样，仅仅是“历史的暂时的产物”。既然一切事物均是历史的暂时的产物，没有什么事物不处于变化发展之中，那么我们就应该把历史的东西还给历史，没有理由把不能固定的事物仓促固定下来。

3D 动画的问题亦应作如是观，属于历史的问题就让历史本身去做结论吧。

第二节　国内外研究现状述评

如上所述，动画电影的崛起已是一个不争的事实。

对于这个事实，存在很多问题需要梳理，比如为何会出现 3D 动画的崛起？ 3D 动画的本体是什么？ 3D 动画在审美上与传统动画的关系如何？ 3D 动画表征中蕴含了怎样的诗学和政治经济学意义？在当下的全球化语境中又该如何看待 3D 动画的全球扩张以及国产 3D 动画的民族化问题，等等，诸如此类的问题，均涉及对于 3D 动画的学理体认，也涉及 3D 动画的实际创作。

这些问题不是伪问题，而是实实在在摆在当下 3D 动画面前急需解答的

① 参见余为政主编《动画笔记》，海洋出版社 2009 年版，第 70 页。
② 参见余为政主编《动画笔记》，海洋出版社 2009 年版，第 80 页。
③ 参见余为政主编《动画笔记》，海洋出版社 2009 年版，第 389 页。

学理追问。

然而遗憾的是，无论是国外的学术界，还是国内的诸学人，对这些问题均没有引起足够的重视。在 3D 动画已经崛起 10 多年并借助于立体技术的复兴而展现无限发展可能性的今天，对于 3D 动画系统全面的学理探讨和深度批评却依然处于“缺席”状态，这不能不说是一件令人困惑的事情。

对于国内外 3D 动画的研究状况，如下文所述。

国外对于 3D 动画的研究，无论是专业图书还是学术论文以及硕士、博士学位论文，绝大多数均集中于对 3D 动画技术开发和应用的实际研究，诸如迈克尔·奥·鲁尔克的《三维计算机动画原理：建模、描绘和 3D 计算机图形》(Michael O. Rourke，*Principles of Three-Dimensional Computer Ani-mation: Modeling, Rendering & Animating with 3D Computer Graphics*) 等这一类的技术实用研究代表了国外 3D 动画研究的基本形态。维克特·克娄的《电脑三维动画与艺术》部分章节中涉及一点理论文化，但相当有限，更多地停留在技术史层面。目前尚无从理论文化方面对 3D 动画进行全面系统研究的学术专著。

相较于国外的研究现状，国内对于 3D 动画的研究稍有改善，主要分为以下三部分。

第一部分是散见于各“动画概论”教材中的部分章节，如在贾否、路盛章的《动画概论》，聂欣如的《动画概论》，冯文、孙立军的《动画概论》，丁海祥、姚桂萍的《动画概论》，刘小林、钱博弘的《动画概论》，容旺乔的《动画概论》，吕江的《动画概论》，宫承波的《动画概论》，郑勤砚的《动画概论》，朱明健、周艳的《动画概论》，黄晨的《动画概论》，王传东、艾琳的《动画概论》，李洋、李卫国的《动画概论》，王可的《动画概论》，吴振尘的《动画概论》，董立荣、张庆春的《动画概论》，傅忠勇的《卡通动漫概论》，王健的《动画艺术概论》，曹小卉、黄颖的《现代动画概论》，金辅堂的《动画艺术概论》等“概论”中，均对 3D 动画进行了介绍。

第二部分是发表在各学术期刊上的学术论文，计有聂欣如的《电脑图像与动画》《新媒体动画片的传统性》，侯庚洋的《好莱坞三维动画长片特征初探》，赖义德的《三维动画电影的审美新特点》，赖辉、刘俊生的《技术不等于艺术——关于三维动画》，冯欣的《2D动画和3D动画的对比》，周梅婷的《3D动画时代，“中国学派”的应对思路探析》，关于梁汉森的采访《国产3D动画电影：摸着石头过河》，周靖的《并行发展还是前后更迭》，康凯的《三维动画在中国的发展及现状分析》，唐红平的《三维动画创造性的语言》，吴起的《三维动画的历史与当代格局》，徐振东的《三维动画与平面动画的艺术特征比较》，刘跃军的《数字三维动画艺术个性研究》等多篇论文。除了这些单篇发表的学术论文外，台湾著名动画学者余为政先后主编出版的两部动画论文集《动画电影探索》和《动画笔记》中，共收入了5篇有关3D动画的论文，计有《电脑3D动画制作经验谈——麦可强森的首张成绩单〈小阳光的天空〉》《电脑动画的发展与应用》《动画电影的数字革命》《电脑动画的过去与现在》《关于二维和三维动画的思考》（此篇论文是由美国学者迈克尔·斯克洛金斯所撰）。

第三部分是关于3D动画研究的硕士、博士学位论文。在中国最大的学位论文数据库CNKI上以“三维动画”或“3D动画”作为关键词进行搜索，可以检索到多篇硕士、博士学位论文，代表性的博士学位论文为卢涤非的《一种基于样例的三维动画生成方法》和关东东的《三维动画设计中若干数字几何处理问题研究》，属于计算机技术和计算机数学领域，无涉3D动画的理论文化；代表性的硕士学位论文中，计有熊少巍的《中国民间艺术形式在三维动画形象中的运用》、吴小武的《以环球数码的发展为例分析中国三维动画的特点》、师涛的《三维动画理念对现代电影审美价值提升性的研究》、唐倩的《三维动画热中的冷思考》、章作人的《三维动画儿童造型风格与成人造型风格比较研究》、陈明的《三维动画生产流程及其管理》等涉及3D动画的理论文化研究。

与国外近乎空白的3D动画理论文化研究现状相比，国内的情况稍有改善，综观现有的这些研究成果，虽说在某些方面已经展开论述，比如在三维动画与传统动画的比较研究方面、3D 动画的审美风格方面，但依然存在着很多问题。

第一个问题是理论的系统问题，虽然我们不能对一篇论文过于苛刻，要求它建构起一个完善的理论分析体系，但是对于整个研究现状来说，直至目前，尚没有一部或一篇论文对 3D 动画进行完善系统的理论分析建构，这不能不说是一种理论的“失位”。

第二个问题是研究的方法问题。在以上所列的研究成果中，绝大多数是基于单部或少数几部 3D 动画影片的分析读解，这种读解具有“以偏概全”的风险，很少有将研究建立在一个完整体系之上进行深入研究的。

第三个问题是研究的视野问题。已有研究成果大多停留在 3D 动画的技艺层面进行研究，但 3D 动画作为当下时代的一个表征，如意欲对其进行深度研究，则必须超越技术和艺术的层面，进入更为丰厚宽广的社会文化关联域进行分析，比如政治经济学、文化社会学以及现代性生存语境进行解读，只有这样，才能透过 3D 动画的艺术表象，挖掘出其中的丰厚意蕴。

综合目前国外和国内对于 3D 动画的研究成果，可以基本得出一个结论：3D 动画研究才刚刚起步，或者说 3D 动画才刚刚作为一个“问题”引起学界的注意，至于说研究到怎样一个深度，似乎还远远谈不上。

从某种程度上说，对于势头劲猛的 3D 动画创作实践来说，目前的理论文化研究还处于缺席位置。

第三节　研究思路和方法

鉴于国内外的研究状况，本书拟在 3D 动画研究方面有所突破，建构起 3D 动画研究的文化维度。

如前所述，建构 3D 动画研究的文化维度，便意味着将 3D 动画看作一个社会（生活方式）的表征过程，透过这一艺术符号表层，深入其丰厚宽广的社会文化关联域，从而证明这一特殊文化形态所蕴含的“特殊生活方式”的意义。

采取这样的研究视角，就必然要求在研究思路和研究方法上有所突破。

在研究思路上，本书拟从 3D 动画的本体切入，通过对 3D 动画本体的考察，进一步深入动画艺术的历史维度，梳理清楚 3D 动画与传统动画的美学张力。以此为起点，便由 3D 动画的“内部”研究进入“外部”研究的范畴。在 3D 动画的“外部”视野，本书将建构起 3D 动画与其社会历史和精神文化的关联。恰如陶东风所言：“话语活动并不是孤立封闭的，它有一个广阔而深厚的社会历史与精神文化的关联域，离开它，语言活动无法进行，语言的理解也不可思议。”[①] 同理，3D 动画作为一种艺术样式，作为另一种方式的“话语”，同样遵循着这样的逻辑，它无法逃离社会文化语境的形塑，也不可避免地表征出特定时代的精神意蕴。艺术史家沃尔夫林曾深刻地指出，艺术风格的变化总是能成功地表现其时代的生活理想、感觉方式以及人与世界之关系的变化。因此，对艺术史来说，“再没有什么比在各个时期的文化和各个时期的风格之间做比较更为合乎情理的了”[②]。苏联学者卡冈和鲍列夫对此也均有精彩的论述。卡冈指出：“风格的结构直接取决于时代的处世态度，时代社会意识的深刻需求，从而成为该文化精神内容的符号。”[③] 鲍列夫则认为：“风格是某种特定文化的特征，这一特征使该种文化区别于其他文化。风格是表征一种文化的构成原则。”[④] 比如西方新古典主义的“三一律”与法国 17 世纪要求个体绝对服从团体、宫廷趣味高于一切的文化形态的相适应，而 18、19 世纪崇尚个性自由的文化价值取向必然引起对古典主

---

① 陶东风:《文体演变及其文化意味》，云南人民出版社 1994 年版，第 19 页。

② ［瑞士］H. 沃尔夫林:《艺术风格学》，潘耀昌译，辽宁人民出版社 1987 年版，第 8 页。

③ ［苏联］卡冈:《文化系统中的艺术》，载中国艺术研究院外国文艺研究所《世界艺术与美学》编委会编《世界艺术与美学》第六辑，文化艺术出版社 1983 年版，第 129 页。

④ ［苏联］鲍列夫:《美学》，乔修业、常谢枫译，中国文联出版公司 1986 年版，第 283 页。

义的反动，从而确立起浪漫主义自由洒脱的个性化文体规范。依同这样的逻辑思路，本书将建构3D动画与当下特定时代精神文化的关联，从3D动画表征范式位移得以实现的媒介机制、结构语境出发，进而探讨3D动画表征中所体现的诗学和政治经济学，并立足于现代性的视域考察3D动画作为一个现代性的表征样式所蕴含的意义，以及全球化语境下的国产3D动画电影民族化将何以健康良性地可持续实现问题等。

在研究方法上，本书将借助于文化研究的宽广视野，试图对3D动画形成全面系统的理论文化建构。之所以选择文化研究，是因为3D动画的复杂性和丰富性使然。3D动画的复杂性和丰富性体现在3D动画的立体呈现需要一个多维度的考察：首先，3D动画呈现于世人的是其技术姿态，这也是为何国内外研究绝大多数的既有成果均集中于对其技术应用开发的关注之上的根本原因；其次，3D动画又是一种艺术样态，作为取代传统二维动画成为动画电影主流的3D动画，无疑也需要在艺术层面上给予关注；再次，作为一种彰显视觉性的艺术变现媒介，3D动画无疑又与当下这个"视觉文化转向"的整体文化环境有着千丝万缕的关联；最后，置身于当下这个"后现代"的"消费社会"[①]、"景观社会"[②]，3D动画无法不受到其社会逻辑的塑型，并以自身的呈现来实现对社会的表征。技术—艺术—文化—社会，可以说每一个维度都在形塑着3D动画的本体特质，故而对3D动画的系统研究，便不能仅仅拘束于某一个维度之上，而必须综合其诸多维度从而完成多重视域的"视界重合"。

而选择文化研究作为一种研究思路和方法无疑是恰当而有效的，此皆源于文化研究作为一种学术思潮和研究方法的特点所致。那么什么是文化研究的方法？"文化研究的方法一言以蔽之，是立足当代的批判的方法"[③]，"文化

① 在让·鲍德里亚所著《消费社会》一书中，对"消费社会"的特征进行了深度剖析。参见［法］让·鲍德里亚《消费社会》，刘成富、全志钢译，南京大学出版社2008年版。

② "景观社会"是由居伊·德波提出的，强调"景观"在社会中的主导与中介。参见［法］居伊·德波《景观社会》，王昭风译，南京大学出版社2007年版。

③ 陆扬主编：《文化研究概论》，复旦大学出版社2008年版，第44页。

研究的方法说到底是批判的方法，它的批判对象首先是当代资本主义社会，而批判的重点，则是资本主义的文化体系。这跟西方马克思主义对文化的关注是一脉相承的”[①]。根据道格拉斯·凯尔纳的观点，批判理论有狭义和广义之分，狭义的批判理论即霍克海默等人开创的法兰克福学派理论，广义的批判理论则包括了所有对西方资本主义社会持理论态度的各种学派和理论，在《批评理论与文化研究：未能达成的接合》一文中，凯尔纳试图把伯明翰的文化研究与法兰克福学派的批判理论两个传统加以结合，认为尽管存在方法和研究路径删掉了某些重要差异，但是在法兰克福批判理论和伯明翰文化研究之间依然有许多共同的立场，可以使这两个传统之间的对话变得富有建设性。[②] 文化研究的一个显著的特点在于批判的方法，另一个特点在于其跨学科性。美国学者本·阿格在他的《作为批评理论的文化研究》一书中从文化取向出发，总结了文化研究的四大特点，其中第一点即其跨学科性，他认为文化研究打破了传统学科分类的界限，形成了一个多学科的研究领域，跨学科因此成为文化研究恪守的信条。[③] 批判的理论取向和跨学科的理论视野构成了文化研究最主要的两大特征，恰如陶东风的总结：“文化研究的最大优势和生命力在于它的实践性，在于它对于重大社会文化现象的高度敏感和及时回应，同时也在于它在方法选择上的灵活性，以及它对于最前沿的各种理论（包括哲学的、社会学的、语言学的、社会理论的等）的及时而灵活的应用。”[④]

鉴于文化研究在方法论上的特点暗合了对于 3D 动画深度剖析的需要，笔者认为选择文化研究作为基本方法对于 3D 动画研究是恰当和有效的。

---

① 陆扬主编：《文化研究概论》，复旦大学出版社 2008 年版，第 45 页。

② ［美］道格拉斯·凯尔纳：《批评理论与文化研究：未能达成的接合》，陶东风译，载陶东风主编《文化研究精粹读本》，中国人民大学出版社 2006 年版，第 133 页。

③ 转引自陆扬、王毅《文化研究导论》，复旦大学出版社 2009 年版，第 115 页。

④ 陶东风：《文化研究在中国——一个非常个人化的思考》，《湖北大学学报（哲学社会科学版）》2008 年第 4 期。

第四节 研究框架

除“导论”和“结语”部分分别对研究缘起、国内外研究现状、研究思路和方法、研究框架以及 3D 动画发展展望等内容进行基本阐述外，本书的主体部分分为六章展开论述。

第一章 3D 动画的本体论。3D 动画电影的本体可从概念、类型、审美特质和文化逻辑四个层面进行廓清。在概念上，3D 动画需要与“三维动画”“电脑动画”“3D 电影”等常被用来替代使用的类似概念进行辨析，并从技术和艺术两个层面进行界定；在“动”和“画”两个方面，3D 动画以其不同于被拟仿媒体的“差异”质素获得其作为类型确立的合法性依据；“视觉真实感”的审美特质使 3D 动画在视觉奇观和感性彰显上得到强化；从动画电影的发展史进行纵向分析，3D 动画则呈现出鲜明的“去分化”文化逻辑。

第二章 规约与创构：3D 动画的审美张力。3D 动画的出现，一方面在技术倾向性（任何技术都并非中性的，而具有一定的价值负载）的“诱引”下，体现出一种突破传统动画表征范式和确立新的审美规范的努力，“现实的遮蔽”“奇观对叙事的胜利”“仿真的冲动”“审美的同质化”等是其主要体现；另一方面，3D 动画又必然要受到传统动画在百年历史发展中所确立起来的一系列“惯例”的规约，无论是从技术层面还是艺术和文化层面，动画作为一种艺术表现样态都具有其自身的特性，这种特性在长期的艺术实践和接受中形成并稳固下来，它具有一定的稳定性和相对排他性，构成衡量一部动画作品的“合法性”依据，并对动画的新形态构成规约意义。规约与创构形成了 3D 动画的审美张力。究其本质，这也可以看作传统文化与新技术的关系，一方面，既有的文化试图对新技术完成规约，把它吸纳到自己既有的文化结构之内；另一方面，新技术也在试图冲破既有文化框架的束缚，“牵引”出一种新文化以对抗或替代既有文化结构。

第三章 3D 动画及其美学生成的结构语境。本章分别从“内”和“外”两个层面对 3D 动画及其美学生成进行分析读解，其中包括 3D 动画作为一个“场域”得以形成的主观因素分析，这主要涉及美国动画在世界动画格局中的危机及美国动画内部“次场域”的位置变动，以及 3D 动画与视觉文化、消费社会、后现代社会心理状态之间的缜密交织。追溯 3D 动画及其美学生成的社会文化根源，数字化生存、美国动画境遇、消费社会与“视觉文化转向”，以及后现代社会情感向度四个社会文化因素对 3D 动画及其美学构成形塑。

第四章 在呈现中建构：3D 动画表征中的文化意味。任何“表征”都意味着一种或隐或显的“建构”。作为大众艺术形式之一，3D 动画电影无法规避接受语境对其文化生产所具有的限定作用，并以文本自身完成对社会语境的文化表征。“意”的消泯、“距离”的消泯、“主体”的消泯等均遵循着这一逻辑，并表征其社会文化特征；同时，3D 动画因其作为单向度“肯定的文化”性质以及文化帝国主义色彩，体现出鲜明的意识形态功能。

第五章 作为现代性文化表象的 3D 动画。3D 动画可以看作现代性在艺术领域的一个充分的文化表象，它表征着现代性的诸多征候，甚至现代性的悖论性在 3D 动画上都得到了充分体现。3D 动画的现代性在技术理性崇拜、全球化、同质化等几个层面体现了一种对“秩序”的追求，一种对“统一”“普适”以及“本质”的渴望，而这些都是现代性的价值观要义；3D 动画的现代性悖论则体现为 3D 动画在对技术理性最大限度的张扬之中，彰显的却又是前所未有的最大限度的“感性力量”。这种“感性力量”体现为超豪华的视听盛宴，体现为想象力的极大解放，体现为对本雅明所谓的“视觉无意识”的彰显。

第六章 利用 3D 技术提升国产动画中华文化传播力。提升国产动画的中华文化传播能力事关我国的文化安全，而利用 3D 动画技术，通过国产 3D 动画对青少年受众强大的吸引力，在青少年群体中传播健康、主流的核心价值观和文化理念，无疑是一条捷径。国产动画中华文化传播力的提升需要与国产 3D 动画的民族化问题相结合。对于 3D 动画的民族化问题有两个矛盾需要处理好：一是在时间维度上，当下与传统的关系；二是在空间维度上，民族文化与外来文化之间的关系。在国产 3D 动画民族化的过程中，从“和而不同”的原则出发，主流文化的传播可由浅入深依次分为几个层次：一是传统民族动画表现形式与 3D 动画的复合化，二是中国元素的凸显，三是中国式情感、价值观与思想方式的展现，四是华夏美学意蕴的展现。

第一章

3D 动画的本体论

第一节 3D 动画是什么

3D 动画是什么？这是 3D 动画研究的起点，无论是美学的、社会学的或者文化学的研究均需要立足于这个起点之上，因为只有当 3D 动画作为一个自足的类型概念得以确立的时候，或者说只有当这个概念能够作为一个自足的研究对象存在时，研究才能够得以展开，否则无论对于 3D 动画何种层面的研究都将建立在一个不够牢靠的基础之上，随时存在着被颠覆和坍塌的危险。所以梳理清楚“3D 动画是什么”这个问题就构成了本书的理论前提和必然。

一、概念的辨析

相对一些已经得到确切内涵限定的概念，“3D 动画”这一概念显然尚缺乏一个严格的限定，这表现为两点：其一为在实际的使用过程中，“3D 动画”这一概念有时候以一种内涵“紧缩”的姿态出现，尤其是在“3D 电影”这一概念随着《阿凡达》等一批立体电影的“火爆”而迅速出现在各大期刊之后，“3D 动画”这一概念也在内涵上引起了一些变化，原来的“3D 动画”实际上“瘦身”了，很多时候人们用“3D 动画”表达的其实是“3D 立体动画”这个子概念；其二为在实际使用过程中出现了一些“3D 动画”的替代词，比如人们使用“三维动画”“电脑动画”等概念来描述“3D 动画”所意指的同一对象，但这些概念在某些方面均不太准确。因此完全有必要对“3D 动画”“三维动画”“电脑动画”“3D 电影”“3D 立体动画”这几个概念进行辨析，从而保证本书研究对象概念上的清晰。

首先来看“3D 动画”与“三维动画”。“三维动画”是最为常见的对“3D 动画”概念的替代，比如在侯庚洋的《好莱坞三维动画长片特征初探》，赖义德的《三维动画电影的审美新特点》，赖辉、刘俊生的《技术不等于艺术——关于三维动画》，康凯的《三维动画在中国的发展及现状分析》，唐红平的《三维动画创造性的语言》，吴起的《三维动画的历史与当代格局》，徐振东的《三维动画与平面动画的艺术特征比较》等学术论文中，均采用了“三维动画”这一概念来代替“3D 动画”，实际上这样的替代是不恰当的，因为这两个概念并不是等同的，两者存在着很大的差异。“三维动画”强调的是“三维”，是一个对应“平面动画”的相对概念；“平面动画”主要是指以手绘卡通动画为代表的动画形态，因其需要在二维平面上营造出三维空间，虽然通过多层摄影等方式也能够实现一定的深度感，但总体来说这类动画凸显的是二维平面感。“三维动画”相较于“平面动画”最大的不同就在于获得了一个真实的深度，故称“三维”，在“3D 动画”出现之前，以偶动画为典型代表，另外还有“物体动画”“黏土动画”等，也都可以归入此类。在“3D 动画”出现之后，“3D 动画”便成了“三维动画”的典型代表，但显然可以看出“3D 动画”只是“三维动画”的一个子概念[①]，因此用“三维动画”来替代“3D 动画”是不能完全自洽的。

其次来看“3D 动画”与“电脑动画”。“电脑动画”是又一个以较高频率出现的“3D 动画”的替代概念。在实际运用中，这个概念的使用本身就存在着矛盾现象。比如动画学者余为政主编的《动画笔记》收录的两篇探讨“电脑动画”的论文中对“电脑动画”的意指便明显不同。在史明辉的《动画电影的数字革命》中有这样的表述：“电脑动画长片自从 1996 年《玩具总动员》挂帅登陆后，这种类似探测市场商机的举动，不但没有让观众排斥而且一举攻下破 2 亿美元的全美卖座纪录，这样的气势也让往后电脑动画长

① 这一判断是从一般意义上而言，因为 3D 动画中存在着仿二维动画的子类，但因为属于试验性质，数量极少，且没有形成独立的审美样态，故在此不做特殊辨析，后有详述。

片成功地角逐传统市场。”[1] 这里的“电脑动画”明显指的是“3D 动画”；但同是这本书里，陈贤锡的《电脑动画的过去与现在》一文中又出现这样的表述：“从 1970 年开始至今，我们可以将电脑动画历史区分为四个时期，20 世纪 70 年代为实验期，80 年代为发展期，90 年代为实用期，21 世纪为爆炸期。”[2] 纵观全文可以发现，这里的“电脑动画”所指的则是“运用电脑数字技术所制作的动画”。两者存在着很大不同，因为“运用电脑数字技术所制作的动画”既可以是二维平面的数字动画，也可以是三维的“3D 动画”。由此可见，“3D 动画”也只是“电脑动画”的一个子概念而已，故而用“电脑动画”来替代“3D 动画”也是不能自洽的。

最后来看“3D 动画”与“3D 电影”和“3D 立体动画”。其实，“3D 动画”与“3D 电影”根本是一件风马牛不相及的事情，之所以有时候会出现混用，根本原因可能在于两者都包含了“3D”这样一个限定，但两者的“3D”所指的根本就不是同一事物。“3D 动画”中的“3D”是针对二维平面动画而言的，也就是说它侧重所指的是相较于传统二维动画所获得的“深度”；而“3D 电影”中的“3D”压根儿就是一个“赶时髦”的用法，它的“学名”其实几十年前就已经确定了：“立体电影”。当然，这里的“3D”所强调的重点已不是仿真感的深度空间了，因为所有实拍电影均具有真实的深度空间（比仿真更高一级，它就是真实深度空间的影像复制），所以如果从 3D 动画之“3D”的意义上来讲，所有实拍电影均可以称为“3D”电影。但“3D 电影”作为一个特指概念侧重的是观赏时超越银幕二维平面限制后深度立体空间的获得，它需要借助特制的立体眼镜，而且在拍摄时也需要使用专用摄影机摄制完成。其基本原理是：首先在拍摄时由专用摄影机模仿人的双眼视差分别对同一影像进行分离拍摄，分别获得左、右眼不同的影像质感，制作成影片放映时，观众再戴上特制的眼镜对投射到银幕上的仿视差双重影像进行合成，从而在二维的幕布上产生三维的深度空间。如非常成功的《阿

---

① 参见余为政主编《动画笔记》，海洋出版社 2009 年版，第 45 页。
② 参见余为政主编《动画笔记》，海洋出版社 2009 年版，第 68 页。

凡达》《爱丽丝梦游仙境》等影片都是 3D 电影的典型代表，故而此之“3D”并非彼之“3D”。如果把“3D 动画”和“3D 电影”看作两个独立的集合，那么“3D 立体动画”则是两者的一个交集，它既是“3D 动画”的子集，也是“3D 电影”的子集。它所指的是需要佩戴特制眼镜（至少目前尚需如此）才能够观看到立体影像的“3D 动画”。

这样看来，无论是“三维动画”“电脑动画”，还是“3D 电影”“3D 立体电影”，都不能够自洽地完成对“3D 动画”的替代，它们在内涵上或大于或小于“3D 动画”，或者根本就不相关。

二、技术与艺术的二分

仅仅在概念上对 3D 动画进行梳理辨析还不够，因为在实际的运用过程中，“3D 动画”这个概念既指称一种数字技术，也指称这种数字技术的影像呈现，还指称一种动画艺术形态，这就需要将 3D 动画进行技术和艺术的二分，将作为技术的 3D 动画和作为艺术的 3D 动画进行比较辨析。

让我们来看一下作为技术的 3D 动画的基本情况。

3D 动画作为一项数字技术是在三维计算机图形学的基础之上发展起来的，与计算机图形学相伴而生的 CAD 系统（计算机辅助设计系统）颇为类似，计算机动画技术在其初始阶段带有一种“辅助设计”的味道。早在 1963 年，贝尔实验室的肯·诺尔顿等人就已经开始尝试用计算机制作动画。随后，一些大学、研究机构和相关公司技术跟进，但这些技术探索大多局限于二维辅助动画系统，主要研发利用计算机实现中间动画的制作和上色的技术环节。自 20 世纪 70 年代，计算机三维辅助动画系统开始研发，随着真实感渲染技术、NURBS（非均匀有理 B 样条曲线）、多边形等高级建模技术以及粒子特效等高端三维图形技术的不断开发，3D 动画技术进入了一个快速发展的通道，运动控制方式也由早期的关键帧插值法和运动学算法扩展到动力学算法，以及反向动力学和反向运动学算法，还有一些更为复杂的运动控制算法也不断研发出来，从而使 3D 动画技术更加趋于完善。最近甚至有人正在试图将机器人和人工智能中的某些最新成果引入 3D 动画技术中。

与 3D 动画技术研发相适应的则是 3D 动画技术在各个领域的广泛运用。自 20 世纪 80 年代起，3D 动画技术被广泛应用于社会生活的各个领域。

（一）建筑及室内装修领域

房地产企业在建造某个小区之前往往需要一张效果图以便推销宣传，运用 3D 动画技术可以轻而易举地实现，制作出来的效果图已经很难让人分辨出是实物照片还是模拟渲染；室内装修同样如此，运用 3D 动画技术制作出来的效果图几乎可以乱真。为了呈现更为直观的效果，建筑和室内装修行业也会运用 3D 动画技术制作视频片段，虚拟镜头会带着观众对建筑内部空间或室内装修效果进行整体巡视。

（二）科学计算和工业设计领域

3D 动画技术已成为发现和理解科学计算过程中各种现象的有利工具，被称为“科学计算可视化”；在工业设计中也广泛运用 3D 动画技术模拟产品的检验和试验，如汽车的碰撞试验、船舱内货物的装载试验等。

（三）虚拟现实和教育领域

如运用 3D 动画技术虚拟的飞行模拟器，在室内就可以进行飞行员训练，可以模拟飞机的起落，可以模拟真实飞行中可能看到的机场跑道，地平线，山、水、云、雾等自然景象，以便对飞行员进行全面训练；在国防军事方面，运用 3D 动画技术来模拟火箭的发射等都非常直观有效，可以节省大量资金。

（四）电脑游戏制作领域

很多著名的电脑游戏都是运用 3D 动画技术制作的。1992 年发行的《德军总部 3D》是 3D 游戏的前身，该游戏第一次让玩家体会到了 Z 轴的魅力；四年后的 *Quake* 则是第一款真正意义上的 3D 游戏，它带给玩家一个比以往任何时候都要真实的虚拟三维世界；随后的《古墓丽影》《极品飞车》等 3D 游戏也都获得了极大成功。

（五）电视栏目片头和广告领域

3D 动画技术被广泛应用于电视制作中，无论是电视栏目片头还是行业广告，都可以看到 3D 动画的身影，因为运用 3D 动画技术便于制作各种特效镜头，易于获得特殊的宣传效果和艺术感染力。

（六）电影虚拟角色和特效制作领域

3D 动画技术正在取代传统的人工模型或者其他手段，成为影视特效制作中的绝对主角。自 20 世纪 80 年代起，运用 3D 动画技术制作的三维虚拟角色和虚拟空间开始出现在各类影视作品中。斯皮尔伯格 1986 年导演的《少年福尔摩斯》是最早使用计算机生成角色的影片；随后，计算机生成角色出现在《深渊》《终结者 2》《侏罗纪公园》《蜘蛛侠》《指环王》等一系列作品中。利用 3D 动画技术实现的影视特效同样令人印象深刻，如《泰坦尼克号》中的沉船段落。

（七）动画片制作领域

自 1995 年《玩具总动员》诞生并取得巨大成功以来，世界范围内已先后制作发行了大量 3D 动画长片，《怪兽电力公司》《海底总动员》《怪物史莱克》《冰河世纪》等一系列 3D 动画长片均取得了极大的成功。3D 动画长片已迅速取代传统动画成为最卖座的动画类型。

通过以上分析可以看出，作为技术的 3D 动画并不必然上升到艺术的层面，也并不必然限定在动画的范畴之内。作为技术的 3D 动画被广泛应用于社会生活的各个领域。当然，如果仅从技术层面来考量的话，我们可以把所有这些运用 3D 动画技术的影像成果均指认为 3D 动画，但显然这只是一种广义的 3D 动画，与我们在一般意义上所使用的“3D 动画”概念有着很大的差异。因为我们只是在狭义的意义上来使用“3D 动画”这一概念，仅仅用来指称运用 3D 动画技术制作的动画片，只有当 3D 动画技术被运用于动画片制作的时候，我们才把其影像成果指称为“3D 动画”。

也就是说，对于“3D 动画”这个概念存在着技术和艺术这样两个维度，只有当 3D 动画技术被用于制作动画片的时候，“3D 动画”这一概念才上升到动画艺术的层面，“3D 动画”才作为一种动画艺术样态彰显出来。

而“3D 动画”这一概念之所以出现技术和艺术的二分，盖因于“动画”这一概念本身即蕴含着技术与艺术的双重维度。

对于“什么是动画”（而不是“动画是什么”这样的开放式提问结构）这样一个略具闭合倾向的问题，几乎是每一本“动画概论”的“元问题”，国内外几十本“动画概论”教材中对这一问题所给出的答案也众说纷纭，如果求同存异的话，可以提炼出一个类似“公约数”的质素：逐格拍摄。当然，这是一种摄影技术的归纳，如果借鉴颜纯钧的“中断和连续”[①]的概念，逐格拍摄无疑属于一种中断的极端体现。动画正是通过摄影技术上的极端“中断”摄影而与实拍电影的“连续”摄影拉开了距离，楚河汉界区别分明。如果从技术层面对动画进行概括，无疑逐格拍摄构成了其基础。但是这一动画的技术基础并不必然保证被应用于制作动画片，正如我们已经看到的那样，逐格拍摄技术被广泛应用于各个领域，曾有人提出了“泛动画”这一概念，用来指称这一现象，在“泛动画”的框架之下，实验动画（如《邻居》《梦醒人生》等）、演示动画（如过程演示动画《三峡导流明渠截流》、建筑效果动画《布达拉宫》等）、广告及包装动画（如楼盘广告动画《五缘湾一号》、节目包装动画《五洲电视台》等）、影视动画（如《小马王》《狮子王》等）、游戏动画（如《仙剑奇侠传》《魔兽争霸》等）、网络和手机动画（如

① 颜纯钧：《中断和连续——论电影美学中的一对范畴》，《文艺研究》1993 年第 5 期。

《巴别塔》《大话 G 游》等）均被置入了同一个平台之上：动画。[①] 但显然在我们一般意义上所使用的“动画”概念，或者说在狭义上所使用的作为艺术样态之一的“动画”概念并不适用于所有动画类型，而仅指称其中的一部分，如实验动画和影视动画。

如果从这个方面来讲，3D 动画在技术和艺术上的二分并不是什么新鲜的东西，而仅仅是作为技术的动画和作为艺术的动画二分的延续而已，只是在这一基础之上限定了动画制作的媒介，即电脑数字技术的运用。

作为本书研究对象的“3D 动画”，正是这样一种限定在动画艺术范畴之内的 3D 动画，而不包括所有运用 3D 动画技术实现的影像类型。

第二节　3D 动画的类型确立

即使限定在动画艺术的范畴之内，“3D 动画”也面临着作为一个类型概念的确立问题。3D 动画能否作为一个动画类型得以确立，关键在于 3D 动画是否形成了自身的特质。借用索绪尔语言学的理论，符号的意义来自差异，3D 动画如果能够以一个类型得以确立，那么它就必须具有一种区别于其他动画类型的“差异”质素。只有具备了这种“差异”质素，3D 动画才能够在美学上作为一个类型概念确立自身，否则它就只能是某种已有类型的另一个别名而已。正如“树”，既可以被称为“树”，也可以被称为“tree”一样，无非是能指的“变脸”而已。

那么 3D 动画是否具备自身的“差异”质素呢？

对于这个问题，仁者见仁、智者见智，众说纷纭，答案基本上可以分为相互对立的两类：一类可以被称为“原子论派”，认为 3D 动画无非是制作

① 黄鸣奋：《“泛动画”百家创意・绪论》，厦门大学出版社 2009 年版。

技术的更新换代而已，即由原来的手绘或人工建偶变为由电脑来完成，数字技术在 3D 动画这里只具有一种工具的意义，3D 动画依然延续着传统动画的形态，并不具有独立的美学，很难从它身上找到自身的特质；另一类可以被称为“比特论派”，认为 3D 动画具有自身的特质，数字技术本身便已经赋予 3D 动画一种美学特质，使它形成一种不同于传统动画的审美形态，所以 3D 动画已经成为一种新的动画类型。

对于这样两种相互对立的意见，究竟孰是孰非呢？

笔者认为，无论是原子论派还是比特论派，都具有一定的合理性，即片面的深刻性，同时也都具有一定的局限性，犯了“以偏概全”的错误，对 3D 动画概念采取了整体式的、本质式的运用，而没有对 3D 动画进行更进一步的考察。因为“3D 动画”作为一个整体概念，还包含细分出来的子概念，也就是说，还可以细分出不同形态的子类型，对于这些不同形态的子类型，无论是原子论派还是比特论派，都不具有普适性，有的子类型适用原子论派，有的则适用比特论派。所以，笔者认为无论是原子论派还是比特论派，都没有形成对 3D 动画有效的理论言说。

一种具有客观适用性的理论应该建立在对 3D 动画子类型的细分之上。

在进行 3D 动画子类型细分之前，我们需要明确 3D 动画的媒介特点及其生产方式，因为这是 3D 动画之所以可以细分出子类型的根源。

3D 动画的媒介是什么？数字媒介。数字媒介又具有怎样的特点？对此，笔者认为聂欣如先生的归纳可资借鉴。聂先生认为：“对新媒体来说，其与传统媒体的主要不同在于其自身的物质属性的不存在，因为新媒体的基本‘材质’是数字，数字是人类抽象思维的结果，最早是一种帮助记忆的计算符号。尽管数字的演算需要计算机这样的物质媒体，但是数字本身并不具有物质的属性，它只是我们头脑中的一种概念，被用‘0’‘1’两个符号所标示，因此对于‘图形’这样一种物质化的事物，数字的手段基本上无能为力，它既不会描摹物体的外形，也不能反射或接受光线，换句话说，它没有任何与物质世界打交道的能力。数字媒体之所以能够编码图形，全在于量子理论和相关科学的兴起。电视技术的核心是依靠光电子元件所具有的将光信号转换成电子信号的能力，通过对电子信号的储存和运输实现图像的异时异地呈现。在对电子信号（模拟信号）的研究中人们发现，可以用函数来描述单位电子作为图形显示的灰度，这样一来，一种使用布尔逻辑的数字系统也就能够在其中的某个阶段替代电子，成为媒体手段。由此可以看到，所谓数字媒体，其最重要的特点便是能够在某种意义上阻断物质的连续性，使人工的代码介入。同时，这也意味着数字媒体的本身并不具有与外部世界沟通的能力。物质的世界与非物质的世界不在同一个平面上，数字媒体不能够像物质媒体那样直接与物质的世界发生模仿的关系，它只能够借助传统媒体作为其伸向物质世界的前端触角，只有当传统媒体把物质世界在某种程度上同质化、人工化、单纯化（消解）之后，才有可能开始它的工作……数字化的媒体只能在已经具有了某种‘规整模式’的情况下才能够正常工作，它是一种对已经规整化的事物（如果我们把传统媒体作品看成是对外部世界的规整化）的模仿；一种对消化物（如果把传统媒体作品看成是对外部世界的理解和消化）的消化。与传统媒体相比，数字媒体的生存是在传统媒体的末端，只有在传统媒体作品构成的基础之上，才有数字媒体生存的可能，没有传统媒体将物质世界同质化的过渡，数字媒体对物质化的世界只能是视而不见、听而不闻。”[①] 后来，聂先生将数字媒介的这种特性归纳为“寄生性”，指出数字的本身只是数字，不借助其他媒体便无以存身。没有对象的数字只是一堆数字，没有“生命”，没有“形象”，也没有可以让人想象的“灵魂”。[②] 本书认同聂先生对数字媒介特性的概括。

于是，建基于数字媒介的这种“寄生性”之上的 3D 动画，便只能以“拟仿”传统媒体形式来进行自身的生产，它需要“隐身”于其他媒介形式中来彰显自身。因为本书的研究范围限定在电影艺术范畴之内，故而也只探

---

① 聂欣如：《新媒体动画片（3D 动画片）的传统性》，载龙全主编《兼容·和而不同——第四届全国新媒体艺术系主任（院长）论坛论文集》，北京航空航天大学出版社 2009 年版，第 354 页。

② 聂欣如：《试论新媒体动画（数字三维动画）的媒介本体》，《上海大学学报（社会科学版）》2011 年第 3 期。

讨在电影艺术范畴内 3D 动画可以“寄身”的媒介形式。从电影的影像类型进行区分，电影影像可以分为实拍电影和动画电影两种影像类型，在动画电影内部，影像类型又有二维动画和三维动画的区分。这样看来，3D 动画的数字媒介“寄身”的媒介形式便可以分为三类：二维动画、三维动画和实拍电影。

顺着这样的思路对 3D 动画子类型的细分便一目了然。

动画的审美元素，如果从大的层面进行分解，可以分为“动”（动作）和“画”（造型空间）两个层面，既然 3D 动画的数字媒介以“拟仿”作为其生产机制，那么“拟仿”也就有了两个运行平台：“动”的拟仿和“画”的拟仿；拟仿的样本根据影像类型的不同，则有二维动画、三维动画和实拍电影三种风格差异，可以归纳为表 1-1。

表 1-1　二维动画、三维动画和实拍电影在“动”和“画”上的特征

	动（动作）	画（造型空间）
二维动画	夸张变形，自然流畅	手绘平面
三维动画	机械，不流畅	人工立体
实拍电影	真实自然	真人实物

这样看来，从理论上进行归纳，3D 动画内部则具有九种不同的子类型，即动（仿二维）+ 画（仿二维）、动（仿二维）+ 画（仿三维）、动（仿二维）+ 画（仿实拍）、动（仿三维）+ 画（仿二维）、动（仿三维）+ 画（仿三维）、动（仿三维）+ 画（仿实拍）、动（仿实拍）+ 画（仿二维）、动（仿实拍）+ 画（仿三维）、动（仿实拍）+ 画（仿实拍）。

当然，这里仅仅是理论意义上的子类型归纳，在实际创作中并不存在一一对应的关系。因为在这些子类型中，要么某些类型在观众接受上容易造成障碍，如动（仿三维）+ 画（仿二维）、动（仿三维）+ 画（仿三维）、动（仿三维）+ 画（仿实拍）三种子类型，因为在动作上，三维动画受到自身

制作材料的极大制约，体现出机械、不流畅的特点，所以我们在 3D 动画中几乎没有见到过刻意去拟仿三维动画动作特点的影片；要么某些类型多被应用于其他领域，而很少用于制作动画，如动（仿实拍）+ 画（仿三维）这一类型往往以“虚拟现实”的面目应用于军事、科教等领域。所以，真正意义上被用于制作动画电影的子类型并非如理论上所显示的那样丰富。

结合实际的创作情况，从类型概括的层面来看，3D 动画可以分为三种子类型，即仿二维动画、仿三维动画和仿实拍电影。因为我们判断一部影片是二维动画、三维动画或者实拍电影的直接依据来自画面造型，所以 3D 动画在“画”上拟仿何种风格往往构成我们判断该部影片属于仿二维还是仿三维或者仿实拍的直接依据。

以“画”为主导，我们对 3D 动画子类型进行分析，看一下这些子类型中究竟有哪些形成了自身的差异质素。当然，鉴别需要比较，被用来做比较的对象就是二维动画、三维动画和实拍电影，如果 3D 动画中的仿二维、仿三维、仿实拍与其拟仿的传统形式相比，体现出了差异质素，也就获得了自身的确立，否则就无法从类型上得到确证。

第一类：仿二维动画。

在造型上拟仿二维动画的仿二维动画一般是通过 3D 动画技术的“3D 建模 2D 渲染”来实现的，即常说的“3 渲 2”。正如 3D 动画中的其他元素一样，纵深空间在 3D 动画的技术平台上同样也是一个可控的变量，“3 渲 2”即这种操控的极端形态，通过特殊的材质和渲染选择，使影像体现出二维动画的质量。在目前常用的 3D 动画软件中，如 3DS MAX、MAYA 中均具有相关卡通渲染的选项。

卡通渲染建基于 NPR 技术之上，NPR 是 non- photo realistic render 的缩写，即非真实渲染技术。它通过软硬件技术模拟手绘等非写实影像效果，代表着计算机图形学的一个发展方向，虽然比计算机图形学的另一个发展方向（即真实感渲染的技术研发）要略显单薄，但也已取得相当迅速的发展，对钢笔画、水彩、水粉或者油画等媒质的拟仿已相当成熟。目前的 3D 动画软件中主要内嵌的是卡通渲染，但其他形态的技术研发也都在进行，如我国制作的 3D 动画短片《夏》《荷》等即运用了 3D 动画技术对水墨画的影像拟仿。

虽然在理论上 NPR 技术代表着 3D 动画仿二维动画的一个趋势，也展示出了宽广的发展空间，但在实际创作中运用 3D 技术渲染 2D 影像的作品并不多。目前仅有《阿祖尔和阿斯马尔》《复活》《苹果核战记》系列、《2077 日本锁国》等少数几部动画采用了这一技术，(国产动画中《秦时明月》也属于此类，但非动画长片，而是动画剧集)，而且在《苹果核战记》和《2077 日本锁国》中仅仅是对角色采用了“3 渲 2”，背景依然是三维背景，真正全卡通渲染的只有《阿祖尔和阿斯马尔》与《复活》等。

《阿祖尔和阿斯马尔》与《复活》代表着仿二维动画的两个类型，即动(仿二维)+ 画(仿二维)与动(仿实拍)+ 画(仿二维)，尚不存在动(仿三维)+ 画(仿二维)这种类型。那么与传统二维动画相比较，《阿祖尔和阿斯马尔》与《复活》是否具有类型上的差异质素呢?

图1-1 《阿祖尔和阿斯马尔》剧照

答案是否定的。正如对《阿祖尔和阿斯马尔》这部影片的直接观感一样，如果不是看资料介绍，观众根本不会想到这部影片是运用 3D 动画技术来制作的，因为它太像一部传统二维动画了，无论影像还是动作，与传统动画别无二致。《复活》的黑白影像风格格外引人注目，但抛却这一特征之外，影片并没有体现出能够明显区别于传统二维动画的差异质素。也就是说，通过传统二维动画技术也完全可以实现这样的效果。当然，对于传统动画制作中比较困难的运动镜头和 360 度环绕动作，因为是运用 3D 建模，处理起来轻而易举，而对二维动画来说，虽然处理起来困难，但经过努力依然可以实现，如在《植树人》这部影片中导演就成功实现了对 360 度环绕的动画尝试。

正如传统二维动画具有卡通和写实两个风格倾向一样，《阿祖尔和阿斯马尔》与《复活》代表着仿二维动画的卡通和写实倾向，但没有呈现出区别于传统二维动画的差异质素，可以说目前的仿二维动画没有形成自身的类型特质。

第二类：仿实拍电影。

从理论上说，仿实拍电影的 3D 动画应该具有动（仿二维）+ 画（仿实拍）、动（仿三维）+ 画（仿实拍）、动（仿实拍）+ 画（仿实拍）三种类型，但实际上，一旦在“画”上选取了仿实拍的影像风格，在“动”上就很难匹配仿二维或者仿三维的动作，因为这样看起来会非常不协调，所以实际创作中仿实拍电影的 3D 动画仅有动（仿实拍）+ 画（仿实拍）一种而已。

与 NPR 技术相对应，PR 技术是仿实拍 3D 动画的图形学基础，如 3D 动画软件中的卡通渲染代表着仿二维动画的发展方向一样，Mental Ray 渲染则构成真实感渲染的经典方案。

Mental Ray 是一个专业的渲染系统，它可以生成令人难以置信的高质量真实感图像。利用 Mental Ray 渲染系统可以实现：1. 全局的照明模拟场景中光的相互反射。2. 借助于其他对象的反射和折射，散焦渲染灯光投射到对象上的效果。3. 柔和的光线追踪阴影提供由区域灯光生成的准确柔和阴影。4. 矢量运动模糊创建基于三维的超级运动模糊。5. 利用景深模拟真实世界的镜头效果等高级真实质感。因为 Mental Ray 的超级真实质感营造能力，目前已有超过 150 部电影在制作过程中使用了 Mental Ray，在《黑客帝国》等特效大片中都可以看到它的影子。

但是不得不说，在动画中利用 PR 技术制作的仿实拍 3D 动画却并不多，仅有《最终幻想》《生化危机：恶化》等寥寥几部。

图1-2 《最终幻想》剧照

这类仿实拍 3D 动画与实拍电影相比，是否具有差异质素呢?

以《最终幻想》为例，这部影片公映以后，一度引起演员是否会失业的讨论，因为在这部影片中数字技术虚拟的人物形象从头发到表情以及动作都非常逼真，宛如由真人演员扮演，背景的营造在光影、色调等方面也非常成功，跟实拍效果几无差别。之所以能够形成如此逼真的效果，在于该片大量运用了动作捕捉技术以及精度真实感渲染。

但遗憾的是，无论在技术上如何精进高端，仿实拍的 3D 动画在动作和造型上也只能是对实拍电影的无限靠近，而无法超越实拍电影，套用巴赞“现实的渐近线”概念，仿实拍 3D 动画做得再成功，也无非是“实拍的渐近线”，而无法实现类型的超越。

第三类：仿三维动画。

相较于仿二维动画和仿实拍电影，仿三维动画是 3D 动画绝对的主流形态，可以说绝大部分 3D 动画可以归入此类，从皮克斯到梦工厂，从美国到欧洲及中国，出品的 3D 动画绝大部分都属于仿三维动画，如《玩具总动员》《怪物史莱克》《海底总动员》《骑士歪传》《超蛙战士》等。

图1-3 《怪物史莱克》剧照

从严格意义上来说，把这一系列3D动画归入仿三维动画尚不能够充分自洽，因为首先在“画”的层面，这类动画就与传统三维动画体现出了很多不同，也就是说体现出了一种差异质素，它并不是对传统三维动画造型的完全拟仿，而是进行了创新性处理。

要梳理清楚这个问题，需要对动画的“画”进行进一步的元素细分。在“画”的层面，可以细分出空间、角色造型、背景和道具造型等几个元素。之所以把这类动画归为仿三维动画，主要是依据角色造型，因为在仿三维动画角色造型上的立体化使它与二维动画存在根本差异，同时这些角色往往也是拟人化的非人类形象，跟实拍电影又有了根本差异，延续的是传统三维动画的角色造型特征。

但是除了这个元素之外，仿三维动画与传统三维动画在“画”的层面就不尽相同了，主要体现在空间、背景和道具造型几个方面。一方面在传统三维动画中，无论空间还是背景和道具，在影像本体层面都是极端真实的摄影复制，在材质上具有“强迫接受性”。比如空间就是真实空间的摄影复制，搭建和制作的背景和道具也完全是真实背景和道具的摄影复制，其制作材料（如泥、木、塑料等）的纹理、明暗、光反射等方面都是真实的体现。这一点与实拍电影完全一样，用巴赞的理论来讲，这里摒除了“人为介入的可能性”，这是摄影影像的本体论。另一方面在风格取向上，传统三维动画在空间、背景和道具等方面所走的却是抽象化和象征化的路线，因为受到制作材料和制作技术的限制，传统三维动画在这些方面不可能走上写实的路线。对此，动画人具有清醒的认识，如上海美术电影制片厂的金柏松对此就有这样的总结：“为了加强形式感，为了和人物的夸张或变形在形式上取得呼应和统一，为了加强影片中的主次和虚实的对比，我们的木偶片里几乎所有的景都运用了夸张和变形的手法。……由于它受到制作材料的限制，如果追求景的真实感，只能是徒劳而无功，所以设计人员吸取漫画、装饰画、抽象画的特点，赋予景以生命力。”①

但是在仿三维动画中，情况却发生了一个质的转变。首先在空间、背景和道具方面，摄影影像本体论遭到了瓦解，如聂欣如先生所言：“数字媒体的材质属性并不如同传统影像那样必然地、强迫性地被赋予，而是可以进行选择和表现。”② 也就是说，无论是材质属性，还是空间维度，都不再必然只能呈现客观真实这个唯一选择，客观真实仅仅是其中的一个选择而已，仿三维动画完全可以根据需要对这些方面进行系数修正，使其看起来更加符合实际需要，看起来更加真实可信。其次在风格取向上，因为在 3D 动画的数字技术平台上，原来存在的制作材料和制作技术的限制都已经被涤除，所以原来的抽象化和象征化风格也发生了转变，转向了“写实”的风格追求。当然，这里的“写实”并非意指客观拟仿现实，而是指在背景设计等方面仿三维动画可以自由地按照其“应然”的样子进行宛如“实然”般的描述，用通俗的话来说，尽管是假的，看起来却跟真的一样。

---

① 金柏松：《外部造型的体现者——谈木偶片美工》，载文化部电影局《电影通讯》编辑室、中国电影出版社本国电影编辑室合编《美术电影创作研究》，中国电影出版社 1984 年版，第 51 页。

② 聂欣如：《试论新媒体动画（数字三维动画）的媒介本体》，《上海大学学报（社会科学版）》2011 年第 3 期。

经过这样的梳理，可以看出仿三维动画与传统三维动画在“画”的层面已经存在着很大差异，在传统三维动画中，从角色到背景道具，看起来都是艺术化和假定化的；而在仿三维动画中，除了角色造型看起来是艺术化的之外，其他方面在视觉上都呈现出了一定的真实感。

再来看“动”的方面，仿三维动画与传统三维动画相比是否体现出了差异质素。

从理论上来讲，仿三维动画在“画”与“动”的匹配上应该具有动（仿二维）+ 画（仿三维）、动（仿三维）+ 画（仿三维）、动（仿实拍）+ 画（仿三维）三种类型，但实际上，因为传统三维动画在动作上的机械、不流畅，仿三维动画中的动（仿三维）+ 画（仿三维）基本不存在，动作上完全精确拟仿客观真实的动（仿实拍）+ 画（仿三维）类型也多运用于军事、工业试验、科教等领域，而很少应用于动画制作，目前已有的仿三维动画基本上属于动（仿二维）+ 画（仿三维）类型①。

这样一来，仿三维动画与传统三维动画在“动”的层面的差异也就一目了然了。仿三维动画在“动”上拟仿的是传统二维动画，而传统二维动画与传统三维动画在“动”的方面存在着迥然的差异，二维动画动作夸张变形、自然流畅，三维动画则呆滞机械、不流畅。所以，仿三维动画与传统三维动画在“动”的方面存在根本性差异。具体而言，又可以细分为两个方面：表情动作和运动动作。传统三维动画限于制作材料和技术的限制，无论在角色表情上还是运动上都不能做到流畅自然，而仿三维动画借助数字技术平台则可以轻松实现。

由此可见，仿三维动画与传统三维动画相比，无论在“动”的层面还是“画”的层面都体现出了差异质素，与仿二维动画和仿实拍电影对二维动画和实拍电影的无限渐进相比，仿三维动画是一种不同于传统三维动画的 3D

① 因为二维动画在动作风格上可分为夸张变形和相对写实两种类型，所以这里所讲的“动（仿二维）”自然也包括这样两种风格，故有些在动作设计上相对写实的仿三维动画应被归入“动（仿二维）”类别，因为毕竟这只是一种相对写实，与大多应用于军事国防、工业试验的精确拟仿真实的“动（仿实拍）”存在根本差异。

动画类型。

让我们再次把目光拉回原子论派和比特论派的争论上来。可以看出，无论原子论派还是比特论派，都没能够对 3D 动画进行进一步类型细分，而将之看作一个整体概念，所以都没能够形成完全适用于 3D 动画的理论言说，以偏概全地说 3D 动画创造出了新的差异质素和仅仅是技术的更迭都是不准确的，因为正如我们上面所分析的那样，在 3D 动画的子类型中，某些类型属于技术更迭型，而另一些则创造出了属于自己的美学特性。

那么其所创造出的新的美学特性又是什么?

第三节　视觉真实感及其意义

如上所述，仿三维动画相较于传统三维动画来说，已经是一种新的三维动画类型，因为无论在“动”的层面还是在“画”的层面，仿三维动画都体现出了不同于传统三维动画的差异质素。具体而言，即在“动”的层面，包括表情动作和运动动作两个方面都增添了自然流畅的动作质感，这一点是对传统二维动画动作的拟仿；而在“画”的层面，除了在角色形象上沿袭了传统三维动画的人工立体造型外，在背景和道具方面也都体现出了新的改变，即由传统三维动画抽象化、象征化的风格转变为“写实”化、逼真化的风格。即使是在角色造型上，由于动作捕捉技术的利用，从而在表情动作和运动动作上造成的自然流畅的仿真效果，也完全不同于传统动画角色形象的木讷呆滞，使角色形象的生命感逼真饱满。

经过这样一番改变之后的 3D 动画，自然在美学上具有了完全不同于传统三维动画的审美质感，本书拟将之概括为“视觉真实感”。

所谓“视觉真实感”，首先是一种“真实感”，而不是“真实”。“真实感”和“真实”是完全不同的两个概念，虽然真实的东西更容易引起真实感，但真实感并不必然要由真实的东西引起，不真实的东西达到一定的条件同样也能引起真实感。说到底，“真实”是一种物理现象的描述，它忠实于科学的精确性；而“真实感”则是一个心理的描述，它仅仅对接受者的感受性负责。动画从最基础的意义上，也跟“真实”无缘，因为原来不具有生命的东西经过逐格拍摄和连续放映产生的“视觉谎言”，这一动画制作的基本过程从根本上就决定了它对真实先天免疫。当然，如果从严格意义上来讲，不仅动画，所有影像类型都无法抵达真实的彼岸，正如诺埃尔·卡洛尔对巴赞“摄影影像本体论”的批判中所显示的那样：“机械程序并不能确保客观结果，因为，这个程序在其自身中并就其自身而言并不确保无论是客观的或其他任何种类的成功。对一个房间的拍摄尝试——作为摄影工艺的自动结果——可能由于曝光过度而完全无从辨认。这就是说，由于它并不保证任何可辨性成果，作为物理反应的某种系统的摄影也并不确保客观结果。想要得到可辨性的成果就要求摄影者对摄影机械、布光等等加以调整。然而，一旦这些全部完成，那么十分清楚的是，摄影者就可能把这个‘自动’程序的进行置于非常主观和非常个人性的结果的状态之中……因此，现实主义也并不能来自这种手段被推断出的‘自动的客观性’，因为，并不存在这么一种自动的客观性。”[①] 所以从这个角度来讲，任何电影类型，无论动画还是纪录片，都无法抵达真实。让·米特里指出：“即使是实地拍摄的纪录片，也必须把空间分割成一系列连续的场景，由摄影师操纵的摄影机拍下来的镜头必然是一种有意选择的景象，是对现实的一种‘解释’。艺术中没有‘真正’的现实，电影和其他艺术一样也是如此。摄影机所捕捉到的只是结构的要素，用来盖房子的砖石。”[②] 这是我们理解视觉真实感的第一个要点，它是一种真实感，而不是真实或者现实。比如我们可以说《海底总动员》中的尼莫、《怪兽电力公司》中的毛怪具有真实感，但不能说它们是真实的。它们

① [美]诺埃尔·卡洛尔：《巴赞在电影理论中的地位》(下)，张东林译，《电影艺术》1993 年第 2 期。
② [法]让·米特里：《蒙太奇的心理学》，崔君衍译，《世界电影》1980 年第 3 期。

在现实生活中根本就不存在，何谈真实？但这并不妨碍它们可以提供给观影者一种真实感。

其次，我们理解视觉真实感的第二个要点即这里强调的是视觉上的真实感，而不同于文艺理论上的“真实感”概念。因为文艺理论上的“真实感”概念更多强调的是在文学作品中人物形象或者社会环境的可信性问题，虽然也是心理感觉，但是它更加强调人物形象的塑造是否符合人物的出身、教育、家庭背景，以及社会背景是否符合历史，等等，这里的真实感问题与社会历史文化存在着千丝万缕的联系。笔者提出的“视觉真实感”概念跟文艺理论上的“真实感”概念不同，它不对社会历史文化负责，而仅仅关联于视知觉，它仅仅对银幕上所呈现出来的各种生命“幻象”是否在视觉上真实可信负责。从这个意义上来讲，“视觉真实感”是一个对视觉形式负责的概念，而不对内容层面负责。比如《海底总动员》中的小丑鱼尼莫，我们说它具有视觉真实感，仅是指它一方面作为一条鱼，在银幕上展现出了一条鱼基本真实的生命样态，包括生理形态、游动的样子等；另一方面作为一个拟人的角色，它的表情动作也活灵活现地可以让我们感受到它的内在类人情感等，而不对尼莫在性格塑造上是否成功、对其情节安排是否合理等内容层面的问题负责。

这两个要点结合在一起，即本书所说的“视觉真实感”的基本内涵。

毋庸置疑，与传统三维动画相比，仿三维动画的 3D 动画具有一种视觉真实感。传统三维动画在动作上的机械呆滞和不流畅，使其显得非常不真实，因为真实的动作应该是自然流畅和连续的，传统三维动画无法提供这种真实动作样态；同时在造型上也限于制作材料的局限，无论是木偶、橡皮偶还是黏土偶等角色形象，都只能体现出制作材料本身的质感，而不是生命体必需的皮肤质感，面部表情上也远远不能够表现出人物表情的丰富性。即使是实物动画这种在造型上完全写实化的传统三维动画形式，因为实物本身不具有生命，所以在银幕上通过逐格拍摄得到的生命印象也仅仅是靠观众的想象得到的，视觉上不具有任何生命的真实状态的呈现。所以可以得出结论：传统三维动画不具有视觉真实感。

仿三维动画的 3D 动画提供了这种视觉真实感，因为在造型上它可以提供具有逼真感的背景和道具以及立体化的三维空间，在动作上可以提供拟仿人类真实情感表现的面部表情动作以及结合物体自身物性特征的拟人运动动作；即使这个角色形象本身是虚拟的、现实中不存在的，也同样可以给观众提供一种视觉真实感，因为它所塑造出来的生命状态符合观众的日常生活经验。观众判断一个角色形象是否具有视觉真实感的依据只能来自他的既有生活经验，现实生活中是什么样子的，在银幕上就应该表现为什么样子，这样才会使其真实可信。比如现实生活中的运动是连续流畅自然的，那么在银幕上的动作就应该是流畅自然的，否则就不具真实感；在现实生活中的空间是三维的，那么银幕上只有提供了三维的空间才能够保证视觉的真实感。虽然大部分 3D 动画作品中的角色形象都是现实生活中不存在的，也就是说是“非索引性”的角色形象，如《怪兽电力公司》中的毛怪、大眼仔等，观众无法以现实生活中的某个形象进行“索引”对比，但这并不妨碍观众会以现实生活中的基本生命样态作为参考对其加以判断，比如从它的毛发、表情、动作等方面去判断它作为一个生命体的真实可信性。诚如斯蒂文・普林斯已经证明过的那样，有大量证据表明，电影观众是以多种方式把展现在电影中的事物与他们对真实世界的视觉和社会经验进行对比的，一部影片是否具备真实性，要由观众对影片结构中是否体现了真实性，或是否改变了真实性这一交流过程中所固有的判断过程的各种方式予以体现。给人真实感的影像就是在结构上与观众对于三维空间的视听经验相符合的影像，之所以能与观众的视听经验相符合，则是由于电影制作者赋予了这些影像应有的特征。这种影像展现出大量的电脑信号储存，这种信号储存可以组成诸如光线、色彩、结构、运动与音响等因素，而且是按照与观众本身日常生活中对这些现象的理解相一致的方式来组成上述各种因素的。因此可以说，虚构影像就其有关参照物来说，它们都是虚构的，但就人的感觉来说是真实的。① 仿三维动

① ［美］斯蒂文・普林斯：《真实的谎言——感觉上的真实性、数字成像与电影理论》，王卓如译，《世界电影》1997 年第 1 期。

画的 3D 动画之所以能够给观众提供视觉真实感，正在于其在影像层面运用 3D 动画数字技术为观众提供了与观众日常经验相一致的诸如光线、色彩、结构、运动与音响等因素。

那么仿三维动画所提供的这种视觉真实感是否仅仅针对传统三维动画才具有意义，当其超越传统三维动画的藩篱之后是否还具有审美突破意义，比如，与整个传统动画相比，3D 动画的这种视觉真实感是否还具有独特意义？这要做进一步论证，即需要辨明传统二维动画是否具有视觉真实感，如果具有，那么 3D 动画便不具有突破意义；如果不具有，那么 3D 动画所提供的这种视觉真实感便具有了对于传统动画的美学革命意义。

正如斯蒂文·普林斯所论证的那样，传统二维动画是否具有视觉真实感，关键看其是否在影像层面提供了与观众日常经验相一致的诸如光线、色彩、结构、运动与音响等因素。为了论证的清晰，我们依然沿着“动”和“画”的双重层面对传统二维动画进行考察。传统二维动画种类较多，包括纸绘、赛璐珞、剪纸、沙、油彩玻璃、针幕等多种，以纸绘最为主流，同时技术上也最具代表性，我们便以其为例。首先在“动”的层面，纸绘动画体现出了极大的优越性，因为它不仅可以像实拍电影那样创造出写实的动作，而且可以创作出实拍电影无法实现的夸张变形动作，因为它的动作是画出来的，所以可以不受到现实的制约。但是即使是画出来的夸张变形动作，也并没有走向天马行空，无中生有，而是在恪守基本运动规律的基础上做出适度的夸张变形，不符合规律的夸张变形非但不能得到预期的效果，反而会让人感觉不明所以。所以我们看到在由弗兰克·托马斯和奥利·约翰斯顿合著的《生命的幻象——迪斯尼动画造型设计》这部经典动画理论著作中所阐述的 12 条动画规律中，有一半都在讲述如何创作出基本符合现实的动画动作，包括“预期”“次要动作”“弧形”“追随动作和交叠”等。所以传统二维动画在“动”的层面，无论是写实的还是夸张变形的动作，都基本符合观众日常经验对真实生命体运动形态的体认。再来看“画”的层面，纸绘动画是否同样能够提供与观众日常经验相符合的要素。纸绘动画以纸、笔、颜料等媒介为创作工具，虽然可以创作出各种形态，但却无法提供真实质感，因为现实中各种不同的东西因为自身材质的不同，在纹理、明暗、冷暖、光的折射和反射等方面各不相同，人类也正是通过这些因素在视觉上呈现的差异来确立对它们的判断，虽然通过纸绘可以画出形态，却无法画出真实的质感，比如同一个玻璃杯，盛了半杯水或者盛了半杯苹果汁后以及阳光下的玻璃杯和暗处的玻璃杯，在质感上都不尽相同，纸绘动画无法像 3D 动画软件中的 Mental Ray 渲染那样逼真拟仿这些质感差异，它无法处理如此精细的质感，而只能通过颜料和明暗进行粗糙处理，如果说纸绘动画可以表现质感，也只能说表现出了颜料这种材质本身的质感，而不能够仿真地体现出所描绘物体的质感。同时在表现像光线穿过透明物体后所产生的散焦效果以及透明、半透明物体本身所具有的折射和反射等现象方面，再高明的动画师也无法通过手绘实现。纸绘动画同样无法实现的还有仿真感三维空间，尽管它可以通过透视和分层摄影实现一定程度的纵深感，但与现实的三维空间感知相比，这种粗糙的三维感还是显得格外不自然。综合而论，虽然纸绘动画在“动”的层面可以创造出与实际生活经验基本符合的流畅动作，但因为在“画”的层面，无法提供与实际生活经验基本相符合的质感和三维空间，所以从整体上它并没有为观众呈现出视觉真实感。纸绘动画如此，其他传统二维动画形式亦然，限于种种条件制约，均无法提供视觉真实感。

经过论证，可以看出仿三维动画的 3D 动画不仅相对传统三维动画创造出了一种新的美学质素，同时还是对传统动画的美学革命，它创造出了以往传统动画无法提供的审美效果：视觉真实感。

那么这种视觉真实感对于 3D 动画具有怎样的意义呢？

笔者认为，视觉真实感对于 3D 动画的意义可以从两个方面进行阐述。

首先，对 3D 动画的接受来讲，视觉真实感的彰显使 3D 动画能够突破传统动画的接受障碍，与实拍电影站在同一个平台上进行竞争。

传统动画的接受障碍是什么？无非是视觉之“假”！对于动画的特性确认尽管因人而异，但有一点是大家基本能够认同的，那就是动画是一种“假定性”艺术，动画的“假定性”体现在各个方面，内容是“假”的，情节是“假”的，角色形象也是“假”的，但这些“假”都不足以构成动画的接受障碍，因为同样道理，实拍电影在内容层面上也往往是虚构的，也是“假”的。

真正构成动画接受障碍的是视觉之“假”，这是动画与实拍电影相比致命的先天缺陷。正如笔者在上面所分析的那样，无论是传统二维动画还是传统三维动画，都无法给观众提供视觉真实感。观众在欣赏动画时，需要将视觉上明明是“假”的生命样态通过默许的假定性契约想象成是“真”的，这对大部分成年观众来说往往会构成一种接受障碍，对于未成年观众或许还不至于如此严重，因为未成年人的接受心理还没有完全成熟，尤其是小孩子更容易完成对动画影像的接受，但大部分成年人则会对视觉之“假”形成直接抵触心理。由视觉之“假”到心理之“真”是一个生硬的、被强迫的过程，需要活跃的想象力的主观参与，但是对大部分成年观众来说，这种强制性的主观参与往往成为一种负担，他们更容易接受一种由视觉之“真”到心理之“真”的过程，因为视觉上的真实性可以无障碍地顺利过渡到心理之真，这里不存在生硬的强迫想象，是一个自然而然、平滑的过程，实拍电影的影像接受就是这样一种样态。

如果借用沃林格“抽象”与“移情”这样一对概念的话，传统动画无疑属于广义的“抽象”范畴，而实拍电影则对应属于“移情”的范畴，之所以造成如此差异，根源就在于影像层面的视觉真假。动画的视觉之“假”形成了阻碍移情的心理障碍，使之不能够形成从视觉到心理的顺畅过程，实拍影像则不存在这样的问题。所以我们看到在传统动画时期，如果某一部动画片挤进了世界电影票房榜的前列（如《狮子王》）便成了一件无限荣耀的事情，盖因为传统动画与实拍电影相比存在的这一先天障碍，能够在与实拍电影的竞争中取得成功实属不易。

但是当 3D 动画突破传统动画的这一先天缺陷之后，即赋予影像以视觉真实感之后，动画与实拍电影相比，原来的先天障碍荡然无存，动画真正与实拍电影站在了同一个竞争平台上，甚至比 3D 动画的竞争平台还要处于优势地位，因为实拍电影受到与观众之间的“真实性”契约关系的束缚，不像动画那样可以任由想象天马行空。因为动画与观众之间长期形成的是一种“假定性”契约关系，视觉上两者又处于平等位置，所以我们看到在近十多年的北美电影排行榜上（因为美国 3D 动画代表着目前世界最高水平，制作也最为精良，故具有代表意义），几乎每年都有 3D 动画居于排行榜前列，即使位于排行榜榜首也屡见不鲜。

其次，3D 动画被赋予视觉真实感之后，另一个后果便是视觉奇观倾向的增强和新感性的彰显。其实这只是一个问题的两个侧面，在 3D 动画里，“视觉奇观”即“新感性”，“新感性”即表现为“视觉奇观”，只不过前者是从影像层面而言，后者是从心理感受而言。

奇观，英文单词是 Spectacle，可翻译成景观、奇观等不同概念。居伊·德波的《景观社会》被认为是最早对“奇观”进行研究之作。在德波之后，凯尔纳、穆尔维、拉什、达德利等人进行了更加深入的研究。

如果从以上关于奇观的研究中提炼出一个最为核心的内涵：“奇观”最本质的内核是什么？答案无疑是“陌生化”。无论是在哪个层面上来论述奇观，其最终落脚点都可以归结到“陌生化”上。

正是相对于普通日常生活的平淡无奇，陌生化带给受众惊奇的质感，一种脱离日常经验的奇观效果。

不可否认传统动画也具有一定的奇观性。追溯动画的源头，比如勃莱克顿等早期动画家的作品如《闹鬼的旅馆》等，既可以看作动画片，也可以说是特技片，因为逐格拍摄手法无疑是制造电影特技重要的摄影手段，而特技的直接目的是创造出非同寻常的影像奇观。传统动画通过逐格拍摄，能够制作出各种各样的奇观影像，通过逐格拍摄使原来没有生命的物体实现“万物有灵”，无疑是一种奇观。动画艺术夸张变形的表现手法是对日常生活经验的“陌生化”改写，比如《猫和老鼠》中很多对肢体表演夸张变形的处理具有很强的奇观性。再比如像动画类型中的针幕动画、油彩玻璃动画等表现形式，本身就是人类创造性和想象力的展示，是日常生活中罕见的，仅表现形式自身即具有很大的奇观性。

从这个角度来讲，3D 动画视觉奇观是在延续传统动画的奇观本性，但 3D 动画的“视觉奇观”是一种相较于传统动画奇观而言更为强烈的视觉表现。3D 动画的奇观跟传统动画奇观是不一样的，概而言之，即传统动画的奇观性建基于抽象性 / 假定性之上，而 3D 动画奇观在此基础上引入了新的维度，即“真”的维度。当 3D 动画在影像层面上被赋予视觉真实感之后，它所制造出来的奇观便具有了一种“真假合一”的特征，更加强化了其奇观性效果，故而 3D 动画奇观相较传统动画奇观是一种深度“奇观性”。

一言以蔽之，3D 动画的奇观性一方面体现在它是超级陌生化后的景观；另一方面，这种超级陌生化的景观不再以视觉之“假”的面目出现，它以一种逼真的视觉样态呈现于观众面前，使原来的影像与观众之间因视觉之“假”产生的距离和生硬想象过程不复存在，观众不再需要想象另一个不存在的陌生世界，而是直接在银幕上看到了那个陌生的虚幻世界。正如国内一位学者对“史莱克”的印象一样：“主人公史莱克是一个‘鬼’，但影片就是将这样一个并非实际存在的鬼‘真实’地表现出来，无论是皮肤的质感，还是身上的阴影，或者是其自然的动作与表情，简直都和活生生的‘真人’一样，达到惟妙惟肖的程度。”[①] 如果套用巴赞“完整电影的神话”的概念，即再造一个声音、色彩、立体感等一应俱全的现实幻象的话，那么视觉真实感的获得，则使另一个声音、色彩、立体感、运动、光线等都一应俱全的非现实世界获得了“复活”，这是一个“完整动画的神话”。

3D 动画被赋予视觉真实感之后，在强化视觉奇观的同时，也引致“新感性”的彰显。

需要说明的是，这里的“新感性”不同于马尔库塞意义上的新感性[②]，3D 动画中所体现出来的“新感性”是与马尔库塞的“新感性”相反的。马

① 闵大洪：《数字传媒概要》，复旦大学出版社 2003 年版，第 153 页。

② 马尔库塞对其“新感性”的论述主要集中在《论解放》《爱欲与文明》等著作中。

尔库塞的“新感性”概念旨在冲破理性的压抑，意图通过对“爱欲”的张扬来冲破“文明”的束缚与压制，而 3D 动画中的“新感性”则恰恰是为“文明”秩序的稳定性服务的，具有“肯定的文化”[①] 性质，两者在价值趋向上存在着根本差异。

3D 动画“新感性”之“新”，强调的是与传统动画感性的区分。传统动画感性是对“假定性”的“抽象”感受，它是一种带有距离感的审美感性，因为传统动画之“假”尽管也有叙事等因素诱使观众进入，但因为“假”的艺术界定，往往使观众在心理上自觉保持着一种清醒，影像层面的视觉之“假”（无论是手绘卡通的二维，还是偶动画的机械感）都时刻对观众构成提醒：这是假的！但在 3D 动画的新感性中，这种距离感和清醒却在逐渐消弭，因为 3D 动画在影像和动作层面被赋予的视觉真实感，极大地削减了传统动画中的“抽象”性，从而增强了其“移情”性，尤其是在数字技术制作的视听奇观“饕餮盛宴”面前，加上 3D 立体技术的辅助，观众的浸入感无比真切，距离不复存在，清醒不复存在，剩下的即沉浸在奇幻的影像中不能自拔。数字技术的潜力和发展空间是无限的，在以后的时间里，还可能有 4D 动画、5D 动画等 3D 动画的升级版出现，新感性也将随之无限拓展。

第四节　去分化：3D 动画的文化逻辑

如果从埃米尔·雷诺算起，那么动画的历史已经有一百多年了。一百多年，对人类个体来说是多么漫长的一段时间，但是将这一百多年的历史放

① “肯定的文化”是由马尔库塞在其学术长文《文化的肯定性质》中提出的，参见［德］马尔库塞《文化的肯定性质》，载［美］赫伯特·马尔库塞《审美之维——马尔库塞美学论著集》，李小兵译，生活·读书·新知三联书店 1989 年版，第 8 页。

在其他艺术样式动辄几千、几万年的历史来说，又显得那么微不足道。虽然只有一百多年的历史，但因为过去的这一百年是整个人类历史上最为轰轰烈烈、翻天覆地的一百年，所以动画也能够有机会在这么短的一段时期里走过其他艺术样式在几千、几万年里所历经的变迁。

从文化形态的角度，我们可以把艺术分为三种类型：原始文化形态、现代文化形态和后现代文化形态[①]。很多艺术样式都具有这三种文化形态的区分，比如音乐、美术、舞蹈等。动画的历史虽短，但同样遵循着这样的文化逻辑，在短短的一百年里走完了其他艺术要几千年才能走完的历程。

那么动画艺术的历史又经过了怎样的演化和变迁呢？这涉及动画史的分期问题。

目前对于动画艺术史的发展历程并没有统一的分期，从不同的视角出发，就有不同的历史分期。本书认为截至目前的动画史可以分为三个时期：混沌时期、传统动画时期和 3D 动画时期，分期的依据在于文化逻辑的流变。需要说明的是，这三个分期并不具有一个明确的分界线，并不能够说从哪一年或者哪一部影片开始进入了哪一个时期，因为由一个时期到另一个时期的过渡并不是一蹴而就的，它需要一个缓慢的更替过程，所以这三个分期只是从主流形态的角度划分的。

一、混沌时期

混沌时期包括两个部分，一个是漫长的史前史时期，一个是逐格拍摄技术出现后虽然已制作出“动画”影片，但尚未把这类影片明确界定为“动画”的时期。史前史时期有相当一部分规则是动画和真人电影共享的，比如“视觉暂留”原理、放映原理等，但也有区分，“动画产生在电影之前”[②]，对

① 对于文化形态的区分问题，目前尚无完全统一的界定，一般认为可以把文化的历史形态分为四种类型：原始文化、古典文化、现代文化和后现代文化。因本书是从文化动力这一角度进行区分的，而在古典文化和现代文化形态中，其动力趋向均可视为“分化”，故本书将两者合并为一种文化形态，即现代文化形态。

② [法] 乔治·萨杜尔:《世界电影史》，徐昭、胡承伟译，中国电影出版社 1982 年版，第 485 页。

于这种状况，聂欣如先生做出了如下分析：

> 或者也可以换一个说法，电影的原始状态是混沌的，就像神话中盘古开天辟地之前的混沌一样，分不出绘画的电影和依靠胶片感光的电影。后来盘古用斧子一划，分出了天和地。但是在电影的历史中不知道是谁扮演了盘古的角色，在电影逐渐成熟的过程中，绘画的电影逐渐同照相的电影分了家。在照相这边，有发明摄影枪的马莱、第一个拍摄奔马的爱德华·穆布里奇，以及爱迪生、卢米埃尔兄弟等大名鼎鼎的人物和发明家；在动画这一边，能够与之相提并论的则只有埃米尔·雷诺一个人。这样的情况也是情有可原的，因为电影在技术上的发展一直在追求连续的拍摄和放映，只有这样，画面中的物体才能活动起来。而以绘画为基础的动画电影则只要求连续的放映，而不要求连续的拍摄。换句话说，动画电影对技术的要求要比故事电影低得多，这也是为什么动画“电影”能够早于以照相为基础的记录式电影出现的原因。[①]

埃米尔·雷诺之后，对动画的发展做出突出贡献的人是美国人勃莱克顿，他发明了对传统动画来说最核心的技术：逐格拍摄。勃莱克顿利用这一技术制作了一批影片，如《闹鬼的旅馆》《一张滑稽面孔的幽默姿态》等。但海外的电影理论家一般不认为勃莱克顿是动画电影的创始人，因为“勃莱克顿的注意力始终集中在‘逐格拍摄’这一技术上，绘画的部分在他的影片中只是一种实验，并没有独立的意义。他的动画电影基本上保持了这样一种与‘真人’或‘实物’合成的风格。他的发明与其说对于动画电影意义重大，还不如说对一般电影的特技更有意义”[②]，“这种电影在中欧各国叫作‘特级片’，在苏联被称为‘复合片’，它们用一些画在平面上的图画或立体的物品作为创作的材料”[③]。

---

① 聂欣如：《动画概论》，复旦大学出版社 2006 年版，第 4 页。

② 聂欣如：《动画概论》，复旦大学出版社 2006 年版，第 6 页。

③ ［法］乔治·萨杜尔：《世界电影史》，徐昭、胡承伟译，中国电影出版社 1982 年版，第 485 页。

这种状况直到法国人埃米尔·科尔的出现才得以改变，是科尔把动画艺术中的“动”和“画”联系了起来。“将‘漫画’这一绘画的形式导入电影是科尔的首创，漫画同电影结合以后，在科尔的手中表现得极其灵活，绘画自身的美学特性几乎都被改变，色彩、构图、线条这些传统的有关绘画的要素在电影中似乎已经不再重要，重要的是随电影而来的图形的变化和运动。从动画电影的诞生到今天已经百年，任何语言在这么长的时间里都会有所变化。但是有一点相对来说却变化不是很大，这就是主流动画片的美术形式一直是以‘cartoon’（漫画）或与之接近的单线勾勒的图形为主。”[①] 同时，科尔也制作了动画史上的第一批木偶片，比如他在 1910 年摄制的《小浮士德》就是一部相当出色的影片。除了科尔之外，这一时期还有一些重要的人物为动画艺术的定型做出了贡献。比如“侨居巴黎的俄国人斯达列维奇摄制了一些以寓言里的动物作为主人公的木偶片，如《青蛙的皇帝梦》、《家鼠与田鼠》、《黄莺》和《蝴蝶女王》等，使木偶片大大向前推进了一步”，“洛蒂·雷尼克也在德国以一种简练动人，但有些矫揉造作的手法摄制了一些皮影戏的影片”等。[②]

至此，我们可以说动画艺术走完了它的混沌时期，“动画”这一概念获得了它的自身规定性，即在技术上的“逐格拍摄法”和内容载体上的美术形态。动画艺术也由此进入了它的第二个时期，即传统动画时期。

二、传统动画时期

传统动画时期是一个相当长的时期，也是动画艺术得以发展壮大并逐渐走向分化的时期。在这一时期里，得以建构完成的动画概念一方面不断地扩充自己，发展出了多种多样的动画样式和形态；另一方面，随着这种自身的快速扩充，也带来了对自身规定性的一种解构的危险。因为在这个扩充的

① 聂欣如：《动画概论》，复旦大学出版社 2006 年版，第 9 页。
② ［法］乔治·萨杜尔：《世界电影史》，徐昭、胡承伟译，中国电影出版社 1982 年版，第 487 页。

过程中，出于惯性或是文化的原因，人们把太多没有严格符合动画规定性的作品类型也称为“动画”。萨杜尔从“1910 年起为人所知或预见到的各制作方法”这一层面，将传统动画时期的动画片分为十种：古典的动画片、剪纸片、皮影片、多平面动画片、木偶片、活动雕像片、直接动画片、实物活动片、活动版画片和特技动画片。按照萨杜尔对这十类影片的解释说明，我们可以发现这是一个观念相当具有开放性的“动画”清单，因为如果从前一时期形成的动画规定性来理解，其中的“实物活动片”和“特技动画片”已明显突破了动画的限定。“‘实物活动片’（维太格拉夫公司、平希韦尔、亚历克赛耶夫、埃梯艾纳·拉依克制作）是把一些物体按照一种适合的音乐节拍组成芭蕾舞的动作”，“‘特技动画片’（科尔、麦克拉伦等人制作），是用正常的摄影手法来拍摄一些人物，但在拍摄或剪辑时用了各种‘特技’（如快速摄影、慢速摄影、影片翻接、突然停拍等）。所有这些手法都可和‘正常’拍摄的场景结合在一起”。[①] 所以萨杜尔在总结这一时期的动画时也显得相当谨慎，在某种程度上为自己的概括留出了理论探讨的空间：“上面列举的并不详尽的各种样式显示动画电影主要是（但不是唯一地）建立在逐格拍摄法的基础上。在美学方法上，这些样式主要是使用图像与造型，而且有排除用摄影与机械方法来重现人物及其动作的趋势，它们更多地属于造型艺术（绘画与雕刻），而不属于传统的电影。”[②]

相较于前一时期，我们发现得以建构的动画概念开始出现被解构的倾向，无论是内容载体的“美术形态”还是技术手段上的“逐格拍摄”，都面临着失去“权威”效力的危险。当然，这种限定虽然遭到了解构的侵蚀，但尚没有构成颠覆性的影响，侵蚀仅仅是从动画的边缘进行的，还没有威胁到动画艺术的主流形态。不能不说，整个传统动画时期，动画的主流形态一直以一种“坚挺”的强硬姿态俯视着林林总总出现的意欲“反叛”的边缘形态，这种主流形态即建立在“逐格拍摄”技术上的以一定的“美术样式”为

① ［法］乔治·萨杜尔：《世界电影史》，徐昭、胡承伟译，中国电影出版社 1982 年版，第 495 页。

② ［法］乔治·萨杜尔：《世界电影史》，徐昭、胡承伟译，中国电影出版社 1982 年版，第 495 页。

内容载体的动画片。真正对其构成颠覆性影响的，是电脑技术对动画艺术的介入。随着电脑技术的介入，动画的历史也发展到了一个新的阶段，即当下这个方兴未艾的“3D 动画”时期。

三、3D 动画时期

随着数字化技术在 21 世纪日新月异地飞速发展，几乎社会生活的各个领域都受到了数字化技术的革命性影响。作为本来就依托科技的进步才得以诞生的电影当然也不能避免这种影响，自然地，动画艺术也被裹挟在这股数字化洪流之中，而且是其中较为强势的一股浪潮。有人曾对计算机技术对动画的影响做出这样的概括：“计算机动画是动画发展史上的一个里程碑，动画因为计算机而发生了前所未有的变化。”[①] 可谓一语中的，尤其是“前所未有”四个字，真正恰如其分地做出了准确的描述。计算机技术对动画实践的影响是全面的、立体的，并不是某一个局部的改良，而是全方位、多层面的革命性变革。相对于计算机技术对传统二维动画所起的辅助作用，3D 动画则完全是由数字技术催生的产物，并打破了传统动画的诸多规则。3D 动画实践的各个层面，从制作方法与流程到视觉效果，再到流通渠道以及功能等，都因为计算机技术的介入而发生了深刻的变化。比如在制作方法和流程上，3D 动画“只需设计好角色造型，便可以直接利用计算机进行动画创作，并可实时预览动画效果”，“传统三维动画，一般只能大量制作实体模型，动作设计差强人意，表现题材也很受限制。而计算机在三维动画制作能力上的表现尤为突出，大量功能强大的三维动画制作软件可以保证动画角色、场景的逼真表现。另外，大量的、直接和计算机连为一体的辅助设备，如三维扫描仪、动作捕捉器，为快速、准确地进行三维建模和动作设计提供了方便”，“在后期制作阶段……基于计算机的数字化非线性编辑技术不但可以提供各种传统编辑机所有的特技效果，还可以通过软件和硬件的扩展，提供编辑机

① 容旺乔：《动画概论》，江苏美术出版社 2006 年版，第 4 页。

根本无能为力的复杂的特技效果”。[①] 再比如在视觉效果和流通渠道上，3D 动画不仅可以虚拟现实世界中几乎所有的东西，而且可以虚拟现实生活中根本不存在或者无法用人眼看到的东西，流通上也不再局限于影院电视，还可以在网络、教室、商店、手机等场所或介质中传播。由此可见，由于数字技术对动画艺术的介入，3D 动画发展出一种新的美学形态。这已经不是预言，而是摆在眼前的事实，3D 动画无论在制作方法上还是在美学形态上，都迥异于传统逐格动画。

经过对动画史的分期，百年动画的三个时期在文化逻辑上分别对应着三种文化形态，即混沌期对应着原始文化形态、传统动画时期对应着现代文化形态、3D 动画时期对应着后现代文化形态。

问题的重点不在于确立这种对应关系，而在于在这种对应中找寻到动画历史流变的文化动力。笔者认为，百年动画史的三个时期的形成分别是由三种文化动力策动的，这三种文化动力是“整合”、“分化”与“去分化”，这三种文化动力分别是原始文化、现代文化和后现代文化的典型动因，正是在这个意义上，本书才说短短百年动画史走过了其他艺术门类要几千、几万年才走过的文化形态演变。

（一）混沌期动画与“整合”

混沌时期的动画体现出来的是一种鲜明的原始文化“整合”样态。

原始社会和原始文化的主要特征是“高整合低分化”，英国社会学家拉什对这一点做出了较好的概括：

> 宽泛地看，在原始社会中，文化和社会尚未分化。实际上，宗教及其仪式是社会事物不可或缺的一部分。神圣的事物渗透在日常非宗教的生活之中。更进一步，自然和精神的东西在泛神论和图腾崇拜中也没有分化。巫师的角色表明了现世和来世之间的界限是模糊不清的，而祭司的功能也还没有分化

① 容旺乔：《动画概论》，江苏美术出版社 2006 年版，第 4—5 页。

和专门化。[1]

一切都是整合一体的，原始社会文化的这种形态可以用来对很多处于初始状态的艺术样式进行描述，诸如原始形态的舞蹈、音乐、诗歌（文学）等艺术样式在远古图腾仪式中的并存一体，所谓“言之不足，故嗟叹之。嗟叹之不足，故咏歌之。咏歌之不足，不知手之舞之足之蹈之也”，可以看作对这种形态的另一种表述。

对动画艺术来说，处于混沌时期的动画的原始文化“整合”特征主要体现在动画和电影混合一体、不可区分上面。如前所述，动画的原始状态是混沌的，就像神话中盘古开天辟地之前的混沌一样，分不出绘画的电影和依靠胶片感光的电影，动画和真人实拍电影是合为一体的。在当时的历史语境下，没有哪种影片被称为动画或真人电影的区分，而只有一种电影，那就是“活动影像”。

在电影诞生之前，无论是绘画还是摄影，均限定于空间的表现，而无法引入真实的时间维度，尽管诸如巴洛克、未来主义等风格的绘画意图如此，但限于自身表现媒介的局限，这种努力却有勉为其难之感。而电影则利用“视觉暂留”原理，通过特殊的放映手段实现了对时间维度的描述，“一系列连贯的、有细微差别的静止图片，以足够快的速度连续播放（今天的技术标准是每秒钟 24 格），人眼在接受时，它就是一个动态画面，这就是电影的本质”[2]，“电影的出现使摄影的客观性在时间方面更臻完善。影片不再满足于为我们录下被摄物的瞬间情景（就像数百年的昆虫在琥珀中保存得完整无损），而是使巴洛克风格的艺术从似动非动的困境中解脱出来。事物的影像第一次出现了时间的延续，仿佛一具可变的木乃伊”[3]。从此，“活动影像”作为一种新的艺术表现媒介，在电影这样一门被称为“第七艺术”的艺术门

---

① Scott Lash, *Sociology of Postmodernism*, London: Routledge, 1990, p.6.

② ［英］理查德・豪厄尔斯：《视觉文化》，葛红兵等译，广西师范大学出版社 2007 年版，第 156 页。

③ ［法］安德烈・巴赞：《电影是什么？》，崔君衍译，江苏教育出版社 2005 年版，第 9 页。

类里得到了淋漓尽致的展现。

而动画和真人电影无疑是“活动影像”展现的主流渠道，当然，在这样一个混沌期里，两者并不可分，是作为一体而存在的。比如在梅里埃的诸多“特技”影片中使用了很多后来在动画影片中所使用的手段，而在现在被称为“早期动画”的那批影片严格来说均可以并入“特技”影片的类别，诸如《闹鬼的旅馆》等。两者在摄影上所使用的手段“停机再拍”和“逐格拍摄”均出自同一种类型，即颜纯钧总结的“中断—连续”这一手段[①]。

对当时的观众来说，他们不会去关注眼前所看到的“活动影像”是动画还是实拍电影，也无法对此进行精确的界定和区分。正如豪厄尔斯总结的那样：“对 19 世纪末的人来说，最棒的事情那就是图片活动起来了！这就是当时的技术奇迹。”[②] 影片是“动画”还是“实拍电影”不重要，重要的是“图片活动起来了”。无论是《工厂大门》，还是《月球旅行记》，抑或是《闹鬼的旅馆》，无论是什么类型的“活动影像”，只要它能够使“图片活动起来”，都能够带给观众强烈的震撼。

之所以震撼，一方面是因为新奇，另一方面也来自一种不同以往的视觉经验，正如本雅明对这种震撼效果所描述的那样：

> 面对画布，观赏者就沉浸于他的联想活动中；而面对电影银幕，观赏者却不会沉浸于他的联想中。观赏者很难对电影画面进行思索，当他意欲进行这种思索时，银幕画面就已变掉了。电影银幕的画面既不能像一幅画那样，也不能像有些现实事物那样被固定住。观照这些画面的人所要进行的联系活动立即被这些画面的变动打乱了，基于此，就产生了电影的惊颤效果，这种效果像所有惊颤效果一样也都得由被升华的镇定来把握。[③]

① 颜纯钧：《中断和连续——论电影美学中的一对范畴》，《文艺研究》1993 年第 5 期。
② ［英］理查德·豪厄尔斯：《视觉文化》，葛红兵等译，广西师范大学出版社 2007 年版，第 160 页。
③ ［德］瓦尔特·本雅明：《机械复制时代的艺术作品》，王才勇译，中国城市出版社 2002 年版，第 61 页。

（二）传统动画与“分化”

从动画的混沌时期进入传统动画时期的标志是动画自律性的获得。

所谓“自律”，即 autonomy，这个概念本义在希腊语中是“自身”+“法则”的意思，是一个相对“他律”（heteronomy，即“他者”+“统治”的意思）的概念，意在强调自身的合法化。体现在艺术中，最突出地表现为一种对“纯粹性”的追求。诚如周宪所言：“‘纯粹’艺术这一概念的提出，似乎说明了现代艺术家突然意识到以前艺术的不纯粹性。所谓‘不纯粹性’有很多意思，首先是指艺术服务于非艺术的目的（如道德的目的或政治的目的）；其次是指艺术的各个门类尚未达到自身的规定性和特殊性，比如绘画和雕塑的观念相对纠结，小说、诗歌和戏剧也彼此相通。而现代主义艺术家的一个基本目标就是发现各种艺术有别于其他艺术的不可替代的独特性。”[①]

动画亦然。动画自律性的获得也是以确立动画自身的规定性和“有别于其他艺术的不可替代的独特性”来实现的，当然，其确立方式是以与真人电影的“分化”开始的。

“后来盘古用斧子一划，分出了天和地。但是在电影的历史中不知道是谁扮演了盘古的角色，在电影逐渐成熟的过程中，绘画的电影逐渐同照相的电影分了家”[②]，不管是谁扮演了盘古的角色，但动画通过与电影的分化达到了自身的合法化却是一个事实。

动画与电影的分化主要是通过两个层面完成的，即空间和时间，这也是影视艺术作为时空综合性艺术表现形式的两个基本维度。首先，在空间层面，动画电影是对某种美术形式的空间再现，而真人电影则是对真实世界的空间再现，两者存在着根本区别，“作为动画电影拍摄对象的美术形式，由于其‘从画家笔下产生和由于雕刻家镂去多余部分而从石块中显现出的物体的现实性是艺术家创造的’，是虚拟的现实，因而是关于一个虚拟现实的‘机械’复制。而以物质现实为拍摄对象的影像，其空间是现实空间的一次

---

① 周宪：《文化表征与文化研究》，北京大学出版社 2007 年版，第 33 页。

② 聂欣如：《动画概论》，复旦大学出版社 2006 年版，第 4 页。

映照，即物理空间的间接表象。它的造型空间是对一个现实空间的一次选择或模仿的瞬间。就视觉主体而言，它复制的是生命体活动中的某一个瞬间。可见，摄制对象的差别决定了动画电影与真人电影空间的不同。动画电影与真人电影的造型空间的区别在于前者本质上是创造的、虚拟的空间片段；后者则是复制的、现实的空间瞬间"①。其次，在时间层面，动画电影和真人电影在营造时间段落的方式上又出现了根本分化，动画电影是通过"逐格拍摄"来生产影像的时间段落，而真人动画则是通过"连续摄影"来完成对真实时间段落的复制。借用颜纯钧"中断和连续"的概念，"显然，如果说，真人电影经由'连续—中断—连续'完成对物质现实的复现，那么，动画电影则借用'中断—连续'两个过程创造出一个虚拟的世界"②。

通过这两个层面，动画电影和真人电影的"分化"得以完成，动画自身的规定性和合法性得以廓清，真人电影和动画电影，一者守"真"，一者守"假"，楚汉分明。

客观地说，在电影理论领域星光闪耀的诸多理论中，学者虽然为真人电影做出了诸多理论贡献，但却少有人问津动画电影，比如美国电影理论家吉·麦斯特就针对这一问题，在他的《什么不是电影》一文中对爱因汉姆、巴赞、斯坦利、卡维尔、爱森斯坦等九位世界上著名的电影理论家发出了驳难，他说："我对所有这九位理论家的驳难，只需要一句话。他们谁也没有把美术片作为一种恰当的电影形式来进行论述……而如果离开电影便不可能存在的活动卡通算不上一种独特的电影形式，它又是什么？理论家们大多是漫不经心地提上一笔说美术片是一个例外—— 一种特殊的电影。我对这种提示要漫不经心地反问一下：一种特殊的什么？"③

麦斯特的驳难基本能够成立，除了对克拉考尔略有不公之外，因为毕竟克拉考尔对于动画电影还是留有只言片语的理论思考。在其《电影的本性》

① 高放：《虚拟的世界》，博士学位论文，北京师范大学，2002 年。
② 高放：《虚拟的世界》，博士学位论文，北京师范大学，2002 年。
③ ［美］吉·麦斯特：《什么不是电影》，邵牧君译，《世界电影》1982 年第 6 期。

一书中，克拉考尔做出如下表述："适用于照相式影片的论点当然并不适用于动画片。跟前者不同，动画片的任务是描绘不真实的，即从来也不会发生的世界。由此而论，沃尔特·迪士尼的那些越来越试图用现实主义的笔法来表现幻想的影片之所以在美学上颇有问题，正是因为它们去适应了电影的方法的要求。"[①] 如果我们把这段话与其著名的"电影按其本质来说是照相的一次外延，因而也跟照相手段一样，跟我们的周围世界有一种显而易见的亲近性。当影片记录和揭示物质现实时，它才成为名副其实的影片"[②] 来加以对比阅读的话，那么在理论家眼里，动画电影和真人电影之间清晰的"楚河汉界"显得那样对比鲜明。

传统动画的现代"分化"逻辑一方面体现为与真人电影的分化，另一方面则体现为动画自身的分化，即在传统动画时期，各种不同动画类型如偶动画、卡通动画、剪纸动画等对自身"纯粹性"（有别于其他艺术的不可替代的独特性）的自觉追求和体认。

关于这一点，我国动画电影"探民族风格之路"的开创者特伟先生的一段话特别具有概括意义：

> 有同志提出，谈美术片的特性，如果只是笼统地谈美术片共同的特点，还不够。因为三个片种（加折纸片，四个片种），都还有各自的特点，目前我们都还说不清楚。比如：当我们在研究剧本的时候，认为某个剧本更适合某个片种来拍，往往是凭一种感觉或经验，说不出太多的根据。如果有人不同意："你怎么知道这个片种不合适？"就没话好讲了。《龙牙星》的补天，明知木偶片不易讨好，也只好同意试试看。
>
> 木偶片的特点是什么呢？有人曾说过：木偶片的特点，应是"偶味"，也讲出些造型和动作上的特点；造型的"以一当十"，动作的夸张幅度，还举了些其他例子。到底"偶味"包括哪些内容，能不能说得完全些，恐怕现

---

① ［德］齐格弗里德·克拉考尔：《电影的本性》，邵牧君译，中国电影出版社 1981 年版，第 113 页。
② ［德］齐格弗里德·克拉考尔：《电影的本性》，邵牧君译，中国电影出版社 1981 年版，第 3 页。

在还不行。

又比如剪纸片，它的特点又是什么呢？据我所知，意见还不大一致。一种意见认为，剪纸片不能模仿动画（这里指卡通动画——笔者注）的搞法，一定要发挥剪纸片的特长和优势。如剪纸片来自皮影和剪纸，它的动作应以侧面为主，等等。另一种意见认为，剪纸片不应当有什么框框，应发展地来看剪纸片，怎么搞都可以，什么形式都允许。那么到底哪种看法对呢？还有待进一步探讨。

还有"扬长避短"和"化短为长"的提法，就是说各片种的局限性，恰恰是它的特殊性；短处正是特点，可转化为长处。这样的问题如研究得深入，对我们的创作工作有实际指导意义。[①]

特伟老先生的话已经足够清晰，不需要再做多余的阐释，即强调动画电影内部各个片种自身的特殊性问题，从而能够根据不同的题材选取不同的片种加以表现，只有这样才能够做到影片自身的协调性。

动画电影首先通过与真人电影的分化，其次通过自身的分化，完成了其自身自律性的建构。这一"分化"逻辑与现代性通过"分化"完成的自身建构遵循着同样的逻辑路线[②]，从这个意义上，笔者认为传统动画时期属于动画史的现代文化形态时期，在这个时期，稳定的动画性得以确立。

（三）3D 动画与"去分化"

"去分化"是"后现代"文化的典型特征，用后现代理论家菲德勒一篇脍炙人口的论文标题来表述，后现代文化追求的是"跨越边界填平鸿沟"

① 特伟：《美术电影创作放谈》，载文化部电影局《电影通讯》编辑室、中国电影出版社本国电影编辑室合编《美术电影创作研究》，中国电影出版社 1984 年版，第 10 页。

② 关于现代文化的"分化"逻辑，许多社会学家对此均有阐述。比如韦伯和哈贝马斯都认为，现代化的进程体现为原先整合在一起的不同领域逐渐分离的过程。在韦伯看来，分化和自律性的获得本质上是一个合法化的证明问题。哈贝马斯也认为，文化的现代性和社会的现代化是同一过程的两个不同侧面，自始至终伴随着一个持续的分化过程。法国社会学家布迪厄继承韦伯的传统，发现从传统社会向现代社会过渡的一个重要标志，就是他所说的各个"场"的自律性加强。参见以上社会学家的相关著述。

（Cross the Border — Close the Gap）[1]。英国社会学家斯科特·拉什对此表述得更为直接："如果文化的现代化是一个分化的过程的话，那么，后现代则是一个去分化的过程。"[2] 如上所述，现代性的分化逻辑意味着诸多自律性的确立，那么去分化也就意味着对这些自律性的消解与重构。

如果说动画自律性的获得是以追求动画自身和动画内部各片种的"纯粹性"，通过分化逻辑而确立的，那么置身后现代文化的语境之下，3D 动画则体现出了强烈的去分化趋势。

正如"分化"是通过两个层面，即动画与电影以及动画自身各片种的分化来实现的一样，3D 动画的"去分化"也是围绕着这样两个层面展开，从外部，3D 动画体现出对动画与真人电影界限的消解趋势；从内部，3D 动画则体现出对各动画片种之间界限的消解。

首先，我们来看第一个层面，3D 动画对动画与真人电影界限的消解。

如前所述，3D 动画可以分为仿二维动画、仿三维动画和仿实拍电影三个子类，在仿实拍电影这一子类型中，动画与实拍无论在"动"的层面还是在"画"的层面都遭到了消解。3D 动画运动的实现手段中，诸如动力学动画和动作捕捉动画，其直接目的就是希望得到跟真实的运动形态毫厘不爽的运动表现。虽然在传统动画中，通过"全动画"（Full animation）也可以使动画的动作轨迹相对流畅自然，但这种"流畅自然"毕竟是原画师和动画师凭借自己的感觉和经验主观臆想的结果，跟真实的运动形态毕竟隔了一层。仿实拍 3D 动画则不然，其动画动作的设定如果采取动力学动画或者动作捕捉动画的手段来实现，那么所得到的动作则完全是按照真实运动的各参数来加以体现的，这样的动作从某种意义上已经非常接近真人电影中的运动轨迹，因为两者同是对真实运动的"拷贝"，只不过 3D 动画是用电脑和其他特殊器材（如动作捕捉设备）"拷贝"，而真人电影是用摄影机"拷贝"而

---

① Leslie Fiedler, "Cross the Border—Close the Gap", in *Postmodernism: An International Anthology*, Wook-Dong Kim (eds.), Seoul: Hanshin, 1991, p.36.

② Scott Lash, *Sociology of Postmodernism*, London: Routledge, 1990, p.11.

已。同样，在造型层面，仿实拍 3D 动画追求一种真实质感。这主要借助于 3D 动画软件在建模、质材、贴图、渲染等环节所具有的超强功能，甚至 3D 动画可以通过三维扫描仪迅速地获得物体表面的立体坐标和色彩信息，并将其转化为计算机能够直接处理的三维色彩数字化模型，同时为了模拟出自然界中物体的真实质感，三维电脑动画画面着色技术还可以从三个方面定义模型的色彩特征：色彩、纹理模型及属性。尤其是 Mental Ray 渲染技术，更是真实感渲染的经典方案，能够近乎完美地完成对各种现实物体在光线、明暗等方面的真实感需求，使所塑造的画面跟实拍影像毫无二致。这样一番技术运用之后，3D 动画完全有能力将自己的造型提升到跟真实物体几无差别的程度，比如《海底总动员》中的水母看上去甚至比真实的水母还要真实。《最终幻想》是仿实拍 3D 动画中一个极好的例子，无论在动作上还是在造型上，这部影片都极具真实感，当这部动画电影上映后，甚至一度引起演员是否某一天会被动画人物替代的讨论。

另一种情况是 3D 动画角色与真人演员同台献艺的 3D 合成动画，当它需要去追求一种极度真实感时，动画与真人电影的区分变得更加难以把握，因为在真人电影这一领域同样也越来越多地依赖高科技技术手段将 3D 动画人物引入影片。比如《指环王》系列中大名鼎鼎的“咕噜姆”，就是一个完全由 CGI（电脑生成图像）制作的角色，无论在动作上还是造型上，他都达到了真实级；当一部这样的电影中引入很多 CGI 角色时，我们该将之看作一部真人电影还是动画呢？比如在《纳尼亚传奇》中尽管有很多 CGI 角色，发行放映公司还是把它定位为幻想 / 冒险类真人电影，但是像《加菲猫》这样的影片却归入动画，这里是否真的就有那么充分的区分理由？依据在哪里？看主要角色吗？还是把重点放在其他方面？同样都是由真人演员和 3D 动画角色同台献艺的合成影片，将之归类为真人电影和动画的依据看起来并没有那么严格的限定，而且随着 3D 动画技术的迅猛发展，这一区分将显得更加模糊。

其次，3D 动画除了在动画与真人电影的界限上构成一定程度的消解之外，还在动画内部各类型片种之间构成了某种程度的消解。比如聂欣如就认为 3D 动画是偶动画与卡通动画的结合，“对平面的绘画来说，偶类片自然而然所具有的空间性和物质性，是绘画这一媒体物质手段的软肋；但是人物运动的流畅和造型形态的变化，则是绘画表现的特长，这些表现对受到物质属性约束的偶类片来说相对困难。数字媒体由于彻底摆脱了物质世界（包括空间和平面）的束缚，因此它可以兼有动画片和偶类片两者的所长，同时又能避免动画片和偶类片两者的所短，成为动画片和偶类片的中间形态。我们今天所看到的虚拟动画片正是这样一种既有偶类片的空间感、材质感，也有动画片的动作流畅、变化自由特点的影片”[①]，这里所提到的“虚拟动画片”即就 3D 动画而言，尤其是指本书区分出的 3D 动画中的仿三维动画子类型。

如前所述，3D 动画中的仿三维动画子类型，在“动”和“画”两个方面都与传统三维动画不尽相同。仿三维动画在“动”上拟仿的是传统二维动画，而传统二维动画与传统三维动画在“动”的方面存在着迥然的差异，二维动画动作夸张变形、自然流畅，三维动画则呆滞机械、不流畅。所以，仿三维动画与传统三维动画在“动”的方面存在根本性差异。具体而言，又可以细分为两个方面：表情动作和运动动作。传统三维动画由于制作材料和技术的限制，无论在角色表情还是运动上都不能够做到流畅自然，而仿三维动画借助数字技术平台则可以轻松实现。在“画”的层面，仿三维动画一方面在角色造型方面是对传统三维动画的拟仿，延续的是传统三维动画的角色造型特征，但是除了这个元素之外，仿三维动画与传统三维动画在“画”的层面就不尽相同了，主要体现在空间、背景和道具造型几个方面。这些方面的风格取向上，因为在 3D 动画的数字技术平台上，原来存在的制作材料和制作技术的限制都已经被涤除，所以原来不得已的抽象化和象征化的风格也发生了反转，转向了“写实”的风格追求。这里的“写实”并非意指客观拟仿现实，而是指在背景设计等方面上仿三维动画可以自由地按照其“应然”的

① 聂欣如：《新媒体动画片（3D 动画片）的传统性》，载龙全主编《兼容·和而不同——第四届全国新媒体艺术系主任（院长）论坛论文集》，北京航空航天大学出版社 2009 年版，第 355 页。

样子进行宛如“实然”般的描述，或者说它所达到的是实拍影像的照片效果，追求的是一种视觉真实感，这一点跟实拍电影完全相同。

这样看来，3D 动画中的仿三维动画就变成了这样的组合：动（仿二维）+ 画 1（角色仿三维）+ 画 2（背景仿实拍）。不但消解了原来分化出来的动画和实拍电影的界限，同样也消解了传统二维动画和传统三维动画的界限。3D 动画对动画内部各片种类型的消解不只体现在卡通动画和偶动画上面，卡通动画和偶动画只是二维动画和三维动画的典型代表而已，这一原理同样适用于诸如二维动画中的剪纸动画和三维动画中的物体动画、黏土动画等动画类型。3D 动画的生产机制是拟仿，从理论上讲，它不仅可以对真实事物进行拟仿，同时也可以对其他动画类型形态进行拟仿，这样就打通了各个动画类型片种之间的因制作材料和方法的差异而产生的类型界限，将所有动画类型片种融合在了同一个平台之上，这样也就完成了对动画内部类型界限的“去分化”。比如在 IMAGINA 欧洲数字动画创意节上的一个获奖 3D 动画短片 *The Microwave* 中就是由剪纸动画角色和三维动画角色同台演出，效果生动逼真。

那么是什么因素使 3D 动画的“去分化”文化逻辑得以实现？笔者认为是 3D 动画数字技术的媒介“同质化”使然。

要解释清楚 3D 动画的“去分化”的媒介机制，首先需要解释清楚艺术种类之间“分化”的依据何在。

在这一问题上，亚里士多德的观点影响深远，他在《诗学》中认为，一切艺术形式都是对现实的模仿，之所以会有艺术门类的区分，在于其在模仿过程中所使用的媒介、所模仿的对象以及所采用的方式有所不同。[①] 这一观点在符号美学的代表人物苏珊·朗格那里似乎遭到了些许非议，她将各种艺

① 亚里士多德的原文是“史诗和悲剧、喜剧和酒神颂以及大部分双管箫乐和竖琴乐——这一切实际上都是模仿，只是有三点差别，即模仿所用的媒介不同，所取的对象不同，所采用的方式不同”（参见［古希腊］亚里士多德《诗学》，罗念生译，上海人民出版社 2006 年版，第 17 页）。虽然亚里士多德并不是就所有艺术种类而言的，但正如罗念生的导言及后来学者的阐释，均是将亚里士多德的这一逻辑看作对所有艺术种类的概括。

术门类区分的依据界定为“基本幻象”，“每一种大型的艺术种类都具有自己的基本幻象，也正是这种基本幻象，才将所有的艺术划分为不同的种类”[①]。但如果细究她的“基本幻象”概念，只需问一句：是什么原因造成了各门艺术呈现的基本幻象有所差异呢？问题则又将回到亚里士多德的观点上来。而且朗格本人似乎对这一问题的回答也是模棱两可的，她虽然一方面努力建构起她的“基本幻象”说，同时又认为“我还发现，每一种艺术在构造自己的最终创造物或作品时，都有自己独特的创造原则；每一种艺术都有自己独特的材料，如乐音之于音乐、彩色之于绘画等等”[②]，在谈论舞蹈问题时，这一态度得到了更直接的体现，“舞蹈艺术与其他艺术之间的区别（以及其他各类艺术之间的区别）就在于构成它们的虚的形象或表现性形式的材料之间的不同”[③]，问题依然没有脱离亚里士多德的视域。

这样一个由来已久的观念依然有效：艺术家们在创作艺术品时所使用的材料各不相同，材料上的差异又造成了艺术家们所使用的技术上的种种差别，这一技术上的差别就使得他们最后创作出的作品也各不相同，而且材料和技术的差异也决定了各艺术门类的可能性和不可能性。国内一位学者的观点具有一定的参考价值：艺术媒介决定了某类艺术的可能性，也决定了该类艺术的不可能性。例如音乐艺术，音乐艺术的表现媒介是“运动的乐音”，即人类从物质现实世界的声音总谱中提炼、抽象出七声音阶，利用这七声音阶的时值，排列组合关系来呈现对世界的艺术掌握。这七声音阶相对于复杂纷繁的现实声音来说，是大大简化而精练的，它不再具备社会生活的具体内容，不再可能传达“这里有一座房子”的具体信息。“运动的乐音”作为音乐艺术的表现媒介，具备了激发接受主体抽象情绪的可能性，例如欢乐、忧伤、激昂，等等。同时也决定了音乐不可能像文学艺术那样去细致入微地刻画人物的外貌、内心活动，当然更不可能在规定情境中对具体人物的性格完

---

① ［美］苏珊·朗格：《艺术问题》，滕守尧译，南京出版社 2006 年版，第 51 页。
② ［美］苏珊·朗格：《艺术问题》，滕守尧译，南京出版社 2006 年版，第 95 页。
③ ［美］苏珊·朗格：《艺术问题》，滕守尧译，南京出版社 2006 年版，第 11 页。

成或毁灭的历史进行具体阐释。[1]

依此逻辑，动画与真人电影，以及动画内部各类型片种之间区分的依据同样无法逃离亚里士多德的视域，同样体现在媒介或者对象和方法的差异上。动画与真人电影之间这三个方面上都存在着差异：媒介[2]上，一者主要取材自一定的美术形式，一者主要取材自真实世界；对象上，一者主要是对“超现实”世界的模仿，一者主要是对现实世界的模仿；方法上，一者主要通过“逐格拍摄”的方式完成，一者主要通过“连续记录”的方式完成。而动画内部各类型片种之间的区分则主要体现在媒介上，即所取用的美术形式的不同而决定的制作材料上的差异，比如卡通动画、偶动画、针幕动画、剪纸动画、沙动画等动画片种因所使用材料的不同而产生的审美差异。

而 3D 动画的“去分化”则意味着对这些差异完成了“同质化”的处理过程，意味着所有这些差异均不再存在，无论是媒介上还是对象和方法上的不同均重构在了同一个表现平台之上。同质化，顾名思义，即趋同化异，把原来有区分的动画变成同一样东西。当然，这一切的实现均来自数字技术的媒介特性。

结合 3D 动画在媒介、对象和方法上对动画和真人电影、动画内部各片种的“同质化”，我们看一下数字技术的媒介特性在这些方面是如何发挥作用的。

首先看一下 3D 动画在媒介层面上的“同质化”。动画学者聂欣如曾有一段文字描述了传统动画中的“同质化”现象：

> 从文艺理论我们可以知道，不同媒体的艺术会有完全不同的自身特性。如偶类片，因为它的媒体是具有物理属性的物质，具有体积和质量，因此是一种三维空间中的艺术。物理属性不同的物质（媒体）往往也会造成影片风格的不同，如木偶片（以木头为材质的偶类片），人物的形状一般来说是固

① 黄琳主编:《影视艺术——理论·简史·流派》，重庆大学出版社 2001 年版，第 6 页。

② 这里指的是物质媒介而非表现媒介，从表现媒介的角度来说，动画和真人电影同时运用“运动的声画影像”来叙事。

定的，难以改变的，这是“木头”这一材质的坚固程度所决定的，因此木偶人物的表情往往需要通过换头（表情头）来实现（当然也有更为偷懒的方法，即用纸片粘贴或绘画的方法来表现木偶眼睛和嘴巴不同的形状，但严格来说这不是“偶”的做法）。但是对于黏土偶动画来说，情况就完全不同。黏土的形状易于改变，因此在黏土动画片中往往会看见许多变形中的物体，或许多在一般物理世界没有可能发生的事情。如在一部前捷克斯洛伐克导演史云梅耶的名为《食物》的影片中，我们看到一个饥饿的人不但吞食了自己的皮鞋、衣物，最后连盘子和桌子都吃了下去。之所以在影片中能够看到这样的画面，并不是黏土偶与布偶、木偶或其他材质的偶对人的表现有所不同，而是使用黏土这种容易改变外形的材料可以使盘子、桌子这种在我们概念中坚硬的物体变得柔软，可以折叠放入口中；另外，用黏土做成的人其口型也不必受到真人的限制，而是可以像蛇一样张开 180°，“放入”任何物体。由此我们可以知道，世界上不同物质的不同属性，在偶类片中被同质化了——也就是被改变成同一种物质，具有了某一种物质的属性，而不是画面中物体外形告诉观众的物体原有的属性。正如德勒兹所言，如果“彼此互为异质”，那么便“无法交相化约”。使用绘画手段的动画片相对来说具有更大程度的自由，因为绘画艺术的材质是在二维平片上造型的线条、色彩和影调，作为物质性的材质仅是附着在纸张平面上的某些擦痕或液体的附着和渗透，甚至就是纸张的本身。这样一种物质性需要依靠“绘制”的手段才能成为媒体，即便是空间，也是可以通过绘画的手段被表现在二维的平面上的。[①]

聂欣如先生在这里强调的“同质化”在 3D 动画里得到了更为淋漓尽致的体现，因为相较于黏土动画和卡通动画的“同质化”，3D 动画的“同质化”功能更为强大和全面。在黏土动画和卡通动画中，虽然具有了一定的“同质化”功能，但因为自身媒介的局限性，致使其依然在“同质化”上面

① 聂欣如：《新媒体动画片（3D 动画片）的传统性》，载龙全主编《兼容·和而不同——第四届全国新媒体艺术系主任（院长）论坛论文集》，北京航空航天大学出版社 2009 年版，第 352—353 页。

具有很大的局限性，比如无论是黏土还是卡通，都无法模拟出剪纸动画的效果，即无法完成对剪纸动画的“同质化”，依此类推，两者也无法完成对沙动画、针幕动画的“同质化”。但 3D 动画则不然，因为 3D 动画采用的是数字技术，数字技术以拟仿为其基本方式，这种方式可以完成对所有“原子”的“比特化”，无论是黏土还是卡通，以及沙、针幕等形态，在 3D 动画由 0 和 1 所组成的数据团中均可以得到完美虚拟。一句话，原来各不相同的诸物体形态一致化成为 0 和 1 的数据团，即所有原来“无法交相化约”的“彼此互为异质”的“异质”全部变成 0 和 1 组成的“同质”数据团了，这样一来，原来“无法交相化约”的诸动画片种也就被“去分化”、被“同质化”了。依照同样的逻辑，数字技术的这种媒介“同质化”功能依然适用于动画与真人电影之间的“去分化”。

其次，3D 动画在对象上也体现出了强烈的“同质化”特征。在表现对象上，动画主要是对“超现实”世界的模仿，一者主要是对现实世界的模仿，而 3D 动画则两者均可，它既可以完成对真实人类世界的模仿，就像《最终幻想》所展示的那样，也可以完成对“超现实”非人类世界的逼真展现，正如《海底总动员》《赛车总动员》里对海洋生物和赛车的完美拟人化展现。如上分析，以为在 3D 动画这里，原来彼此无法通约的“异质”现在全部转化为以 0 和 1 组成的“同质”数据团了，所以在 3D 动画这里，一切皆可虚拟，无论是现实的还是非现实的，微观的还是宏观的，因为它们在 3D 动画中是以同一种样态存在，也就可以以同一种方式完成虚拟。

同样道理，3D 动画在方法上的“同质化”特征也就一目了然了。在 3D 动画这里，所有方法均化约为同一种方法，即虚拟。

沿着数字技术的“同质化”路线，3D 动画所体现出的“去分化”文化逻辑便可以得到清晰的阐释。

第二章

规约与创构：3D 动画的审美张力

第一节　文体演化视域中的 3D 动画

“文体”，即 Style，也常译作“风格”。对于“文体”的界定，古今中外存在着诸多表述上的不同，但基本上均认同一点，即文体关注的是“怎么说”，而不是“说什么”的问题，关注的是艺术的表达问题、形式层面的问题。比如艾布拉姆斯在《简明外国文学辞典》中认为“风格是散文或诗歌的语言表达方式，即一个说话者或作家如何表达他要说的话”[①]；陶东风则从符号编码的角度将“文体”界定为文学作品的话语体式、符号的编码方式，“文体就是文学作品的话语体式，是文学的结构方式。如果说，文学是一种特殊的符号结构，那么，文体就是符号的编码方式”[②]。

虽然文体问题在文学研究领域著述最多，但这并不意味着只有文学领域才存在文体的问题，其他艺术领域也同样存在这一问题。如果把 Style 译作“风格”，那么问题就明朗了，无论是文学，还是音乐、舞蹈、绘画、电影等，各艺术门类均存在风格流变的问题，所以这是所有艺术共同具有的一个现象。从这个层面来讲，对各艺术门类中文体 / 风格流变所做出的理论研究共同构成了一种“互文本”，具有一定的可通约性，因为它们不仅适用于其特定的艺术门类，也在一般规律上对其他艺术门类具有普适性。当然，动画亦然，动画艺术的文体 / 风格流变同样遵循着艺术流变的一般规律。

从文体流变的角度来讲，其关注的是文体的纵向历史维度，即一种历时文体学研究。“对历时文体学来说，需要考察的不是共时水平上的各种文类的文体特征（如对小说、诗歌、戏剧、散文做平行对比），而是诸种文类文

① ［美］艾布拉姆斯编：《简明外国文学辞典》，湖南人民出版社 1987 年版，“风格”词条。
② 陶东风：《文体演变及其文化意味》，云南人民出版社 1994 年版，第 2 页。

体在历史上的兴替转化规律以及某一特定文类（如小说）内部的文体演变规律，也可以说，是从文体学的角度建构文类史，对文类的演变（如宋词之取代唐诗、意识流小说之取代传统小说）做出文体学的说明。”①

置身于这样的历时文体学维度，3D 动画问题便具有了纵向历史分析的理论空间。

首先，3D 动画的问题是一个动画文体变迁的问题，是在社会历史发展过程中随着社会文化语境变化而变化的过程，这是一个历史问题，是特定历史阶段的产物。我们把从传统动画到 3D 动画的发展看作动画文体的演化，传统动画作为动画艺术的“旧”文体在新的历史语境下发生的向“新”的动画文体（3D 动画）的转化，与其他艺术门类的文体转变一样（如美术史上的巴洛克、洛可可等文体变迁，文学上的唐诗、宋词、元曲等文体变迁），它表征着艺术与时代的互动，也是一门艺术提升自身生命力的主要途径；3D 动画既是特定时代社会文化技术等多重因素综合作用的结果，同时也表征着这些因素。诚如著名艺术史家沃尔夫林所指出的那样，艺术风格的变化总是能成功地表现其时代的生活理想、感受方式以及人与世界之关系的变化。②之所以能够如此，盖因为“风格的结构直接取决于时代的处世态度，时代社会意识的深刻需求，从而成为该文化精神内容的符号”③。作为一种符号体系，动画艺术由传统动画向 3D 动画的发展过程，体现的便是符号编码体式的改变。当然，从表征的角度来看，文体变迁仅是其中一部分，因为文体主要关注“怎么说”的形式层面，而表征不仅仅关注“怎么说”，还同样注重“说什么”的内容层面，所以 3D 动画的审美建构就不只是文体的建构，还包括内容倾向性的建构。

追究动画艺术文体之变的深层原因，必须回到社会文化的维度上才能看到其整体情形。根据豪泽尔的观点，文体的变化“发生于当一定的文体不再

---

① 陶东风:《文体演变及其文化意味》，云南人民出版社 1994 年版，第 10—11 页。

② ［瑞士］H. 沃尔夫林:《艺术风格学》，潘耀昌译，辽宁人民出版社 1987 年版，第 8 页。

③ ［苏联］卡冈:《文化系统中的艺术》，载中国艺术研究院外国文艺研究所《世界艺术与美学》编委会编《世界艺术与美学》第六辑，文化艺术出版社 1983 年版，第 129 页。

适宜于表达时代精神——某种依赖于心理学和社会学条件的东西”[①]。3D 动画即发生于这样的语境之下：传统动画已经不足以表征新的社会文化，也不足以与时代精神面貌达成一种“异质同构”的话语结构，正如迪士尼传统动画在世纪之交的十年里所经历的急剧衰落所显示的那样，在当下的时代语境下，动画艺术同样需要经历自身的文体变迁，只有这样才能够做到艺术样式自身的“与时俱进”，才能够为面临困境的艺术实践注入新的活力和生命力。从某种意义上来说，没有风格／文体演化能力的艺术样式是无法在历史的进程中获得生存空间的，正如中国的“八股文”的命运那样，因为文体规范过于死板而失去转化能力，从而成为消亡的文体。3D 动画即动画艺术文体变迁的结果，是动画艺术生命力的体现，是动画艺术自身调整以达到与时代“共振”的积极体现。具体而言，是为了能够与消费社会下的视觉文化转向以及后现代话语氛围下重感性、轻理性的心理需求相应和，动画艺术从传统动画转向 3D 动画，从而获得了新的生机。自 1995 年《玩具总动员》以来，3D 动画所获得的巨大成功，为这次文体变迁做出了完美注脚。

其次，我们必须正视这一事实，即 3D 动画并非对传统动画的彻底颠覆，恰恰相反，在 3D 动画中，我们可以看到传统动画的惯例体系所发挥出的强势的规约作用，也就是说，3D 动画是一个双面体，它的一面是传统动画的旧的影子，另一面则是力图创新的新的形象，在这两者之间存在着一股冲突的张力，正如马克思所说，“人类创造自己的历史，但并不是随心所欲地创造历史”，文体演变亦然，文体的变迁是一个“创造性转化”[②]的过程，它往往体现为一种“解构—建构”的双重过程，即在解构旧的文体规范的基础上来完成自身文体规范的建构，这里就存在一个张力的问题，在“解构—建构”这样一个双重过程中，旧的范式效力不可能被彻底消除，它依然能够起到强大的惯性作用，而新的范式则又体现出冲破惯例重塑新形象的建构冲动，在这两种方向相反的力向之间，便构成一种规约与逆动的冲突张力。对

① 陶东风:《文体演变及其文化意味》，云南人民出版社 1994 年版，第 175 页。
② 陶东风:《文体演变及其文化意味》，云南人民出版社 1994 年版，第 33 页。

3D 动画而言，一方面，传统动画试图通过把 3D 动画解释成自身的影子来消弭 3D 动画的存在；另一方面，3D 动画则试图通过确立种种新的文体规范来确证自身，从而把传统动画构想为一个“他者”。之所以如此，正是因为从传统动画到 3D 动画的文体转向，并不是一次彻底的从外部进行的文化“阉割”，而只是一种文化内部的自身调整，3D 动画来自对传统动画的“创造性”转化。因为表征问题不仅涉及“怎么说”的形式问题，而且涉及“说什么”的内容问题，所以在传统动画和 3D 动画的张力之间，也就体现出了从内容到形式诸多可资比较的方面。

第二节　传统动画作为惯例的规约意义

如果从埃米尔·雷诺的动画创作算起，动画艺术至今已经走过了一百多年的历史。在这样一个长期的发展过程中，动画艺术无疑已经形成了相对稳定的审美形态，获得了自身的规定性，无论是从技术层面，还是艺术和文化层面，动画作为一种艺术表现样态都具有其自身的特性，这种特性在长期的艺术实践和接受中形成并稳固下来，具有一定的稳定性和相对排他性，构成衡量一部动画作品的“合法性”依据，并对动画的新形态构成规约意义。

那么在百年动画史的发展历程中所形成的动画特性是什么呢？笔者认为是假定性。无论是从动画的技术层面还是从艺术和文化层面进行考量，均可以被置于假定性的范畴之内，比如在技术上，动画的两个核心要素是“逐格拍摄”和“美术形态”都直接服务于假定性，正是“逐格拍摄”的摄影方法保证了动画可以使原来不具生命的形象获得鲜活的生命幻象，当然，这里的生命幻象是假定的；同样，造型上对一定的“美术形态”的倚重所呈现的也必然是经过艺术处理后的假定性结果。

在对动画的认识中，尽管歧义丛生，但有一点是大家公认的，即动画的假定性。我国著名动画导演何玉门认为，“动画片是一个假定性程度极高的文艺品种。它的假定性具有‘综合’的特征。其故事情节是虚构的（在神话、民间故事、童话、寓言等体裁的动画片中，这种虚构有着特殊的性质）；主题往往是通过虚拟的内容展现出来的；人物是用美术手段塑造的（根据不同样式、风格的要求，其线条、色彩的运用常常具有夸张的特征）；动作也是非真人化的，经过提炼和夸张了的……这一切都说明动画片所具有的假定性是一种‘高度’的、‘综合’的假定性”[①]。张松林在《美术电影艺术规律的探索》中写道：“如果要美术片像故事片一样，去拍摄如《西安事变》《邻居》那样的题材，反映实际生活中十分写实的事情，那么，真叫‘赶鸭子上架’，是难以胜任的，必然吃力不讨好，这就是美术电影的局限性。”[②] 金松柏等人对此也深有同感：“如果说故事片的特点在于一个‘真’字，那么美术片的特点就在于一个‘假’字。这个‘假’字是符合生活规律和艺术规律的。”[③] “动画艺术本身具有浓厚的假定性。虚中求实，假中求真，从不真实中求得本质的真实，是符合美学原则的，也是我们动画艺术刻意追求的创作手法。”[④]

那么动画的假定性具体体现在哪里呢？

笔者认为艾布拉姆斯的“文学四要素”理论可以对此提供阐释框架。文学四要素不仅是对文学的概括，它也适用于其他艺术形式。以“文本”为中心，假定性分别在如下四个层面上得以体现（当然，任何事物都有特例，这里只能是一般性概括）。

---

① 何玉门：《谈〈善良的夏吾冬〉的艺术处理》，载文化部电影局《电影通讯》编辑室、中国电影出版社本国电影编辑室合编《美术电影创作研究》，中国电影出版社 1984 年版，第 144 页。

② “美术片”即“动画片”，这是中国的特有用法。在《电影艺术辞典》里，对“美术片”的定义是：美术片，电影四大片种之一。是动画片（此处是指卡通动画——笔者注）、剪纸片、木偶片、折纸片的总称。下面章节中提到的“美术片”均如此。本段文字见张松林《美术电影艺术规律的探索》，载文化部电影局《电影通讯》编辑室、中国电影出版社本国电影编辑室合编《美术电影创作研究》，中国电影出版社 1984 年版，第 13 页。

③ 金松柏：《外部造型的体现者——谈木偶片美工》，载文化部电影局《电影通讯》编辑室、中国电影出版社本国电影编辑室合编《美术电影创作研究》，中国电影出版社 1984 年版，第 54 页。

④ 唐澄：《从几幅连环画到动画片——〈象不象〉的创作构思》，载文化部电影局《电影通讯》编辑室、中国电影出版社本国电影编辑室合编《美术电影创作研究》，中国电影出版社 1984 年版，第 151 页。

一、文本—世界

体现为一种对非生命世界的生命化描述。这是相对实拍电影而言的，实拍电影限于“照相本体论”的技术局限性，必然是对现实世界的真实影像的复制，即使它可以是表现性的，情节可以虚构，场景可以搭建，类型可以科幻，但这并不妨碍其现实生命的影像复制属性，因为生命先于影像。动画则不然，动画是对非生命世界的生命化呈现，在动画影像之前，没有生命幻象存在，有的只是一张张卡通画面或一个个造型瞬间，生命即产生于帧与帧的联动之间，对动画而言，影像先于生命，生命产生于影像之中，它是对非生命世界的生命化展现。

二、文本—作者

即在创作者方面所表现出来的“文体意识”，体现为创作者对题材选择的权衡与把握，哪些适合用动画表现，哪些不适合用动画表现，诸如此类问题在策划之初已得到创作者“前理解”的过滤。对于动画的“文体意识”，即体现为对动画假定性的认同，“假”的适合用动画来进行表现，而“真”的就要权衡再三。如在《草原英雄小姐妹》的创作谈中，创作者就对这部属于写实性质的动画片进行了探讨，认为该片虽然取得了一定的成绩，但主要归因于人物原型自身的魅力和感染力，而非动画影像使然，并认为此类写实性质的动画片，偶尔搞一部尚可，不宜形成常态。

三、文本—观众

即在观众方面所表现出来的“文体期待”，如果借用传播学的理论来讲，这里的“文体期待”体现为一种“使用和满足”心理，观众需要动画来做什么？通过动画又满足了什么心理？与实拍电影来做对比会更加清晰。动画和实拍电影恰恰构成“需要和满足”的两极，实拍电影满足着“真”，动画满足着“假”。当然，这里的“真”和“假”都是在宽泛意义上使用的，即“真”意指一种写实性，“假”意指一种非写实性或超写实性。

四、文本

以上三点最终都需要在动画“文本”上加以体现。在文本上，动画的假定性主要通过三个方式实现：拟人、变形、夸张。拟人是指动画将原本不具生命、无情感和思想以及语言能力的动植物等角色形象加以拟人化，使其体现出人类的生命形态，肖似真实的人类角色。夸张和变形则将动画艺术的假定性体现得淋漓尽致，如对动作的夸张变形、速度的夸张变形以及物理现象的夸张变形等，都使动画体现出鲜明的不同于实拍电影的影像特征。

动画的假定性是在百年动画史发展过程中积淀形成的，一旦固定下来，就获得了一个相对稳定的结构形态，不会轻易发生改变。在动画中，这种假定性的功能体现为它作为动画的“肌理和图式”，为动画创作提供模式和既定结构，同时它也是一个动画作品能否被接受的证明，是一个“合法性”保障，在这个规定性范围内是安全的，可以得到保障的，而超越此界限就有可能遭遇质疑和批判。从这个意义上来说，假定性即合法性！

3D 动画与传统动画相比，最大的美学突破在于它为动画艺术提供了传统动画所不具备的视觉真实感，那么 3D 动画的这种视觉真实感是否对传统动画的假定性构成冲击和颠覆呢？

对于这一问题，笔者认为仍然不能够采取非此即彼的判断方式，仍需要对 3D 动画做类型细化，分别加以探讨，即对 3D 动画的子类型仿二维动画、仿三维动画和仿实拍电影分别进行分析。

首先来看仿二维动画，因为仿二维动画无论在“动”的层面，还是“画”的层面，都以拟仿二维动画为目的，所以像《阿祖尔和阿斯马尔》这类仿二维动画并不具有视觉真实感，它只是用 3D 动画技术制作出来的二维动画而已，更妄谈对传统动画的假定性构成颠覆。

其次来看仿三维动画，3D 动画中的绝大部分影片均属于仿三维动画子类型，这类动画在“动”的层面拟仿传统二维动画的动作特征，在“画”的层面上兼有传统三维动画和实拍电影的影像风格，即在角色形象上拟仿传统三维动画，在背景和道具等方面拟仿实拍电影的写实化风格，但因为背景和道具等是为角色形象服务的，是辅助性要素，因而也不能影响到仿三维动画子类型对传统动画假定性的沿袭定位；真正构成冲击或者颠覆的在于仿实拍电影类型的 3D 动画，如《最终幻想》《极地特快》《生化危机：恶化》等，这类影片无论在“动”的层面，还是“画”的层面，都拟仿实拍电影的影像风格，以仿真为其基本追求，借助于 3D 动画技术的超强功能，可以将一个虚幻的非现实世界展现得极端活灵活现，跟实拍电影几无差别。如果说 3D 动画对传统动画的假定性构成了一定的冲击和突破，也仅仅在这类仿实拍电影的 3D 动画身上才具有客观性，而对仿二维动画和仿三维动画来说，无论其是否具备视觉真实感，均不能构成对传统动画假定性的冲击和突破。

图2-1 《生化危机：恶化》剧照

那么是否《最终幻想》《极地特快》《生化危机：恶化》等这类仿实拍电影的存在就彻底颠覆了传统动画的假定性呢?

笔者认为仿实拍电影 3D 动画子类型的存在，可以说在一定程度上构成了对传统动画假定性的冲击和突破，但还谈不上对假定性的颠覆，原因有二：其一，这类仿实拍电影的 3D 动画数量非常少，除了上面提到的几部之外，寥寥无几，数量上的单薄使其无法形成连续性的审美积淀，也不足以影响到 3D 动画的创作主流；其二，正如前面所分析的，传统动画的假定性不仅体现在“文本”层面，还分别体现在“文本—作者”“文本—观众”“文本—世界”等不同层面，仅仅在“文本”和“文本—世界”层面上体现出不同于传统动画假定性的仿实拍电影类型的 3D 动画不能直接影响到“文本—作者”和“文本—观众”层面，尤其是“文本—观众”层面，观众对动画的文体期待非一朝一夕形成，因而也不可能因为某一部或寥寥几部仿实拍电影 3D 动画的存在就直接改变了他的观念。

文化生产的直接影响因素均来自“人”，或者来自生产者和消费者。仿实拍电影 3D 动画，究其实质，可以说主要体现在“文本”以及“文本—世界”这两个层面，即因为“仿真”维度的介入，这类 3D 动画在“文本”层面体现出了与传统动画很大的差异性，体现出了由“假定”到“仿真”的位移，与此同时，也致使在“文本—世界”这一表述关系上较之传统动画有了区分，即对“真实”维度的介入与强化。但是必须看到，目前此类 3D 动画虽然在“文本”“文本—世界”这两个层面已经全面转型，但在关于动画的认知观念层面，即在“文本—作者”和“文本—观众”这两个层面并无转变发生，无论是在“文本—作者”这一层面的动画“文体意识”上，还是在“文本—世界”这一层面的动画“文体期待”上，都依然停留在传统动画的假定性之上，人们依然是在以看待传统动画的“眼光”来看待此类 3D 动画，这也就是传统动画作为惯例规范的规约意义所在。

正如我们在《最终幻想》《极地特快》等仿实拍电影 3D 动画的惨败中已经看到的那样，当一种 3D 动画被制作得使它看起来不像人们心目中（惯例中）动画的样子时，人们的既往经验便不足以对这类 3D 动画进行归类，进而陷入审美的“迷惘”，阻碍欣赏过程的流畅进行。这一点可以得到接受美学理论的充分佐证。接受美学认为，任何理解都取决于一种“前理解结构”，也就是说，没有前理解，任何新的理解都不可能。或者用贡布里希的“图式”概念来讲，任何观察和理解都是在历史形成的“图式”框架内进行的“匹配”选择，比如同一个温特湖在中国画家蒋彝和英国画家的笔下所体现出的迥异形态那样，“图式”先于观察并直接制约了哪些内容可以进入观察范围，而另外一些则被排除在外。从这个意义上来说，传统动画的惯例规范所构成的正是对 3D 动画接受的“前理解”和“图式”，它不能不受到传统动画的限定与规约。

综合而论，虽然 3D 动画中的仿实拍电影子类型在一定程度上体现出了对传统动画假定性的冲击和突破，但它的存在尚不足以构成对假定性的颠覆，尤其考虑到其与 3D 动画的主流形态即仿三维动画子类型在数量上的悬殊，更进一步确证了传统动画假定性规约意义的强势与牢固。

诚如以下聂欣如先生对 3D 动画与传统动画之关系的总结：

我认为尽管虚拟动画有着一般动画不可比拟的强大力量，但它还是传统意义上的动画。证明如下：

（1）虚拟动画片不具有自身媒体的特点。

这一特点在造型上表现得最为彻底。数字媒体严格来说是一种“寄生”的媒体，这一媒体本身并不具有与我们所见的外部世界的交往能力，它只能“寄生”在传统媒体的末端，依赖传统媒体为它提供必要的造型素材。这种寄生性不仅表现在素材的摄取上，同时还表现在素材的样式上。所有数字媒体的造型形式，都是从素描、油画、国画、水粉、漫画、圆雕、浮雕、玩具等现存的艺术形式中吸收的，它所能表现的笔触、线条、空间体积造型无一不是来自某一现存的、已经被创造出来的形式；数字媒体既不可能创造出一种自己的“造型”，也不可能创造出一种自己的“笔触”。即便有时能够在综合杂糅各种手段的基础上体现出一定的创造性，那也仅在单幅画面图像的制作中，在狭义的艺术性的前提下。对于一般动画片来说，特别是叙事的动画片来说，造型形式需要观众的习惯性认可，过于怪异的造型形式有可能造成观众的心理抗拒而导致影片的失败。

在目前众多虚拟动画影片中，尚未发现突出数字媒体特性的造型形式。即便是像"毛怪""大眼"这样的造型，也有人控告皮克斯抄袭，以致使动画影片《怪兽电力公司》的首映式差点不能如期举行。

（2）虚拟动画对于传统媒体物质束缚的突破并不具有绝对的意义。

前面已经谈到，数字媒体由于不具有物质的属性，因此可以完成许多传统媒体无法完成的任务，具有强大的力量。但是，这样一种力量是否具有绝对的意义依然需要考察。我们已经知道，传统媒体的动画片在自身物质限制的情况下依然能够做到将物质世界在某种程度上的同质化，从而达到表现的目的。我们在传统媒体的动画片中能够看到人与物、人与动物的交流便是同质化的结果。

数字媒体的同质化必须要在传统媒体同质化的基础上才有可能进行。换句话说，数字媒体的同质化只是传统媒体同质化的延伸，并不是它本身所特有的属性。我们可以使用一个假设来证明这个命题：作为数字媒体的虚拟动画片《玩具总动员》假如使用传统动画媒体有没有可能被制作出来？答案是肯定的，使用绘画的动画手段同样可以完成这样一部动画影片，任何一个训练有素的画家都能够准确复制完成这部影片中的任何一个画面。但是，要完成所有的画面，那就只能是理论上的"可能"了，在实际的操作上，使用绘画手段表现三维空间将耗费过多的时间和金钱而使一部商业化的影片变得没有意义。尽管如此，也还是有人尝试在传统媒体动画片中表现摄影机的旋转拍摄，如加拿大导演弗雷德里克·巴克的动画片《植树人》，其中不止一次表现了人和物的360° 的旋转。这说明空间性并不是数字媒体的专利，只不过在传统媒体中较少出现罢了。[①]

最后，虚拟动画不具有独立的叙事方法。一般来说，作为动画片的叙事属于视听语言叙事的范畴，与一般电影的叙事基本相似，作为数字媒体的虚拟动画影片在叙事上与一般动画片没有任何不同之处，换句话说，数字媒体并没有在叙事上表现出自身媒体的任何特点。如果说虚拟动画在组合不同媒体对于空间和人物动作的表现上还多多少少地表现出了一点自身媒体的特性的话（尽管不具有绝对的意义），那么在叙事上，虚拟动画则丝毫没有诸如此类的表现。它不像虚拟实在的艺术作品和带有交互性质的游戏那样表现出强烈的数字媒体特性（把数字媒体摆脱物质世界的能力发挥到极致），而是老老实实地待在了传统动画片的领域。[②]

本书基本认同聂欣如先生对 3D 动画之传统性的描述。在此基础上，本书将继续对 3D 动画的审美性做进一步探讨。当将“叙事方法”界定为利用运动的声画影像进行事件描述时，3D 动画确实不具有区别于传统动画之处，值得注意的是，如果将“叙事方法”界定为在内容或者形式方面体现出的倾向性时，3D 动画还体现出了一些不同于传统动画的特色；不仅是在叙事方法上，由数字技术的技术特性使然，3D 动画在其他方面也体现出了自身的特色，使其在沿袭传统动画假定性的同时，体现出了另一种形塑自身新美学的建构趋势。

---

① 聂欣如：《新媒体动画片（3D 动画片）的传统性》，载龙全主编《兼容·和而不同——第四届全国新媒体艺术系主任（院长）论坛论文集》，北京航空航天大学出版社 2009 年版，第 355—356 页。

② 聂欣如：《新媒体动画片（3D 动画片）的传统性》，载龙全主编《兼容·和而不同——第四届全国新媒体艺术系主任（院长）论坛论文集》，北京航空航天大学出版社 2009 年版，第 355—357 页。如标题所示，聂欣如先生所述“新媒体动画”即“3D 动画”。

第三节　技术诱引下的审美创构

作为一种从传统动画中转化而来的动画类型，3D 动画要受到传统动画既定惯例规范的规约，因为在百年动画发展过程中所形成的惯例规范不可能在一朝一夕之间改变，它具有相对稳定的结构，必然会对 3D 动画各个层面形成约束，但这并非意味着 3D 动画就只能跟在传统动画身后，在既定惯例规范体系内亦步亦趋、毫无作为。对于传统动画而言，3D 动画最大的改变在于技术上的改变，即以 3D 动画数字技术取代传统动画技术来进行动画创作，虽然这仅是技术媒介上的变化，在艺术、文化等层面，3D 动画依然受到传统动画既定惯例的强力制约，但因为技术本身的价值负载性，3D 动画在受到传统动画规约的同时，也体现出一种建构自身美学倾向性的趋向。

一、并非中性的技术：现象学和媒介批判

一种技术观念曾经长期地占据着对于技术的主导认识，即技术工具论思想。

在技术工具论看来，技术呈现为一种“中性状态”，认为技术不过是一种达到目的的手段或工具体系，技术本身是中性的，它听命于人的目的，只是在技术的使用者手里才成为行善或施恶的力量。概而言之，即技术本身是不承担价值负载的。“技术是目的的手段、技术是人的行动”，这种思想被海德格尔称作“流行观念”。

这种“流行观念”并没有能够持续地流行下去，自 21 世纪以来，技术中性论不断遭遇学界的质疑和批判，其中尤其以海德格尔的现象学批判、法

兰克福学派的意识形态批判和以麦克卢汉为代表的媒介批判最为突出。

海德格尔对技术中性论的批判主要是通过将现象学中的“意向性”概念引入技术哲学中得以完成的。现象学的产生是为了克服传统笛卡尔主义的主客二分的思维方式。现象学认为，主体和客体并不能独立存在，人是通过与世界的关系而认识自身和世界的，“意向性”概念就是为了阐明这一点。

海德格尔认为人存在于世界中的首要方式并不是认识事物，而是使用工具，同时在使用的过程中揭示世界和自身。在《存在与时间》中，他用意向性概念对此进行了分析，“严格地说，从没有一件工具这样的东西‘存在’。属于用具的存在的一向总是一个用具的整体。只有在这个用具整体中那件用具才能够是它所是的东西。用具本质上是一种‘为了做……的东西’。有用、有益、合用、方便等都是‘为了做……之用’的方式”[①]。这样，海德格尔就将意向性引入实践当中。既然任何技术都具有意向性，那么技术就不可能是中立性的工具。

通常的工具论总是带有“工具”与“目的”相分离的性质，以致人们常常把工具论看成工具中立论。实际上，工具和目的的严格区分只在一个非常有限的范围内暂时有效，任何进一步的追究都会进入工具与目的的那种互相归属的关系中：任何工具都服务于某种目的，因而受制，而目的也会创造自己的工具。使工具与目的达成它们的相互归属关系的，是世界和物的展现，是存在者之存在的彰显，也就是一种真理生成的方式，一种“去蔽”。

在我们达成了对技术的这一理解之后，工具论的技术概念就被置于对工具的新的理解之中。工具不再是中立的，它与目的之间互相归属。更重要的是，工具如果要作为工具发挥作用，首先就是作为通盘考虑的结果，在这一通盘考虑的过程中，物作为其所是的物出现。物的所是即物的存在，就在工具的运作过程中彰显出来。什么样的工具得以运用，就意味着什么样的世界

① ［德］海德格尔：《存在与时间》，陈嘉映、王庆节合译，生活·读书·新知三联书店 1987 年版，第 82 页。

被呈现出来。因此，技术并非目的的单纯手段，而是世界构造。[1]

与海德格尔的路数迥异，麦克卢汉对技术中性论的批判集中体现在“媒介即讯息”这一鲜明判断上。在麦克卢汉看来，技术并非绝缘价值负载的工具手段，恰恰相反，技术本身即体现出强烈的价值选择。

“媒介即讯息”虽是由麦克卢汉提出的，但这一论题既不是横空出世，也不是空谷绝响，而是有着一个清晰的理论沿袭过程。具体而言，即麦克卢汉受到了英尼斯理论的影响才提出这一论断，后来这一学说又给了梅罗维兹颇多启示，在后者的理论阐释中得到进一步的拓展。英尼斯—麦克卢汉—梅罗维兹构成了一个媒介批判理论生成序列，各自以其理论贡献完成了对“媒介即讯息”这一学说的理论建构。

“传播媒介的偏向性”是英尼斯媒介理论的中心论点。英尼斯认为，任何传播媒介都具有时间偏向或空间偏向，“偏向时间的媒介”有助于树立权威，从而有利于形成等级森严的社会体制；“偏向空间的媒介”则有助于远距离管理和广阔地域中的贸易，有助于帝国领土扩张，从而有利于形成中央集权但等级性不强的社会体制。“偏向时间的媒介”与传统社会联系在一起，强调习俗、延续性、道德等，它具有社会秩序稳定、等级森严的特征。“偏向空间的媒介”占据支配地位的社会则注重科技知识的发展，注重政治权威等。

英尼斯的“传播媒介的偏向”理论给了麦克卢汉颇多启示，媒介自身的“偏向性”在麦克卢汉的媒介理论中得到了延续。他从两个方面来界定“媒介即讯息”。首先，从媒介技术的功能角度，麦克卢汉认为任何媒介的“内容”总是另一媒介。比如“言语是文字的内容，正如文字是印刷的内容一样。而印刷则是电报的内容。如果有人问：‘言语的内容是什么？’那么就有必要回答说：‘它是思想的实际过程，这本身是非语言的。’”对于通常意义上的传媒内容研究，麦克卢汉颇为不屑，并提出了“看门狗”的比喻：

---

① 以上海德格尔的技术思想参考吴国盛的相关论述，参见吴国盛《海德格尔的技术之思》，《求是学刊》2004年第6期。

“因为一种媒介的‘内容’就像是窃贼所拿的多汁的肉片，旨在分散看门狗的注意力。”[1] 其次，从媒介技术的影响效果角度，麦克卢汉认为新的媒介一旦出现，无论它传递什么样的讯息内容，这种媒介本身就会引发社会的某些变化，这就是它的内容，就是它带给人类社会的讯息。有必要指出的是，在麦克卢汉“媒介即讯息”里的“媒介”，是在一种泛化意义上使用的，并不局限于传统意义上的媒介概念。比如各种技术性的工具、发明，如电灯、车轮、铁路、飞机等都是媒介。他曾对铁路的“媒介讯息”进行过阐释：“铁路并未给人类社会引入流动或交通运输或公路，但却使人类先前的功能加速，并扩大了其规模，开创了全新类型的城市和新型的工作和休闲。这一切的发生，不管铁路是在热带环境中还是在北部环境中运转都一般无异，且与铁路媒介所运货物或所含之物无关。而飞机通过加快交通运输的速率，倾向于使铁路形式基础上的城市、政治和交往解体，这也与飞机被用于干什么无关。”[2]

麦克卢汉的这一思路被梅罗维兹继承并发扬光大。梅罗维兹在此基础上，结合戈夫曼的“拟剧论”，提出了媒介的情境理论：媒介的变化导致社会情境的变化，社会情境的变化又引发人们的行为变化。梅罗维兹用“媒介情境论”考察了电子传播媒介的新情境。考察主要通过两个角度：媒介的代码系统和媒介的物质特性。首先，传统印刷媒介采用的代码系统是文字，这就对读者的接受设定了一个门槛，显然文盲是无法进行阅读的，而电视的电子代码系统就不同，它展示日常生活的视听形象，这种代码系统技术就称不上是一种代码。观看电视几乎不需要什么技巧，既不需要专门学习，也不需要像读书那样循序渐进地先读简单的再读复杂的。其次，从电子媒介的物质特性来看，电视这种不同于传统的媒介形式也形成了新的情境。比如，作为实体的书籍等每本都有其特定的信息，这样，一个人的接受范围往往局限于某一区间，同时也倾向于把此人同另外的信息区间分离开来。而电视则不同，任何特定的电视机都不只是包含某一特定类的信息，都不仅是同这一类

① ［加拿大］马歇尔·麦克卢汉：《理解媒介——论人的延伸》，何道宽译，商务印书馆2000年版，第31页。
② ［加拿大］马歇尔·麦克卢汉：《理解媒介——论人的延伸》，何道宽译，商务印书馆2000年版，第33页。

特定的信息相连，恰恰相反，任何特定的电视机都能使受众接触大量不同类型的信息，它也无法起到把电视机拥有者、使用者同某一特定的信息网络相连以及将之同另一些群体及其信息分离开来的作用。通过这样两个层面，电视媒介因其自身不同于传统媒介形式的特性，打破了昔日由印刷媒介所造成的不同受众群的界限，营造出了一个新的“情境”[①]。

通过对技术中性论的现象学和媒介批判，可以得出一个结论：技术中性论在理论上是无法成立的，每一项技术都具有一定的价值负载。

回到技术与人这一维度，技术的价值负载性得到更加清晰的呈现。

马克思曾经一针见血地指出：“最蹩脚的建筑师从一开始就比最灵巧的蜜蜂高明的地方，是他在用蜂蜡建筑蜂房以前，已经在自己的头脑中把它建成了。劳动过程结束时得到的结果，在这个过程开始时就已经在劳动者的表象中存在着，即已经观念地存在着。他不仅使自然物发生形式变化，同时他还在自然物中实现自己的目的，这个目的是他所知道的，是作为规律决定着他的活动的方式和方法的，他必须使他的意志服从这个目的。”[②] 技术是人的技术，是社会的技术，故而任何技术都逃离不开技术与人这一维度，也不可能脱离社会与人的语境而真空悬置。技术的价值负载型也可以通过“技术—人”与“人—技术”这两个层面进行阐释。

从“技术一人”的维度，技术本身塑造某种价值选择。每一次技术进步无不引起系统内部的深层变更，而其中价值观层面的变更是最根本和最深层的。技术进步塑造着人类及其社会的全部，技术系统内部孕育着的规律和逻辑，体现着某种价值选择。技术在其不断演进的过程中，依其自身内设的特性，诱引、推崇和消解着某种价值选择。技术进步对传统的价值选择及其表述方式一方面表现出解体效应，另一方面在技术实践过程中架构着价值选择。也就是说，技术具有一种潜在的底蕴，技术自身所蕴含的巨大力量

① 张咏华：《媒介分析：传播技术神话的解读》，复旦大学出版社 2002 年版，第 133—134 页。

② 中共中央马克思恩格斯列宁斯大林著作编译局译：《马克思恩格斯全集》第 23 卷，人民出版社 1972 年版，第 202 页。

启发、诱使、鼓励、促进一些价值选择，而同时又否定、排斥另一些价值选择，它力求一种与之相适应的价值选择体系，并且能够使与之不相适应的价值选择体系逐渐分崩离析。以时钟为例，时钟从古代的沙漏、漏刻等向现代机械钟、电子钟进化，时间越来越精确化，伴随着这一过程的是技术世界中人的生活节奏日益加快，作为向死而生而存在着的人类深深地被镶嵌进由时钟所界定的时间节奏里。传统的安贫乐道的价值观念日益被进取竞争的观念取代，一种具有“现代性”的生活形态逐渐成型并得以固化。[①]

从“人—技术”的维度来看，每一项技术都是人类依据自身的需求来运用自然的一种介入，即人类最初的工具，也是人类依据自身价值选择对其所置身的生存境遇认知和改造过程的汇总，它表征着主体与客体的一种关系，展示人对世界的建构。每一项技术，从其最初的被设计和选定开始，就已经蕴含了人类有意识的、潜意识的价值判断在其中。人类对技术的处理，必然依赖其自身所拥有的价值。在技术选定的过程中，价值选择早已渗透其中，主体依据自身的价值选择模式选取与其相融的技术，将与其不相融的技术搁置。[②]正是在此意义上，让－伊夫·戈菲认为“技术并不直接是我们的器官的投射，它是心理现象的间接表达，是某些‘生命形式’的表现，这些首先是以象征性的方式表达出来的……最初技术必然是一些人体工艺、一些文身、某些仪式的舞蹈，以象征或表达宇宙内部秩序的某种意志……技术从来不是中性的，而总是一种个性的投影”[③]。

二、3D 动画的技术特性

通过对技术中性论的批判，技术的价值负载性得以确立，即任何技术都是蕴含着一定的价值负载，这种价值负载体现为技术本身塑造某种价值选

① 乔瑞金：《技术哲学教程》，科学出版社 2006 年版，第 215—216 页。
② 乔瑞金：《技术哲学教程》，科学出版社 2006 年版，第 214、218 页。
③ ［法］让－伊夫·戈菲：《技术哲学》，董茂永译，商务印书馆 2000 年版，第 116 页。

择，依其自身内设的特性诱引、推崇和消解着某种价值选择。

遵循着这一思路，我们进入 3D 动画技术的内部，剖析 3D 动画技术具有怎样的特性，又塑造怎样的价值选择。

3D 动画技术是随着计算机图形学的发展成熟，结合动画运动技术而产生的。它以计算机图形学为基础，结合计算机科学、心理学、数学、物理学等各种学科，实现了从传统图像技术向实时图像技术的转变。因其强大的图形图像和运动处理功能，3D 动画技术在社会生活的各个方面得到了大量运用。虽然 3D 动画技术的应用并不局限于动画艺术领域，但不能不说，动画艺术领域是 3D 动画技术最为璀璨夺目的一块“表演”空间，也因一系列 3D 动画影片获得的巨大成功，使 3D 动画技术广为人知。

在 3D 动画艺术领域，主要运用到三方面的 3D 动画技术[①]。

（一）物体造型技术

计算机三维动画首要的步骤就是对客观物体进行计算机的三维模型重建，而客观物体形态万千，因此利用计算机进行几何建模的方法也各不相同。目前广泛采用的几何建模包括六种。1. 利用基本原色（如平面多边形、正方形、圆柱形、球体、曲面片）进行拼接组合来制作几何模型。2. 通过两个造型之间进行布尔运算（交、并、差等）来产生新的几何模型。3. 通过 Sweep 造型工具来制作客观物体模型。首先通过鼠标在二维平面上描绘出客观物体的各种特性曲线，然后通过 Sweep 方法将这些曲线变成三维模型。4. 利用三维变换产生新造型。将三维模型进行线性或者非线性变换，从而产生新的造型。常用的变换包括旋转、缩放、弯曲、扭曲、倾斜、锥形变形等。5. 利用离子模拟几何造型。通过一系列的粒子来定义物体，每个粒子都有出生、生长、死亡的过程。在粒子的生命期，粒子属性如色彩、透明度、大小、运动速度、加速度、运动方向等可随时间变化，从而产生某些自然现象，如云、雾、雪、雨、火等物体模型。6. 三维扫描仪，又称为“数字

① 此部分技术介绍参见肖亿立《三维电脑动画技术概论》，《硅谷》2009 年第 14 期。

化仪”，它能够迅速获得物体表面的立体坐标和色彩信息，并将其转化为计算机能够直接处理的三维色彩数字化模型。

（二）运动控制技术

根据动画的生成方法，一般将三维动画分为两类：关键帧动画和算法动画。关键帧动画是根据动画设计者的一组关键帧，自动生成中间画。有两种方法实现关键帧：一种方法是通过对关键帧三维形状进行插值计算而得到中间各帧；另一种方法是对物体本身模型中的参数进行插值计算。算法动画中的运动是用算法来描述的，其中物理规律作用于各种参数。例如：机器人在各关节点的角度变化可以由运动学定律或动力学定律来控制，运动学是物理学中研究物体位置和运动的一个科学分支，动力学是物理学中描述物体怎样运动的另一个分支。因此，算法动画还可以分为动力学算法动画和运动学算法动画。

（三）画面着色技术

在三维动画技术中，为了模拟出自然界中物体的真实材质感，三维电脑动画画面着色技术从三个方面定义模型的色彩特征：色彩、纹理模型及属性。除定义几何物体的色彩外，还需要定义光的色彩和类型。1. 色彩分析。在计算机图形学中，一般从三个方面考虑物体所受的光线：环境光引起的漫反射，入射光引起的漫反射，入射光引起的镜面反射。2. 纹理贴图式样分析。除色彩外，还需要通过各种纹理贴图来表现出实际物体表面的各种纹理贴图，主要贴图式样有 Texture 贴图、Pacify 贴图、Reflection 贴图、Decal 贴图、Bump 贴图、Procedural 贴图。3. 物体属性分类。为表现物体的各种质感，还为物体设定了各种属性：透明性、射性、射特性、发光特性。4. 光源设定分类。光源的设定主要从三个方面考虑：光的模式、光的位置、光的颜色。其中光的模式又可分为点光源、平行光源和聚光灯光源。

从如上所述的 3D 动画技术来看，3D 动画技术所具有的技术特性可以归纳为虚拟性。3D 动画技术的虚拟性体现在虚拟角色、虚拟运动、虚拟场景、虚拟镜头以及虚拟灯光等多个方面。[1]

这要归结于 3D 动画技术的数字化使然。相较于传统动画技术，3D 动画技术在技术物质载体上迥然不同，它既不需要纸和笔，也不需要其他物质材料，它存在于以数字 0 和 1 组合的无数组数字序列之中。数字化的方式使 3D 动画技术获得了前所未有的超强能力，如果说在此之前，动画创作会受到技术层面的诸多限制，那么数字技术的出现彻底解放了创作者的想象力。如果说还有制作瓶颈，那也是想象力的瓶颈，技术上已不存在。3D 动画技术的这一属性，使 3D 动画创作极度解放，传统动画制作中的技术局限，在数字 0 和 1 序列组成的数字技术工作平台上几乎可以完美解决，从数字建模，到贴图材质、数字灯光、摄像机，再到中间动画生成以及后期数字特技、非线性编辑和渲染，一切都畅通无阻。这种技术上的优势带来了动画创作各个层面的解放，从题材上来讲，无论何种题材的内容在 3D 技术平台上都是适合的；从风格上来讲，无论卡通风格、写实风格还是其他风格，都不存在问题；从特技层面来讲，数字特技的丰富性和特技效果是传统特技手段难以望其项背的。创作层面的极大解放，是 3D 动画技术虚拟性的一大体现，此为其一；虚拟性的另一个体现是在假定性上，即 3D 动画创作引起虚拟，故可以不受真实的束缚，无论是真实物体还是真实运动，都不受其约束，3D 动画技术可以虚拟真实存在的东西，也可以虚拟现实不存在的东西。

三、技术诱引下的审美逆动

如上所述，技术并非中性的，技术本身形塑某种价值选择。技术在其不断演进的过程中，依其自身内设的特性诱引、推崇和消解着某种价值选择。技术进步对传统的价值选择及其表述方式一方面表现出解体效应，另一方面在技术实践过程中又架构着新的价值选择。也就是说，技术具有一种潜在的底蕴，技术自身所蕴含的巨大力量启发、诱使、鼓励、促进一些价值选择，

---

① 张烈、骆春慧编：《计算机三维建模与动画基础》，清华大学出版社 2008 年版，第 21 页。

而同时又否定、拒斥另一些价值选择，它力求一种与之相适应的价值选择体系，并能够使与之不相适应的价值选择体系逐渐分崩离析。3D 动画技术亦然。3D 动画技术最为突出的特点便是其虚拟性，因为所有“原子”结构在 3D 动画技术语境下，均可以转化为“比特”式存在，故而一切均被“去分化”了，以往在动画和实拍电影以及动画内部片种之间的界限被消解了，从而使 3D 动画创作体现出了极大的自由性，从技术角度来讲，3D 动画可以追求任何审美效果。

在数字技术的技术特性诱引下，3D 动画体现出一种新的审美建构冲动，当然，新的审美是针对传统动画而言的。如上所述，3D 动画在很多方面均受到传统动画“图式”的制约，但这仅是一方面，另一方面是 3D 动画自身也在这种制约中不断突破，在很多方面试图以新的方式建构起自身的美学规范。

在数字技术特性的诱引下，3D 动画在审美建构方面体现出如下倾向性。

（一）现实的遮蔽

如前所述，传统动画性即一种假定性，这种假定性体现于“文本—世界”维度上，即对非生命世界的生命化非写实性呈现。

但是非写实性呈现并非意味着非现实性呈现，假定性并不能堵塞动画通往现实的通道，因为写实仅仅是现实主义表现手法中的一种，除此之外还有其他方式来达到现实主义的表现目的。通过动画的夸张和变形也一样可以关注现实。说到底，现实主义（非文艺理论上的狭义现实主义理论或流派）体现的是一种对现实的关注姿态和表达现实的倾向性。

动画艺术完全可以表达现实，且在传统动画中出现了很多现实主义的经典动画作品，比如美国的《三只小猪》《辛普森一家》《南方公园》、日本的《岁月的童话》《邻居家的山田君》《海潮之声》、法国的《我在伊朗长大》、加拿大的《植树人》、中国的《草原英雄小姐妹》《麦兜故事》等，均是动画艺术史上经典的关注现实的作品。

图2-2　《岁月的童话》剧照

但是在目前已经出品的 3D 动画片目中，我们可以很明显地看到，这种关注现实的作品少之又少，自 1995 年《玩具总动员》以来的 3D 动画名录可以有力地佐证这一点。

在长长的 3D 动画名录中，稍有现实气息的作品恐怕只有《拜见罗宾逊一家》《飞屋环游记》等寥寥几部。

如果把动画看作一门成熟的艺术，它就该有其严肃的一面，如果动画创作不能关注现实、不能反映现实、不能对社会现实起到积极作用，那么动画艺术的发展将是失重的。

3D 动画恰在通往现实的通道上被堵塞了，现实在 3D 动画的视界里几乎被完美遮蔽。

现实被完美遮蔽以后，3D 动画成了脱离所指的“能指的自身游戏”，在一个不指涉现实、现实被完美替代的虚幻世界中自我游弋，从而成了一种失去重量的轻飘飘的单薄符号。

这种情况对 3D 动画的发展是非常有害的，因为任何艺术形式要想获得可持续的生存能力，必然将是对现实的发言，无论是以写实的，还是以抽象的、以直接的或者间接的方式，都要植根于现实的土壤。而 3D 动画在抽离了现实之后，也抽离了自身的生存之基。

考察构成这种状况的原因，必然要回归到 3D 动画技术的技术特性上。

如前所述，3D 动画在获得视觉真实感之后，将直接导致奇观的强化和感性的彰显，这种强化和彰显在数字技术虚拟性的技术平台之上更加获得无限动力，具体到动画艺术创作，奇观强化和感性彰显对动画创作题材会构成潜在的选择意义，它选择那些倾向于体现奇观性的题材，而淘汰那些不利于或者不能够体现奇观性的题材。

而现实题材恰恰就是奇观的盲区，现实因其平淡无奇，自然无法引起数字技术的青睐，因此也自然不会成为 3D 动画热衷表现的内容。

与此相反，那些虚幻的超现实题材则有利于将数字技术的奇观本性发挥到极致，自然也就成了 3D 动画无往不利的“王道”。

（二）奇观对叙事的胜利

奇观对叙事的挤压和篡位是奇观电影研究中的一个最集中的焦点。

对 3D 动画来说，情况要相对复杂一些，因为如前所述，动画艺术本性中就含有奇观的因子，可以说动画自身就是一种奇观电影，在动画中也一直具有“奇观（杂耍）+ 叙事”的双重存在。“逐格拍摄”作为电影特技的主要手段之一便直接为制作奇观服务，所以不能说到了 3D 动画才在动画中出现“奇观”，动画自诞生之初就一直有奇观性的存在，这跟实拍电影略有不同。实拍电影不必然限定奇观性的存在，因为它建基于“真实性”之上，很难说在意大利新现实主义电影的那些平淡无奇的影像中蕴藏了怎样的奇观。

但与奇观电影相同的是，在 3D 动画中，奇观的地位相较传统动画而言发生了改变，即由原来的附属地位上升到了主导地位。如果说在传统动画中，奇观是为叙事服务的，那么在 3D 动画中更多地体现为一种叙事为奇观服务的关系，而且这种倾向越是在最近制作的作品中越是能够得到鲜明体现。

图2-3 《冰河世纪》剧照

这里我们以《冰河世纪》来做一例证。虽然从故事的角度来讲，《冰河世纪》所讲述的故事并无太大新颖之处，它讲述了动物齐心协力将人类的婴儿归还人类的故事。在此之前，《人猿泰山》《恐龙》《怪兽电力公司》等动画片均采用了这一弃子归乡的故事模式，但《冰河世纪》却因为在奇观影像营造上的精良品质而取得了巨大成功。该片短短数十秒的宣传片便先声夺人，在这短短数十秒的预告画面中，呈现一只长相贱到不行的怪松鼠为了在冰原上藏匿一颗松果，竟酿成大雪崩的惨剧，在面临冰柱炮轰及冰阵夹杀等惊险处境时，怪松鼠居然不忘带好它的松果逃命，好不容易安然落地，却突如其来地被一只长毛象的巨脚压顶！尤为可资佐证的是，预告片与片中的主线剧情毫无瓜葛，仅仅是为了彰显视觉奇观。在《冰河世纪》中还存在很多这样的视觉奇观段落，比如在山洞中像过山车一般的冰道滑行，婴儿在洞口处弹起的平静与停顿，急速、紧张的管弦乐和动物们的大喊大叫以及婴儿不知危险的清脆笑声，使整个段落紧张刺激而又游戏感十足，典型体现了奇观段落的特征；再如在该片中有很多场景均采用了体育运动的形式，渡渡鸟的跆拳道、希德的橄榄球比赛和花样滑冰，以及剑齿虎的滑雪等段落均属于这样的视觉奇观片段。从整体来看，该片的叙事就像一根冰糖葫芦的竹签，将一个个奇观段落串联在一起，叙事从某种程度上成了奇观段落的串联要素。

在 3D 动画中，《冰河世纪》并非个案，在《赛车总动员》《鲨鱼黑帮》《超人总动员》等影片中均存在这样的现象。当然，这里强调的奇观对叙事的胜利，并不是说所有 3D 动画悉数如此，而是指 3D 动画中存在这样一种倾向。在一些优秀的、成功的 3D 动画中，也不乏很好地处理了奇观和叙事关系的经典之作，如《海底总动员》等。但不能不说优秀之作毕竟是少数，更多的 3D 动画体现为简单的叙事 + 炫目的奇观。而且正如一篇文章所分析的那样，这样的趋势在最近出品的一系列 3D 动画电影中得到了更为鲜明的体现，比如《玩具总动员 3》《怪物史莱克 4》等。①

叙事的简单化和堕降到为奇观服务，对动画艺术的发展危害甚大。因为动画电影作为一种影像叙事艺术形式，能不能讲好一个精彩的故事是其生死攸关和能否良性发展的一件大事，而且任何叙事艺术形式，其精神品格和人文内涵等深度审美品质也往往需要在叙事里得以体现，叙事的弱化和单薄化将使一门艺术形式从深度走向平面化和浅薄化。

3D 动画的危险性就在这里。正如保罗·莱文森的“玩具、镜子、艺术”三阶段论②所阐述的那样，如果说在奇观尚处于“玩具”阶段，观众会因其好玩、好看而被吸引的话，当过了这一“新奇”阶段后，如果还一味滞留于此，观众无疑就会产生审美疲劳，弃此而去。其实实拍电影里已经有过这样的先例，梅里爱特效电影的遭际就是一个鲜明例证。所以，3D 动画要想获得良性发展的话，就必须回到正确的道路上，即重归叙事。

奇观电影的发展轨迹也可供参考，早期的奇观电影同样是以“玩具”性吸引观众，如《异形》《深渊》等电影中的虚拟人物等，走过这一阶段的奇观电影进入“镜子”阶段和“艺术”阶段，如《泰坦尼克号》《阿甘正传》等影片中的奇观性不再以表面性展示，而潜伏在叙事之下，为叙事

---

① 电子骑士:《动画危机总动员》,《环球银幕》2010 年第 5 期。

② ［美］保罗·莱文森:《莱文森精粹》, 何道宽译, 中国人民大学出版社 2007 年版, 第 3 页。

服务。

这一发展历程理应为 3D 动画所参考和借鉴。3D 动画要想走向成熟，也必须脱离“玩具”阶段而走向“艺术”阶段。

究其成因，数字虚拟技术首担其责。“计算机生成图像出现后，电影就一直遭这种罪：它们从表现诱人入迷的叙事形式转而表现具有强烈视觉冲击力的壮观场景。”[①]3D 动画也难逃奇观电影的这一“罪”，这是数字技术媒介特性的“致命诱惑”和“美丽陷阱”。

此外，3D 动画奇观化的形成也受到奇观电影的影响。1995 年 3D 动画《玩具总动员》诞生之时，奇观电影已经发展了二十多年，成为其时最具票房号召力的电影类型，奇观也已成为吸引观众走进影院的不二招牌，3D 动画其后的发展不能不受这种奇观大环境的影响，从而迎合汇入这股奇观潮流，以达到与观众被奇观电影培养起来的观影“奇观期待”相契合。

可以看出奇观对叙事的胜利这一过程与前面所述的“现实的遮蔽”的过程本是同一过程的“一体两面”，两者都起源于数字技术的奇观潜质，都是在这一技术特性诱导下完成的相异于传统动画的表达层面和题材层面之价值选择。

（三）仿“真”的冲动

对 3D 动画而言，仿“真”的冲动主要体现为影像上的写实化，这跟传统动画中的现实主义题材动画是不同的。现实主义题材动画即使再写实，像日本的《岁月的童话》《海潮之声》、中国的《草原英雄小姐妹》等，也仅是题材内容层面的写实，其通过“逐格拍摄”和“抽象化”后完成的“动画感”与其他题材动画毫无二致，绝对不会构成对实拍电影的冲击。但 3D 动画则不然，这种影像层面的仿真已经构成了对实拍电影和动画电影界限的模糊。

具体而言，3D 动画在影像层面上的仿真主要表现在“动”的仿真和

① ［新西兰］肖恩·库比特：《数字美学》，赵文书等译，商务印书馆 2007 年版，第 68 页。

“画”的仿真两个层面。

“动”的仿真主要通过诸如动作捕捉、动力学动画等技术手段来完成，从而实现在 3D 动画中运动形态上的逼真表现。

“画”的仿真主要通过对 3D 动画中出现的角色（包括人物角色和非人物角色）的衣服、毛发、表情以及道具等的逼真模拟来加以体现，其目的也是达到与真实无差别的写实效果。

综合“动”和“画”两方面的仿真，最终呈现在银幕上的影像就是一个像现实一样具有深度真实感的动画世界。

如果用这个极度仿真化的动画世界去描述一个非人物角色的超现实题材，那么可以得到的是一个非常具有吸引力的动画作品。因为从动画的概念“赋予……以生命”之义出发，这里的“生命”并非指生物学意义上的生命，因为从生物学意义上动物、植物等一样具有生命，这里的“生命”之要义在于“像人一样的生命”，即其他非人类角色的拟人化。“拟人化生命”才是动画概念中应有之限定性要义。所以我们可以看到在动画作品中表现非人物角色时往往呈现为“人性 + 物性”的双重特征，人性是拟人化的表现，物性则是动物、植物等非人物角色的自身物理限定性。如果用一个极度仿真化的世界去描述一个超现实题材时，那么可以实现的效果表现为无论是其中的人性化表现，还是物性化表现，都可以做到极度写实，像《海底总动员》《赛车总动员》中的鱼类角色和赛车角色那样，一方面其人性化表情表现得极为逼真，另一方面其物性化特征（鱼类、赛车的自身特征）也极为逼真，将这样两种仿真化的特征“天衣无缝”地结合在一起，动画的要义前所未有地得到了淋漓尽致的体现。

但当用这个极度仿真化的世界去描述一个人物角色题材时，如《终极幻想》《极地特快》等，其问题就得到了最大限度的凸显。因为在“动”之仿真和“画”之仿真之后，呈现在银幕上的虚拟人物角色和真人扮演的角色几无差别，而且在很多 3D 动画影片中直接诉求的就是这种效果。但观众在接受这样一部影片时，就会出现审美经验上的混乱和无所适从：是该从动画的审美经验还是从实拍电影的审美经验去解读这部影片呢？这种审美经验上的混乱是致命的，因为我们知道传统动画的审美经验建基于“假定性”之上，而实拍电影建基于“真实性”之上，这是审美经验的两个极点，其各自审美经验的获得也不是一朝一夕确立的，而是在其百年历史的“审美积淀”的累积效应中所塑造的，因此它具有稳定性和顽固性。当观众用实拍电影的“真实性”去权衡时会发现它不够绝对地“真”（无论怎样虚拟，终究达不到真人演出的细节丰富性真实效果，摆脱不了其机械味道），用动画的“假定性”去权衡时又会发现它也不够“假”，或者说与习以为常的动画的“假”差别很大，这样最终的一个后果就是在审美经验的两端都“出力不讨好”。强调审美经验的稳定性不是说不可以创新，但创新的幅度必须保持在可接受的范围之内，用接受美学的观点来讲，固守模式是不对的，因为它不能给固化的“期待视野”以刺激和挑逗；刺激和挑逗的幅度也不可超过期待视野许可的范围，如果这个幅度过大，观众的期待视野无法完成对其辨认和兼容时，同样起不到效果。

这一点最为充分地体现了 3D 动画对“假定性”所构成的冲击。仿实拍电影 3D 动画如《最终幻想》等“内爆”了动画与实拍电影的界限，像《最终幻想》这样的作品越来越难以从影像层面上区分动画和实拍电影，因为它以自身的“超真实”完成了对“真实”的置换和替代。但动画的假定性以其百年历史发展中积淀形成的稳定审美结构对这种“超真实”实施其评估和审判机能，当这种“超真实”体现于非人物角色从而更能够彰显动画的假定性特征时，动画性便能够顺利地完成吸纳和接受；当这种“超真实”体现于人物角色从而深度销蚀假定性时，吸纳和接受便变得异常艰难，很多时候转化为一种排斥力，将之拒斥于其外。

3D 动画引入“真”的维度后，能否在动画艺术的既有经验上获得更大程度的发展，要看 3D 动画的这种“真”能否很好地为动画性的“假”服务，当“真”能够为“假”所吸收利用时，就体现为良性的发展态势；当“真”意欲脱离“假”的限定而“自立山头”时，则会为传统动画性所不容，游离于动画的审美经验和期待视野之外，无法得到认同和有效接受。《最终幻想》和《极地特快》等影片的票房惨败是最为有力的例证。

（四）审美的“同质化”

从动画审美的角度来看，3D 动画的强势崛起使传统动画时期的“百花齐放”走向了“一枝独秀”，从而使动画审美从丰富的多样性走向了单一的同质化。

传统动画的多样性体现在如下几点。

1. 动画类型的多样性。在传统动画中，类型丰富，有单线平涂的卡通动画，有立体的偶动画，有剪纸、折纸动画，还有针幕动画、沙动画、实物动画、抽格动画等多种类型。在这么多动画类型中，每一种类都因其自身不同的技术和制作材料而呈现出不同的动画“韵味”，可以说有多少种动画类型就有多少种不同的动画“韵味”。

2. 文化风格的多样性。即使同一种动画类型，也会因其所处文化环境的不同而体现出不同的文化“个性”，比如美国动画、欧洲动画、日本动画以及中国动画在人物造型、影像风格方面均具有较大的差异性，这种差异性体现的是文化的差异性。

3. 个人风格的多样性。当然，这里的“个人”并不是单指一个人，而是指一个动画制作团队中参与动画制作的每一个人，因为动画制作是团队型工作（除却极具探索色彩的个人实验动画），而一部动画影片的“总指挥”是导演，因而这里的“个人”也可狭义地理解为导演。因为传统动画的“人工”性质，在动画的最细微处体现出来的总是极端个人的风格化特征，这种个人化的风格特征因“人”的不同在传统动画里体现出完全不同的个人气息。

但在 3D 动画中，上述丰富多样性遭到压缩，而趋向一种同一的审美特质。

首先，至少在目前的技术语境下，3D 动画就是 3D 动画，虽然有仿二维、仿三维和仿实拍的区分，但相比传统动画丰富多样的表现形式而言要单薄得多，而且在审美观感上也不具传统动画形式之间的清晰区分，略显趋同性。当然，因为 3D 动画技术的虚拟性特征，我们不可否认 3D 动画技术的这种能力，但从目前的实践来看，至少短期内不会走向这一趋势。如果用 3D 动画技术去做传统动画，一则效果上不能尽如人意，二则即使如意也是一种重复，所以像《阿祖尔和阿斯马尔》这类 3D 动画注定只能是一个个案，而无法构成 3D 动画的主流。3D 动画的主流依然将是仿三维动画，因为它体现出了自身的类型特质。

其次，3D 动画也尚不能从影像上充分体现出不同的文化和个人风格。因为从目前的动画技术语境来看，各个国家尚未倾力开发体现自己民族文化特色的 3D 动画软件，都在共同使用着几种在影像呈现效果上差别不大的 3D 动画软件，如 MAYA/3DMAX 等。在传统动画中，虽然不同的国家和不同的个人也同样共享使用“逐格拍摄”和“单线平涂”等技术手段，这一点与目前不同国家和不同个人都使用同样的 3D 动画制作软件相同。但因为在传统动画制作中的技术只是一种方法论存在，是“软”性因素，因而虽同样是“逐格拍摄”和“单线平涂”，但影像效果却完全因人而异；3D 动画技术不仅是一种方法论存在，除了“软”因素，还有“硬”因素，还是一种实体性存在，它的大部分工作都是由电脑来完成的。虽然 3D 动画软件也是由人来操作的，但一则因为目前使用的几种 3D 动画软件在影像效果上差别不大，二则因为在 3D 动画制作中的大部分工作均需由人和电脑互动完成，因而目前 3D 动画在文化和个人风格上尚不能体现出像传统动画那样丰富的差异性。所以在已有的 3D 动画电影中，审美“同质化”倾向比较明显。

动画作为高度假定性的艺术，在传统动画中通过“逐格拍摄”和“抽象化”的技术手段，无论在“动”的方面，还是“画”的方面，均可以介入创作者的表现性因素，从而能够体现出丰富的多样性；当 3D 动画的技术特性为动画引入“真”的维度之后，尤其是当这种“真”的维度是由电脑软件编程限定的，3D 动画中的“真假合一”中虽依然沿袭传统动画“假”的维度，但因为所有 3D 动画都共享着同一种“真”，一种由计算机编程设定并由计算机运算完成的“真”，所以“假”的表现性因素被大大压缩，3D 动画因技术上的“同质化”而在影像风格上也体现出一种“同质化”倾向。

四、小结

从 3D 动画技术上升到 3D 动画艺术，需要完成对动画性的呼应。也就是说，需要遵循动画艺术百年历史发展中积淀形成的经验结构，其中最重要的是其“假定性”内涵，这种假定性体现于文本、文本—世界、文本—观众等多个层面，3D 动画创作也需要在这样的结构内运作，这样才能很好地完成辨认和吸纳。当然，这并非意味着一味守旧而不图创新，只是说在运行肌理和图式上需要遵循动画规律，3D 动画对“真”的维度的引入对动画艺术而言已是前所未有的创新了。马克思说，任何人都不可能随心所欲地创造自己的历史，即强调了传统的限定和约束作用。3D 动画在创造自己历史的过程中，也必然要受到动画传统的约束和限定。

在受到传统动画性约束和限定的过程中，因为 3D 动画的技术特性使然，构成了一些 3D 动画自身的审美特质，如现实的遮蔽、奇观对叙事的胜利等均是其典型表现。这是因为任何技术都不是完全中立的，它会以自身的特性诱引和拒斥某些价值。3D 动画技术的媒介特性即虚拟性，这种技术特性在强化奇观和彰显感性的同时，也对 3D 动画创作从题材到表现形式以及精神向度等诸多层面构成了潜在的价值选择。

从 3D 动画获得良性发展空间的原则出发，一方面，我们需要对 3D 动画的某些价值选择保持警惕，如现实的遮蔽、奇观的霸权等；另一方面，也需要彰显其有利的一面，如在虚拟非人物角色超现实上的强大功能，从而得到更加健康的可持续性发展。

传统动画与 3D 动画体现出一种规约与逆动的张力关系。究其本质，这也可以看作传统文化与新技术的关系，一方面，既有的文化试图对新技术完成规约，把它吸纳到自己既有的文化结构之内；另一方面，新技术也在试图冲破既有文化框架的束缚，“牵引”出一种新文化以对抗或替代既有文化结构。3D 动画艺术将在这样一种传统动画文化与新 3D 动画技术之间的规约与冲突的对立关系中走向新的发展阶段。

第四节　“艺术界”及其仲裁功能

自 1995 年第一部 3D 动画长片《玩具总动员》诞生以来，3D 动画一路高歌猛进，票房纪录也在一部又一部影片的刷新下节节攀升，其后推出的《虫虫危机》《玩具总动员 2》《怪兽电力公司》《海底总动员》《超人总动员》等 3D 动画上映后都取得了超高的票房。

虽然绝大部分 3D 动画电影取得了巨大的成功，但这并非全部，同时也有另外一些影片遭遇了失败，甚至是惨败。2000 年，迪士尼耗资巨大的 3D 动画《恐龙》遭遇巨大亏损；2001 年，3D 动画电影《最终幻想》上映，这部投资成本超过 1.37 亿美元的 3D 动画“大片”最终票房为 3210 万美元，索尼动画部损失惨重；2004 年，华纳公司投资近 1.7 亿美元的 3D 动画大片《极地特快》上映，最终票房为 1.8 亿美元，收支基本持平，但如果考虑到华纳公司为此片投入的 2 亿多美元的宣传推广费用，则是另一番光景了。[1]

---

[1] 以上数据来自百度网站“百度百科”中相关影片词条介绍以及其他网站相关介绍信息。各个网站的数据略有出入，但大抵差别不大，故这里取其最常被引用的数据。

图2-4 《恐龙》剧照

同样是3D动画长片，为什么会出现这样“冰火两重天”般的遭际呢？

对于这个问题，有一个流行而又似乎标准的说法：成功者都讲述了一个精彩动人的故事，而失败者之所以失败正在于其没能够讲一个精彩的故事！

这个判断似乎具有极大的普适性，它适用于一切建基于叙事的艺术样式中，不仅仅是动画，所以它不能够对此现象形成准确细致的阐释说明。如果对于某一部失败的3D动画如《恐龙》，这个判断具有一定的适用性，但是当把这个判断作为一个通用标准来衡量一切失败的3D动画的时候，似乎这个理由就显得不那么充分和理直气壮了，比如《极地特快》，这部影片的故事并不像《恐龙》那样乏味，但票房依然不尽如人意。当这个看起来似乎具有一定“真理性”的标准答案被普适推广的时候，很多更深层面的问题也恰恰被遮蔽了。

我们可以换一个思路，进入一个更为宽广的视野来看待这个问题，“艺术界”为这个问题的解读提供了诸多启迪。

“艺术界”是由阿瑟·丹托和乔治·迪基提出的一个概念，两人主要是从美学的角度来探讨这一问题，后来霍华德·贝克和皮埃尔·布迪厄又分别从社会学的角度对这一概念进行了补充和修正。在丹托看来，“把某物看作艺术需要某种眼睛无法看到的东西—— 一种艺术理论的氛围，一种艺术史知识：这就是艺术界”[①]；迪基也认为，“艺术世界是若干系统的集合，它包括戏剧、绘画、雕塑、文学、音乐，等等。每一个系统都形成一种制度环境，赋予物品艺术地位的活动就在其中进行”[②]，“我将用丹托的术语‘艺术世界’来指艺术品赖以存在的庞大的社会机制”[③]。诚如国内一位学者的总结，丹托和迪基的意义在于，两者的“艺术界”概念将艺术问题从“艺术品”转到了“艺术品资格”以及从“艺术品是什么”的美学提问转到了“某物为何是艺术品”的更深层面的追问。在两人看来，艺术活动并不是一种绝对自由的行为，它会受到艺术界的各种因素的制约，丹托将之理解为艺术理论氛围和艺术史知识，迪基则称之为艺术体制或惯例，也就是说，作为艺术品生产的规范性的建构力量，艺术理论与习俗惯例都是一定历史阶段中艺术界成员积累的对艺术的共同理解，一种艺术界共同体的集体意识，它是一种权威，是一种相对稳定的集体约定，更是艺术界共同体必须遵守的看的方式、思考和分析艺术的方式。[④]

丹托和迪基的“艺术界”概念后来遭到贝克和布迪厄的批判和修正，在贝克和布迪厄看来，“艺术界”理论的最大问题在于本质主义倾向，犯了试图将其理论普遍化的错误，两人分别从自己的视野出发，提出了“艺术场”概念来对“艺术界”进行修正。当然，在基本原则上两人并不反对“艺术界”概念，比如贝克认为，“所有的艺术品都有一个必须被表现出来的理念；这表现为它服务的那一艺术界的惯例所指定的一种最终形式。在这一最终形式中，它是适宜的——能够被呈现于人们面前，否则它就会被视为未完成的或不值得被关注的”[⑤]。布迪厄也认为，“艺术品价值的生产者不是艺术家，而是作为信仰的空间的生产场，信仰的空间通过生产对艺术家创造能力的信

---

① Arthur C. Danto, Carolyn Korsmeyer (eds.), “*The Artworld*”, *Aesthetic: The Big Questions*, Cambridge: Blackwell, 1998, p.40.

② ［美］乔治·迪基:《何为艺术?》(Ⅱ)，载［美］M. 李普曼编《当代美学》，邓鹏译，光明日报出版社 1986 年版，第 109 页。

③ ［美］乔治·迪基:《何为艺术?》(Ⅱ)，载［美］M. 李普曼编《当代美学》，邓鹏译，光明日报出版社 1986 年版，第 107 页。

④ 参见周宪主编《文化现代性与美学问题》，中国人民大学出版社 2005 年版，第 87—91 页。

⑤ Howard S. Becker, *Art Worlds*, San Francisco: University of California Press, 1982, p.237.

仰，来生产作为偶像的艺术品的价值”[①]。在这一点上，两人的观点跟丹托和迪基并无本质不同，他们的不同表现在“艺术场”理论引入了社会关系和权力争夺的思考维度。依然转引这位国内学者的总结，在贝克看来，艺术场是通过达成一致意见实现合作的关系网络，在这一场所中，不同的代理人在共同认可的惯例的基础上，实现合作生产并为艺术品赋值。贝克是从各代理人的合作关系来看待“艺术场”的运作，布迪厄则更重视各代理人之间的冲突斗争。在布迪厄看来，艺术场就是一个发生着权力争夺并实现区分的客观关系网络，不同的代理人遵循着特定的“场的逻辑”，凭借各自的资本实行权力争夺，其目的是将自身神圣化，从而占据场中的优势地位，场中各方力量之间的冲突、不平衡性成为其艺术场运转的原动力。[②]

那么从“艺术界”和“艺术场”的理论视域出发，我们再来看为何有些 3D 动画（如《玩具总动员》《海底总动员》等）获得了巨大成功，而另一些 3D 动画（如《恐龙》《最终幻想》《极地特快》等）却遭遇惨败这一问题时，便能够获得一个更为深层的思路，即这里涉及一个传统动画话语对 3D 动画进行仲裁的问题。

“话语”与“艺术界”或“艺术场”的关系何在？简而言之，“话语”就是“艺术界”或“艺术场”在理论层面呈现出来的结果，是其理论“代言人”。无论是丹托的“理论氛围和艺术史知识”，还是迪基和贝克的“惯例”以及布迪厄的“信仰空间”，其最终的理论表现形态总是需要呈现为某一类型的“话语”，只不过“艺术界”概念表征着“话语”的稳定性，而“艺术场”则表征着在“话语”的构型过程中各方力量的冲突与协调。从效果来看，若从“艺术界”出发，某一类型“话语”的稳定性保证着艺术界共同体对某一些规则潜移默化的归顺与适应以及持续；而从“艺术场”出发，这必须考察“话语”的流动性和历时建构性，随着场内各方力量间不断的此消彼

① ［法］皮埃尔·布迪厄：《艺术的法则：文学场的生成与结构》，刘晖译，中央编译出版社 2001 年版，第 276 页。
② 参见周宪主编《文化现代性与美学问题》，中国人民大学出版社 2005 年版，第 102—104 页。

长，“话语”也随时可能出现变动，并以一种新的“话语”来置换或否定前一“话语”，或至少构成并置存在。

对于“话语”的功能，霍尔曾一针见血地指出，它提供了人们谈论特定话题、社会活动以及社会中制度层面的方式、知识形式，并关联特定话题、社会活动和制度层面来引导人们。正如人们所共知的那样，这些话语结构规定了我们对特定主题和社会活动层面的述说，以及我们与特定主题和社会活动层面有关的实践，什么是合适的，什么是不合适的；规定了在特定语境中什么知识是有用的、相关的和“真实的”；哪些类型的人或“主体”具体体现出其特征。[①]“话语”限定着在其一定的理论空间内，什么是合适的，什么是不合适的，以及什么是值得肯定和褒扬的，什么是需要排除在外加以否定的等诸多规范，而目前诸如《海底总动员》《极地特快》等这类 3D 动画的问题正是在传统动画的话语理论空间里来加以探讨的，它受到传统动画话语的仲裁。在传统动画的话语空间里来探讨 3D 动画问题，必然受到传统动画话语的“筛选”。如丹托所言，把某物看作艺术需要某种眼睛无法看到的东西——一种艺术理论的氛围，一种艺术史知识；同样，把某些影片看作动画需要某种理论氛围和艺术史知识。而当下对于《最终幻想》《极地特快》等这类 3D 动画的评判标准所运用的理论和艺术史知识均是由传统动画的历史积淀而来，比如关于什么样的动画是好动画、动画在影像和叙事等层面应该怎样表现才是合适的和完美的等，这类问题在传统动画的话语空间里均有着约定俗成的规定性，这种规定性保证着动画“信仰空间”的可持续性，并对一切动画形态构成“筛选”及评判。当然，从传统动画的话语来看，诸如《最终幻想》这类影片便呈现出了很多对规定性的不符，比如对“假定性”的叛逆，这类影片均滑向了极度“仿真”的端点，甚至混淆了“真”与“假”的界限。这样的挑衅自然为传统动画话语所不容，因为它挑战了“惯例”，是“惯例”中所不曾出现过的新的形态，而观众的“期待视野”却是

① ［英］斯图尔特·霍尔编：《表征——文化表征与意指实践》，徐亮、陆兴华译，商务印书馆 2013 年版，第 6 页。

在“惯例”的作用下逐渐形成的，它不可能即时更新，因而这类影片遭遇票房重创已是必然。同时，我们也看到了影评人以及影院经理等其他“艺术界”成员对这类影片的贬低与否定，这充分证明了“艺术界”中“惯例”和“信仰”的重要规约作用。再反观那些获得巨大成功的 3D 动画，如《玩具总动员》《怪物史莱克》《超人总动员》《海底总动员》等，无一不是与传统动画话语深度契合，或者说是对传统动画假定性的强化，如对奇观和感性的彰显等，再辅以 3D 动画技术营造出的视觉真实感，一方面保证了观众可以用既有动画经验完成对影片的辨认和吸纳，另一方面又增添了传统动画经验中所不具备的视觉真实感，更加强化了动画的视听体验，因而此类影片获得成功本已是顺理成章之事。这一点正是“艺术界”或者说传统动画话语仲裁功能的体现。

此外必须看到，正如布迪厄“艺术场”理论所指出的那样，随着实践和历史的发展，以及场内各方力量的此消彼长，“话语”会出现流动，因为场内各方力量均在为一个优势的利益位置而争夺，因而“惯例”的规约作用并非恒定，“惯例”也并非不可打破，当新的艺术形态能够为各方力量带来更大的利益时，实践自然会出现避“旧”趋“新”的动向，而“话语”也就随之而变，以一种新的“话语”体系来完成对旧的“话语”体系的置换。对于 3D 动画，我们必须认识到，虽然当下 3D 动画依然是受到传统动画话语的强力规约，但并不意味着会永远如此，因为无论“艺术界”还是“艺术场”，都随时处于解构和建构的双重过程之中，它不可能永远固定在某一个位置，话语也不可能稳固不变。随着 3D 动画实践的深入发展，“艺术界”也完全可能滑向另一种话语形态，而对于 3D 动画作品的仲裁结果，也会随之而变。当然，我们这里仅是从理论上廓清传统动画话语的稳定和变动关系，并非否定其当下对于 3D 动画的仲裁功能。至少在目前，3D 动画创作依然需要在沿袭传统动画的基础上适当创新，而不能走向极端，造成传统动画话语的无法辨认和吸纳。

第三章

3D 动画及其美学生成的结构语境

第一节　一个比特的时代

笔者认为，3D 动画及其美学生成的实现是多方面因素合力的结果。这些因素主要包括技术上的数字技术作用、结构语境上 3D 动画“场域”的形成以及整个社会文化的后现代转向。这几大因素可以分三个层面来理解，首先，数字技术对 3D 动画及其美学生成提供了技术支持，如果没有这一技术因素的支撑，也就没有 3D 动画这一新动画类型的产生，3D 动画美学更是无从谈起；其次，3D 动画“场域”的形成构成了结构语境的主观层面，3D 动画的崛起有赖于 3D 动画制作方的大力推介，而之所以迪士尼甚至美国动画界会在全球范围内推广其 3D 动画电影，这又需要考察近二十年来世界范围内动画电影的整体状况以及美国动画界内部的发展状况，这样才能梳理清楚 3D 动画“场域”形成的动力机制；最后，3D 动画美学的形成还受到整个社会文化语境的影响，具体而言，主要是社会文化中的“视觉文化”“消费社会”“感性崛起”等文化特点与 3D 动画自身的特点完成了契合与对接，这些因素构成了结构语境中的客观层面。正是技术、主观、客观这三个层面的综合作用，使 3D 动画及其美学生成得以完成。

3D 动画及其美学生成，第一个决定因素便是技术的因素，如果没有数字技术的出现，自然也就不可能有 3D 动画这一动画类型的诞生。正如我们已经分析过的那样，之所以 3D 动画能够作为一种独立的美学形态出现，正是因为它在“动”和“画”两个层面都创新出了不同以往传统三维动画的差异质素，使自身具备了与实拍电影一样的视觉真实感，这是对整个传统动画时代的美学革命，因为在传统动画时期，无论是传统二维动画，还是传统三维动画，都没有能力给予观众这种影像层面的视觉真实感。而之所以 3D 动画能够提供，追溯其根源，正是在于数字技术的虚拟特性使然。

如尼葛洛庞蒂那本鼎鼎大名的著作所昭示的那样，我们正生活在一个“数字化生存”的时代，这是一个比特的时代。国内学者喜欢将之称为一场“数字革命”，认为当今社会正在发生一场新的技术革命——数字化信息革命。这次革命的特点是数字化，它将带来人类社会发展的新时代。在这样一个时代，信息的最基本单位就是比特（bit）。比特正在迅速取代原子而成为人类生活中的基本交换物。比特没有颜色、尺寸或重量，能以光速传播，就好像人体内的 DNA 一样，是信息的最小单位，因此又叫“信息 DNA”。原子时代是工业的时代，比特时代是数字技术带来的后信息时代。[①]

在这样一个后信息社会的比特时代，数字化技术已经侵入社会生活的每一个角落，大到宇宙飞船、火箭的发射，小到每个人的衣食住行，都可以见到比特的身影；从工业设计到国防科技，从医疗卫生到文体教育，都已经离不开数字技术。所以尼葛洛庞蒂的《数字化生存》早已不再是一本未来学的科普图书，它就是当下时代的文字呈现。

作为娱乐行业主流形态的影视业，自然也无法逃离数字技术的形塑。但数字技术对电影和电视的影响不尽相同，“相比较而言，电影的优势在视觉表现——虚拟影像的制作生产；而电视的优势则在信息传播——视听信息的数字化互动播出模式”[②]。本书的研究范畴主要是动画电影领域，所以仅以数字技术在电影领域的影响作为主要分析对象。

① 参见韩克庆《比特时代对人类社会的重构》，《山东大学学报（哲学社会科学版）》1998 年第 4 期。

② 高宇民：《从影像到拟像——图像时代视觉审美范式研究》，人民出版社 2008 年版，第 164 页。

图3-1　《指环王》海报

在电影领域，数字技术对实拍电影的介入最为引人注目。“从《侏罗纪公园》《哥斯拉》一类的科幻片，到《泰坦尼克号》《珍珠港》一类的现实影片，凡是传统光学镜头拍摄不出来的镜头，只要导演想得出来，就可以通过计算机手段将其制作出来。”[①] 正是依靠着这种超强的能力，数字技术在实拍电影领域一路畅行，已经成为当下“大片”（或者“高概念电影”）制作中必不可少的手段，并直接催生了一个电影类型：奇观电影。作为一个已渐趋形成的类型概念，它是自 20 世纪 80 年代以来大量注重奇幻影像效果的电影实践中逐渐得以确立的。自 20 世纪 80 年代开始，奇观电影大量推出，如《异形》《深渊》《星球大战》系列、《龙卷风》《黑客帝国》系列、《纳尼亚传奇》系列、《指环王》系列，等等，这些影片得到了观众的热烈欢迎，几乎每部影片都是当年电影票房的“重磅炸弹”，位列全球电影票房的前三名，经过多年的实践验证，奇观电影已经成为目前最卖座的电影类型。

数字技术对动画领域的影响同样意义深远。数字技术对动画的影响分为两个方面，一方面是对二维动画的影响，另一方面是对三维动画的影响。数字化对二维动画的作用主要是一种辅助作用，即把原来传统二维动画中

① 闵大洪：《数字传媒概要》，复旦大学出版社 2003 年版，第 148 页。

某些烦琐的和较难把握的工序转而使用计算机技术来完成，如所谓的二维动画“无纸化”生产即指创作人员将原来需要在纸上完成的人物设计、原画、动画、背景设计、色指定、描线、上色、特效等工序全部转到计算机数字技术平台上来完成。这样一来，既降低了成本，也提高了工作效率，同时还可以解决传统技术中不容易把握的环节，如在传统二维动画制作中，上色环节较难把握，因为在工作过程中不同的上色人员、不同的颜料都有可能造成最后影片中的颜色效果不统一，从而影响到最终成片的动画效果。二维动画软件（如 Retas、Harmony 等）则可以轻松解决这一难题，只要给其指定颜色，就可以完成批量填色，后续工作中发现问题还可以完成批量修改。总体而言，数字技术对于二维动画的意义主要体现为一种辅助作用，没有形成独立的审美形态。而对于三维动画则不然，一方面，数字技术可以起到像作用于二维动画那样的辅助意义，如英国著名的动画工作室阿德曼动画工作室就一直在利用数字技术来辅助其偶动画的创作，由其制作的《超级无敌掌门狗》系列、《小鸡快跑》等三维动画给人留下了深刻的印象。但正如其创始人之一彼得·罗德在接受采访时所透露的那样，阿德曼动画工作室并非固守传统三维动画的技法，它一直都在吸收数字技术来辅助其工作室进行动画创作，在《超级无敌掌门狗》《小鸡快跑》中都大量运用了数字技术，不然不可能实现目前影片的效果。[①] 另一方面，数字技术又直接催生了一种新的动画类型，即 3D 动画，如我们已经分析过的那样，3D 动画无论对于传统三维动画，还是对整个传统动画来说，都体现出了新的审美质素，即视觉真实感，它是一种以前不曾出现的新的动画类型，这是数字技术的直接产物。

这是我们理解 3D 动画及其美学生成的第一个维度，即技术的维度。数字技术一方面是形成 3D 动画作为一个类型成立的根源，另一方面也是形成 3D 动画美学倾向的根源。那么数字技术的哪些特点直接关联并影响了 3D 动画美学倾向呢？笔者认为是数字技术的虚拟性使然。

3D 动画技术的虚拟性体现在虚拟角色、虚拟运动、虚拟场景、虚拟镜

① 参见余为政主编《动画笔记》，海洋出版社 2009 年版，第 391—396 页。

头以及虚拟灯光等方面。这要归结于 3D 动画技术的数字化使然。相较于传统动画技术，3D 动画技术在技术物质载体上迥然不同，它既不需要纸和笔，也不需要其他物质材料，它存在于以数字 0 和 1 组合的无数组数字序列之中。数字化的方式使 3D 动画技术获得了前所未有的超强能力，如果说在此之前，动画创作会受到技术层面的诸多限制，那么数字技术的出现则彻底解放了创作者的想象力；如果说还有制作瓶颈，那也是想象力的瓶颈，技术上已不存在。3D 动画技术的这一属性，使 3D 动画创作极度解放，传统动画制作中的技术局限，在以数字 0 和 1 序列组成的数字技术工作平台上几乎可以完美解决，从数字建模到贴图材质、数字灯光、摄像机，再到中间动画生成以及后期数字特技、非线性编辑和渲染，一切都畅通无阻。在数字技术的虚拟特性之下，如第二章中所探讨的，任何技术都并非中性的，都具有其自身的价值负载，数字技术亦然。3D 动画在数字技术虚拟特性的诱引下，形成了其自身某些方面的审美倾向，如现实的遮蔽、奇观对叙事的胜利、仿“真”的冲动、审美同质化等，究其成因，无不关联于数字技术的虚拟特性。

当然，我们要破除的一个观念是技术决定论思想，即认为 3D 动画技术自身决定了其美学生成。这是技术决定论 / 技术自主论的思考方式，它遭到了技术建构论的强力批判。技术建构论认为任何技术特性的生成都是社会建构的结果，这同样是一个极端，技术建构论在批判技术决定论极端倾向的同时，自身则走向了另一个极端。

对 3D 动画美学的生成问题，我们需要中和两者，从“技术—人”和“人—技术”两个维度来分别看待。

3D 动画的美学生成，从“技术—人”的角度来看，正如以上分析所示，3D 动画技术本身具有虚拟性，它可以虚拟任何形态，无论是现实的还是非现实的，在数字技术的虚拟平台上都不存在障碍。

但这并不意味着 3D 动画的美学生成因数字技术而自足自明，因为从“人—技术”的角度来看，任何技术都是人的技术，都是社会的技术，技术的产生和设计过程已经将人的价值取向和需要蕴含在技术之中了。而决定人的需要的因素无疑是社会和文化。所以，技术本身就是社会和文化的一个充分表征。

对 3D 动画而言，有三个语境对其产生了直接的影响，在接下来的三节中将进行详述。

第二节　3D 动画场域的形成

正如布迪厄所言，一个艺术场域的形成是多种力量共同作用的结果，它既是一种妥协，更是一种平衡，涉及艺术场域与其他场域诸如政治场、经济场等之间的关联，也涉及艺术场域内部“次场域”的结构情况等[①]。3D 动画场域的形成也遵循这样的逻辑，本节将重点考察在 3D 动画场域的形成过程中，美国动画业界的整体情况，尤其是业界中哪些因素直接促成了 3D 动画的生成。

因为美国的市场经济异常发达，所以相对来说，3D 动画场与政治场的关联看起来没有那么明显。当然，这里也不是没有一点关联，只不过是说它采用了一种隐性的形式，从而在表面上不容易被看到而已。在后面章节对 3D 动画全球化和 3D 动画“作为肯定的文化”性质的分析中，会详细探讨 3D 动画对外、对内的双重意识形态功能。

对于 3D 动画场域的形成，更多关联于美国动画业界的经济层面，具体来说，有四个因素对 3D 动画场域的形成构成了直接影响，它们分别是世界动画产业的多元化，尤其是日本动画业的强势威胁；美国动画在世界范围内遭遇的各国政府对本土动画的“文化保护主义”政策待遇；美国各大电脑数

---

① ［法］皮埃尔·布迪厄:《艺术的法则：文学场的生成与结构》，刘晖译，中央编译出版社 2001 年版，第 301 页。

字集团如惠普、IBM 等企业对动画产业的介入；美国动画内部传统二维动画的疲软。这四个因素构成一股合力，直接为 3D 动画的形成提供了强大的动力支持。

一、世界动画产业的多元化及日本动画的威胁

自动画艺术在迪士尼的多方探索下渐趋完善之后，美国动画／迪士尼一直都是整个世界动画产业的领导者。虽然在世界范围内也存在着多元的动画实践，比如南斯拉夫的萨格勒布学派、捷克的木偶动画、加拿大麦克拉伦等人的实验动画、俄罗斯尤里・诺斯坦等优秀动画人的创作等，但从产业的角度来说，美国动画的统治地位是其他国家动画无法撼动的，甚至可以说是没有人意图去撼动。因为动画在其他国家多是以一种艺术定位而存在，实践也多是侧重艺术探索，不像美国动画那样重视商业和产业。但是这种动画产业上的“一元”局面在 20 世纪七八十年代，尤其是在 20 世纪末却开始遭遇多方挑战，各个国家开始重视动画产业，并从政策等多个层面来鼓励和促进本国动画产业的发展。这样一来，动画产业的“一元”局面开始向“多元”局面变化，虽然从力量对比上，其他国家的产业实力跟美国差距依然很大，但至少这种“多元”局面的形成对美国动画产业的统治地位构成了极大消解。

这种形势在 20 世纪末尤其得到了激化，这跟两次会议有关。在 1998 年 4 月的一次国际会议上，150 个国家的政府代表同意把文化纳入经济决策制定的考虑。在 1999 年 10 月的意大利佛罗伦萨会议上，世界银行提出，文化是经济发展的重要组成部分，文化也将是世界经济运行方式与条件的重要因素。至此，以前在法兰克福学派那里批判过的“文化工业”概念开始以一种中性的“文化产业”面目重新示人，文化也可以像其他商业要素那样以产业的方式来加以运营。随着文化产业概念的确立和强化，世界范围内的动画产业也得到了蓬勃发展，除传统艺术动画强国如法国、德国、俄罗斯、捷克等开始强化动画产业意识并初具规模之外，其他动画新兴国家也都开始探索本

国的动画产业模式，这方面以韩国动漫产业的形成为代表。韩国原来是一个动画低产国家，但在政府的有力刺激和政策引导下，韩国动漫产业迅速形成并发展壮大，在短短十多年的时间里迅速成为仅次于美国、日本之后的世界第三大动漫出口国。

世界范围内动漫产业的“多元”局面虽然对美国动画业界产生了一定影响，但更直接的影响来自日本动画的强势威胁。日本有着悠久的“动画”传统，如果从原型的角度考量，在“日本平安时代的浮世绘中，鸟兽、人物戏画滚动条中就描绘着如同电影般真实记录动作原理的画面”[①]。“二战”以后，随着东映动画和手冢治虫的“虫制作公司”的出现，日本动画产业开始走上良性的发展轨道，这种局面尤其随着日本经济在 20 世纪后半期里的飞速发展而得到强力支撑。在几十年的时间里，日本动画产业发展得极为完善，出现了无数的动画精品和数十位动画大师，日本动画也从此开始了其在世界范围内的飞速扩张。“日本的动画最早于 20 世纪 60 年代出口到国外。当时，欧美国家购买廉价的日本动画片，只是为了填补儿童节目的不足，然而，日本动漫的独特魅力逐渐征服了许多国家的观众。日本经济产业省的统计显示，在全世界放映的动画片中有近六成是日本制造的，韩国方面则认为其比重为 65%。”[②]这一局面也反映在日本动画在美国的扩张版图中，据美国动画学者弗雷德·帕顿考证，日本动画很早就已进入美国，但一直受到儿童卡通定位中的消极因素影响（如暴力、情色等），“稍晚时，1994 年、1995 年，情况有了突变，日本动画在音像市场上取得了与儿童卡通隔离开来的、独立的销售空间；日本动画开始出现在美国主要的电视频道上；一般录像带杂志上开始介绍日本动画，同时一些影评也出现在电视报上；一些杂志、报纸也刊登讨论日本动画的文章，有文章称日本动画是一种最新的、独特的流行文化类型”[③]。于是日本动画也迅速提升了其在美国拓疆扩域的能力，仅 2003

① 余为政主编：《动画笔记》，海洋出版社 2009 年版，第 287 页。
② 曹鹏程：《日本：占领六成全球动画市场》，《中国新闻报》2006 年 5 月 24 日。
③ ［美］约翰·A. 兰特主编：《亚太动画》，张惠临译，中国传媒大学出版社 2006 年版，第 77 页。

年一年里，“日本销往美国的动画片以及相关产品的总收入为 43.59 亿美元，是日本出口到美国的钢铁收入的 4 倍”[①]。

二、世界范围内各国对本土动画产业的保护政策的威胁

为了扶持和培养本土的动画产业，世界范围内各国政府都纷纷推出了一定的保护政策来抵抗美国和日本动画的强势“入侵”。比如，为了和美国、日本的动画构成竞争，德国于 20 世纪 90 年代成立了动画电影的欧洲协会（The European Association of Animation Film），并开始支持欧盟的各项媒体计划；[②] 成立于 1989 年的法国 CAS（一个专门监察电视频道节目内容的监督机构）于次年规定，每个法国电视频道播放至少 40% 的法国或者欧洲制作的节目；[③] 韩国政府则强制性规定动画节目的比例限定在国内为 70%、国外为 30%；[④] 我国于 2004 年推出《关于发展我国影视动画产业的若干意见》，规定动画频道的全天节目列表中，播放动画的总时长不得低于 50%，其中国产动画的比例不得低于 60%；除了在节目比例上实行强制性的规定外，保护政策中还有税收优惠政策、财政补贴等直接的经济资助。

以上两方面的因素使美国动画业界不得不思考美国动画的改革，以应对世界动画产业的新局势。显然，传统动画及其运营模式已经不足以担当起牢固和稳定美国动画的全球统治地位的责任了。

下面两个因素的介入则直接决定了美国动画业界将“弃”传统动画而“趋”3D 动画，一是在美国动画业界内部，传统动画的迅速“崩盘”；二是惠普、IBM 等巨型电脑企业对动画生产的介入。

---

① 曹鹏程：《日本：占领六成全球动画市场》，《中国新闻报》2006 年 5 月 24 日。
② 余为政主编：《动画笔记》，海洋出版社 2009 年版，第 228 页。
③ [美] 约翰·A. 兰特主编：《亚太动画》，张惠临译，中国传媒大学出版社 2006 年版，第 99 页。
④ [美] 约翰·A. 兰特主编：《亚太动画》，张惠临译，中国传媒大学出版社 2006 年版，第 113 页。

三、美国传统动画的迅速式微

在“导论”部分曾有论述，美国传统动画在20世纪八九十年代经历过一个“小高潮”之后，便迅速地走向了式微。迪士尼于1989年推出《小美人鱼》，该片上映后，美国票房收入为1.1亿美元，同时获得奥斯卡最佳音乐奖；紧随其后的是1991年的《美女和野兽》及1992年的《阿拉丁》，两片分别于美国本土狂收1.45亿美元和2亿美元，并都获得了奥斯卡奖项。这股良好的发展态势至1994年的《狮子王》达到顶峰，《狮子王》以其灿烂夺目的巨大成功为迪士尼动画长片的复兴画上了一个完美的句号，也为传统二维动画时代画上了一个完美的句号。从此，传统二维动画的风光不再，并走上了一条急剧式微的“下坡路”。

《狮子王》之后，至2003年迪士尼宣布公司将停止所有二维动画的生产制作，并全面转向3D电脑动画这段近十年的时间里，迪士尼推出的传统二维动画长片计有《风中奇缘》《钟楼怪人》《大力士》《花木兰》《幻想曲2000》《变身国王》《亚特兰蒂斯：失落的帝国》《星银岛》《星际宝贝》《熊的传说》《牧场是我家》11部。纵观这11部动画长片，除了《花木兰》和《星际宝贝》在评论和票房上还差强人意外，其他几部均遭遇了失败，比如《亚特兰蒂斯：失落的帝国》《星银岛》《熊的传说》《牧场是我家》均未能收回成本，如果除去宣传推广的资金投入，有的影片甚至是近似于“颗粒无收”的惨败。[①]

传统二维动画的时代就这样在十多年的时间里由极度辉煌走向了黯淡，传统二维动画的黄金时代结束了。

四、苹果、惠普、IBM等巨型电脑企业的介入

严格意义上来说，3D动画的“诞生地”皮克斯工作室跟苹果公司没有

① 参见李四达编著《迪斯尼动画艺术史》，清华大学出版社2009年版，第185—221页。

直接关联，因为在 1986 年，当乔布斯从卢卡斯手里买来皮克斯工作室的时候，他已经被苹果公司“扫地出门”了，连名义上的“董事长”一职也已被乔布斯于 1985 年辞去。[①] 但作为苹果公司的创始人，乔布斯对皮克斯（被迪士尼收购前的皮克斯，迪士尼于 2006 年收购皮克斯）的影响不仅在于资金上的支持，还有对电脑技术创新精神的追求。据考证，美国高科技厂商当中进军好莱坞动画产业的企业不只苹果电脑而已。2002 年 1 月，惠普与由知名导演史蒂芬·斯皮尔伯格创立的梦工厂，在成功合作动画电影《怪物史莱克》之后，进一步宣布异业策略联盟，显示惠普进军好莱坞动画产业的方针；2002 年 6 月，惠普乘胜追击，获得娱乐业巨擘迪士尼的青睐，宣布将采用惠普公司运行的 Linux 操作系统工作站电脑制作动画电影。此外，电脑业界的蓝色巨人 IBM 亦不愿落后于人，2003 年 7 月，IBM 媒体与娱乐事业群总经理迪克·安德森宣布，IBM 将与好莱坞知名动画制作公司 Threshold Digital Research Labs 结成策略伙伴关系，打算以 IBM 随需计算系统结合 IBM 的 Linux 操作系统工作站，带领好莱坞动画电影制作历经革命性的转变，声称将为动画电影制作节省一半以上的成本。[②] 当然，各大电脑公司之所以介入 3D 动画生产，看重的是其极高的盈利率。

各大电脑企业介入动画创作，一方面可以极大地降低动画电影的制作成本，以幸星公司与 IBM 合作的 3D 动画《食物大战》为例，如果按照传统方式制作，将至少需要 1 亿美元的成本，而采用 IBM 研发的新系统后只需要 5000 万美元，节省了一半的成本；另一方面，也是关键的方面，在于美国动画业界借助于各大电脑企业雄厚的资本和强大的技术研发能力，能够稳固地把持世界范围内 3D 动画技术的极大优势地位。从目前的情况来看，虽然世界范围内各国都在生产自己的 3D 动画电影，但绝大部分国家使用的都是美国动画业界推出的制作软件，这样一来，美国动画的统治地位以更为隐

---

① ［美］大卫·A. 普莱斯：《皮克斯总动员：动画帝国全接触》，吴怡娜等译，中国人民大学出版社 2009 年版，第 68 页。

② 梁燕蕙：《动画产业结构大变革》，《电子资讯时报》2003 年 9 月 22 日。

蔽的方式得到了巩固，3D 动画技术就像“特洛伊木马”那样，成功地冲破各国保护政策的“封锁”而在世界范围内得到了更为强势和隐蔽的统治。

正是这样四个因素的合力，使 3D 动画在美国动画业界的推出成为一种必然。新的国际动画形势，各国动画产业的“百花齐放”以及日本动画的威胁，使美国动画业界感受到极大压力；传统动画在美国的迅速“崩盘”又不足以继续对其寄予厚望，迫使美国业界必须寻找新的动画和新的方式来继续其统治地位；各大电脑企业看到 3D 动画极高的投资回报，纷纷涉足 3D 动画生产，这样一来，既为 3D 动画提供了资金保障，又使美国动画业界在 3D 动画技术方面可以保持较大的优势，从而完成对世界 3D 动画生产的统治。

第三节　消费社会、视觉文化与 3D 动画奇观

如前所述，我们已经分析过 3D 动画的审美特质并非“3D”，而在于其视觉真实感以及在视觉真实感强化下的视觉奇观和新感性。视觉奇观和新感性只是一个问题的两个侧面，在 3D 动画里，“视觉奇观”即“新感性”，“新感性”表现为“视觉奇观”，只不过前者是从动画影像层面而言，后者是从心理接受而言。

那么是什么原因造成了 3D 动画的“视觉奇观”和“新感性”呢？肖恩·库比特的一段话对技术的影响极具概括力：“计算机生成图像出现后，电影就一直遭受这种罪：它们从表现诱人入迷的叙事形式转而表现具有强烈视觉冲击力的壮观场景。”[①] 从 3D 动画技术的社会选择来看，视觉奇观性的确立又是社会结构价值选择的结果。每一项技术特性的确立，必然有很大一

① ［新西兰］肖恩·库比特：《数字美学》，赵文书等译，商务印书馆 2007 年版，第 68 页。

部分原因可以归结于这项技术能够契合该时期社会文化的需要，如果不能够满足和支撑这种需要，在优胜劣汰的社会选择机制下，是不可能获得存在空间的。对于 3D 动画，其审美特性的确立也是受到社会文化价值结构的形塑，其中有两个因素对其产生了直接性影响，其一是“视觉文化转向”，视觉文化转向是指文化从语言向视觉的转向以及文化中视觉性的增强，但这种视觉性的增强究其本质乃是消费社会的运行逻辑，是消费社会的意识形态对视觉的“殖民”；其二是后现代社会的理性批判氛围，凸显了感性的爆发和彰显。

本书将在下面两节详细考察造成“视觉奇观”和“新感性”的广阔关联域。本节将从消费社会与视觉文化角度追问 3D 动画“视觉奇观”的理论系谱，下一节则从心理层面探讨“新感性”之形成。

一、社会文化，作用于艺术生产的方式

在艺术与社会的关系上一直存在着两种相对的理论，即反映论和塑造论。

反映论认为艺术是社会的镜子，塑造论认为艺术是社会的凿子；前者是社会施动于艺术，后者是艺术施动于社会。无论前者还是后者，都认可艺术与社会两者的直接关系。

这一倾向也反映在葛瑞斯伍德的“文化菱形”理论中[①]。

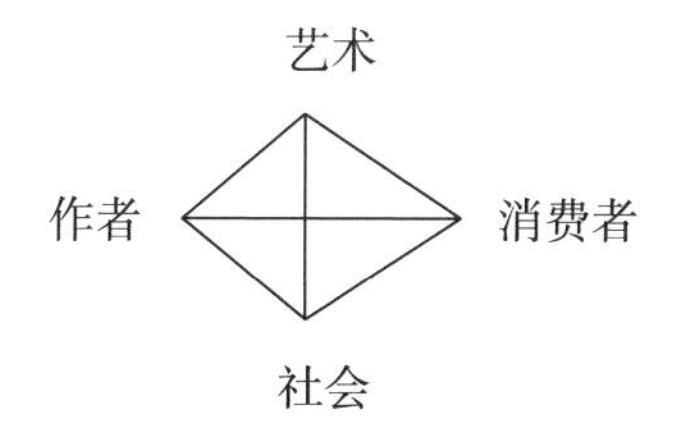

图3–2 葛瑞斯伍德的“文化菱形”图

① ［英］维多利亚·D. 亚历山大:《艺术社会学》，章浩等译，江苏美术出版社 2009 年版，第 79 页。

葛瑞斯伍德认为，要理解艺术和社会的关系，就必须同时关注菱形中的四个角和六根连接线。值得注意的是，在艺术和社会之间，他是用了一根实线连接的，在这一理论中，他认可了艺术与社会的直接关系。

在《艺术社会学》一书中，亚历山大对这个文化菱形进行了修正。

正如亚历山大所分析的，在艺术和社会之间并不存在一条“实线”关系，即两者之间并不存在直接的作用关系。亚历山大引入了另一个元素“分配者”，并对这个菱形做了修改。[①] 因本章节主要探讨文化生产的问题，即从“作者”到“艺术”这一条连线，故而不取亚历山大的修改图示，只在葛瑞斯伍德图形基础上简单变通。去掉这条实线之后的菱形如图 3-3 所示：

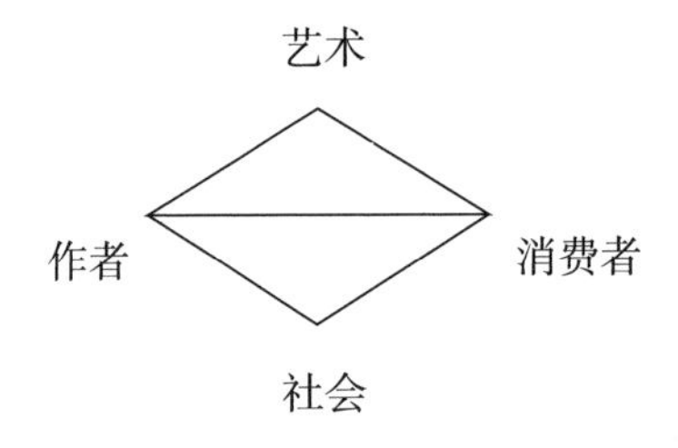

图3-3　变通后的“文化菱形”图

从“文化生产”角度出发，可以看出社会作用于艺术生产的途径只有两条：

（一）社会—消费者—作者—艺术

（二）社会—作者—艺术

这一路径也和我们的实际生活经验相符合，社会不可能直接作用于文本，它只能通过“人”的中介才能抵达文本的层面。无论是这两条途径中的哪一条，社会作用于文化生产，均需通过“消费者—作者”或“作者”这一中介环节完成。

笔者认为，消费社会运行的文化逻辑对 3D 动画美学的生成产生了重要影响，主要体现为 3D 动画奇观性的凸显。

---

① ［英］维多利亚·D. 亚历山大：《艺术社会学》，章浩等译，江苏美术出版社 2009 年版，第 80 页。

二、消费，作为文化的生产要素

首先需要明确的是，消费并不必然构成文化的生产要素，比如在中国古代传统艺术的生产过程中，根本不存在市场消费的现象，文人士大夫创作诗书画的目的往往在于抒情达意的私人目的，并不构成市场行为。

消费构成文化的生产要素存在是一种历史现象，是社会发展到一定历史阶段的产物，概言之，它是社会发展到消费社会这一特定历史阶段才出现的现象。

为何要到了消费社会，这一命题才能够成立？这要归结于消费社会的特征。

消费社会的第一特征就是物的极大丰富。丹尼尔·贝尔指出，大众消费始于 20 世纪 20 年代，它的出现归因于技术革命，正是诸如装配流水线作业这样的技术革新极大地提升了社会生产力，使物的生产得到了极大提升。[①]让·鲍德里亚在《消费社会》的开篇写道："今天，在我们的周围，存在着一种由不断增长的物、服务和物质财富所构成的惊人的消费和丰盛现象。它构成了人类自然环境中的一种根本变化。恰当地说，富裕的人们不再像过去那样受到人的包围，而是受到物的包围……我们生活在物的时代：我是说，我们根据它们的节奏和不断替代的现实而生活着。在以往所有文明中，能够在一代一代人之后存在下来的是物，是经久不衰的工具或建筑物，而今天，看到物的产生、完善与消亡的却是我们自己。"[②]

由物的极大丰富便引起消费社会的第二个特征，即消费社会是从原来关注生产为中心的社会转向关注商品消费为中心的社会。让·鲍德里亚指出，当代资本主义的基本问题不再是"获得最大的利润"和"生产的理性化"之间的矛盾，而是潜在的无限生产力与产品销售的必要性之间的矛盾。在这种

① [美]丹尼尔·贝尔:《资本主义文化矛盾》，赵一凡等译，生活·读书·新知三联书店 1989 年版，第 102 页。

② [法]让·鲍德里亚:《消费社会》，刘成富、全志钢译，南京大学出版社 2008 年版，第 1—2 页。

状况下，不仅需要控制生产机器，更重要的是需要控制消费需求。[①]消费替代生产，构成了社会的核心问题，因为随着科技能力的飞速发展，生产已经不再构成问题，问题已经变成如何把生产出来的极为丰盛的物品消费／销售掉，“短缺经济、以生产为主导的时代已经一去不复返，此前与生产相对对立的消费已被全面纳入生产领域，整体经济增长也必须靠不断地刺激消费才能带动，并完成从生产到消费再到生产的完整循环。消费，而不是工作，成了生活世界旋转的轴心和社会生活的主题”[②]。

消费社会的第三个特征是消费已经超越物品使用价值的消费，而上升为对物品象征价值的“符号消费”。“在生产为中心的社会中，消费行为是依据人的真实需求做出的，而在消费社会中，消费与人的真实需求没有关系，商品及其形象成为一个巨大的能指，不断地刺激人的欲望，进而使消费成为非理性的狂欢”[③]，之所以能够如此，盖因人们的消费对象已经由“物”转变为“物体系”[④]：物品自身因“差异性”而具有的符号区分价值体系。“消费者通过对消费品或消费行为的选择来表现、传达和交流某种主观意义或客观信息，消费者不仅仅得到生理上、物质上的满足，更在乎其心理、精神及社会性满足。‘消费’成为‘人类体验和自我理解的关键场所’。”[⑤]

消费社会的这三个特征显示出这样的一个递进逻辑：物品的极大丰盛决定了必须以消费为中心，没有消费也就终止了生产的动力；而消费的刺激，又因为物的极大丰富，需要超越对使用价值的强调，转向其“符号价值”的建构；沿着这样的逻辑思路进一步发问，则将理论视角转向了另一个领域，即“视觉文化”。

这个递进问题是：如何有效地对物品的“符号价值”进行建构？凸显文化中的视觉性，无疑是一条极其重要的路径。

---

① ［法］让・鲍德里亚：《消费社会》，刘成富、全志钢译，南京大学出版社 2008 年版，第 63—64 页。
② 徐瑞青：《电视文化形态论——兼议消费社会的文化逻辑》，中国社会科学出版社 2007 年版，第 49 页。
③ 徐瑞青：《电视文化形态论——兼议消费社会的文化逻辑》，中国社会科学出版社 2007 年版，第 50 页。
④ 参见［法］让・鲍德里亚《物体系》，林志明译，上海人民出版社 2001 年版。
⑤ 徐瑞青：《电视文化形态论——兼议消费社会的文化逻辑》，中国社会科学出版社 2007 年版，第 50 页。

三、视觉文化转向

为了有效地对物品的“符号价值”进行建构，必然需要诉诸视觉性的彰显，这归因于两个方面，第一，商品的“符号价值”建构首先需要诉诸接受者的感性认知，而在所有感性体验中，视觉占据着主导地位；第二，商品“符号价值”的建构，需要通过大众媒介的推广平台，而在当下的传媒语境中，视听媒介占据着主流形态，文字媒介则退居次席。

按照辩证唯物主义认识论的观点，人类认识世界的过程主要有三个阶段：一是感性认识，二是知性认识，三是理性认识。人的认识过程不仅以客观对象为前提，而且依赖于主体的感知活动。感性认识是通向理性认识的起点，理性认识必须以感觉经验为材料和基础。感性直观是人类认识和把握世界的最先的也是主要的方式，感觉经验是感性直观方式的结果。不通过感觉，人类就不能知道物质的任何形式，也不能知道运动的任何形态。因此，不仅感觉是感性认识的起点，也是整个认识的起点。而人的不同感觉器官在获取感觉经验方面的作用地位存在着巨大差异，其中视觉在感知事物过程中起着主导作用。可以说，感觉经验主要是视觉活动的结果，而且往往以各种图像符号为表现方式。有研究发现，人的知识大约 60% 通过视觉得来，30% 通过听觉获得，通过味觉、嗅觉和触觉获得的信息只占 10%，人类一切有目的而非盲目的触觉、听觉、嗅觉、味觉等感觉经验的获得都必须有视觉的指引。视觉对其他感觉器官的优越性，必然使人们对视觉的需求成为所有感觉需求中最迫切、最旺盛的需求，必然使人们将视觉认知作为感觉认知功能的最重要功能，使视觉经验成为所有感觉经验中最突出、最丰富的认知内容，从而使视觉文化也必然成为人类文化的主导形态和主要领域。[①]

如上所述，消费社会的一个主要特点即产品的绝对过剩，消费取代生产，成为社会正常运行的核心环节，只有通过有效消费，社会才能保持正常运转和稳定发展，如果消费疲软，则会带来各种各样的社会问题。在这样的

① 徐瑞青:《电视文化形态论——兼议消费社会的文化逻辑》，中国社会科学出版社 2007 年版，第 66—69 页。

社会语境下，就必须想方设法刺激消费，调动人们的需求。而在调动需求方面，对人们感觉器官的刺激具有直接的作用，古人有所谓“食色性也”之说，即强调口欲和“视”欲的天然正当性，当然，也是对其基础地位的肯定。所以，在对商品“符号价值”的建构中，视觉性无疑成为最为直接和迫切的选择，通过对视觉性的强化来达到对某一件物品“符号价值”的潜移默化的灌输，从而将物品的“符号价值”自然化，使观众不假思索地认同物品符号的影像逻辑。正如我们在电视广告中无数次看到的那样，比如同是西服，一套普通西服和一套名牌西服在使用价值上是相同的，都是用来遮体保暖，但两者在符号价值上却有着巨大的差异，普通老百姓都可以消费得起普通西服，但名牌西服却是有钱人的专属，它成了身份、地位和情调的标志，但这一逻辑并不是天然成立的，它需要对观众潜移默化地培养，于是我们便可以看到电视广告中将高档西服与各种奢华生活方式联系在一起的“经典场面”，这一切均借助于视觉性的强化而得以实现。

从传媒的角度来看，视觉文化在消费社会的凸显也是一种历史必然。当下的传媒语境下，视听媒介占据着绝对的主导位置，正如电视、电影、网络多媒体等传播媒介在生活中的无处不在所体现的那样，而传统的文字媒介，如报纸、杂志等，早已成为“明日黄花”，甚至连自身的生存都成了问题。在这样的情形之下，本着资本的利益最大化，当厂家需要为某一产品做广告推广时，必然倾向于那些能够在最大范围内传播，又能够最大限度地为观众所理解认知的媒介形式，相较于报纸、杂志等文字传媒，电视、电影等视听传媒无疑具有巨大的优势。一方面因为电视的覆盖范围最为广泛，它几乎遍布于世界的每一个角落，已经成为当代人生活中必不可少的一个组成部分；另一方面也因为视觉信息相较于文字，不需要任何“门槛”即可获取，不需要专门的训练和培养，而文字则需要一定的学习过程才能够掌握。比如对文盲来说，报纸的传播达不到效果，但即使是文盲，也可以畅通无阻地观看影像，只要智力上不存在障碍，他可以毫无阻碍地理解电视广告的内容。因为这两个方面的原因，视听媒介比文字媒介在建构“符号价值”方面具有绝对的优势。

于是，置身消费社会语境中的视觉文化转向便构成了一种必然。海德格尔的那段话尽管不是专门针对视觉文化转向而言，但放在这里依然具有巨大的阐释力："从本质上看来，世界图像并非意指一幅关于世界的图像，而是指世界被把握为图像了。……世界图像并非从一个以前的中世纪的世界图像演变为一个现代的世界图像；毋宁说，根本上世界成为图像，这样一回事情标志着现代之本质。"①

四、视觉文化的"奇观"转向

"视觉文化转向"强调的是由以文字为中心的文化形态转变为以图像为中心的文化形态，如果仅从这个层面考量，那么"视觉文化转向"由来已久。1913 年，匈牙利电影理论家贝拉·巴拉兹就已明确提出了"视觉文化"的概念。在他看来，自印刷术发明以来，视觉的作用在日常生活中就开始衰落了，许多意义的传达均通过印刷符号来传达，而不再通过面部表情来传达，从此，"可见的思想就这样变成了可理解的思想，视觉的文化变成了概念的文化"②；但是"电影艺术的诞生不仅创造了新的艺术作品，而且使人类获得了一种新的能力，用以感受和理解这种新的艺术"③，这样，视觉重新回到了人类文化之中，视觉文化得以"复活"。

但严格意义上的视觉文化研究，却始自 20 世纪 60 年代法国"情景国际"运动的领导者居伊·德波《景观社会》的出版。在德波看来，现代社会中，生活本身展现为景观的庞大堆积。就其自身条件而言，景观是一种对表象的肯定和将全部社会生活认同为纯粹表象的肯定；但从本质上说，景观却并非指影像的单纯聚集，而是指影像成为人们之间社会关系的中介。④

---

① ［德］海德格尔：《世界图像的时代》，载孙周兴编《海德格尔选集》，上海三联书店 1996 年版，第 899 页。
② ［匈牙利］贝拉·巴拉兹：《电影美学》，何力译，中国电影出版社 1979 年版，第 28 页。
③ ［匈牙利］贝拉·巴拉兹：《电影美学》，何力译，中国电影出版社 1979 年版，第 28 页。
④ ［法］居伊·德波：《景观社会》，王昭风译，南京大学出版社 2007 年版，第 3—4 页。

随着社会历史的发展，无论是巴拉兹的“视觉文化”概念，还是德波的“景观”概念，都不足以概括视觉文化的新动向，对此，阿莱斯·艾尔雅维茨在《图像时代》中写道：“与博德尔[①]提到的60年代的景象社会相比，当时的景象社会真正处于其初始阶段，而今天的景象社会已经步入一个得到完全发展的阶段。”[②]

视觉文化的新“转向”体现为由“景观”向“奇观”的转变，虽然两者同是 Spectacle 的翻译，但在内涵上还是体现出较大差异。视觉文化的奇观化，主要是由凯尔纳在《媒体奇观》一书中提出的，正如《媒体奇观》的中文译者史安斌在译者前言中所说明的那样，他采用“奇观”的译法以区别德波的“景观”，主要是出于两方面的考虑：一是“景观”或“景象”的译法不能够贴切对应当代文化语境的特征；二是在媒体高度饱和的社会里，现实生活中的“景观”“景象”，往往要被媒体娱乐化、戏剧化地“炒作”。[③]在凯尔纳的界定里，奇观主要强调了景观中的戏剧性和娱乐性。他说：

> 我提出的媒体奇观是指那些能体现当代社会基本价值观、引导个人适应现代生活方式，并将当代社会中的冲突和解决方式戏剧化的媒体文化现象，它包括媒体制造的各种豪华场面、体育比赛、政治事件……在多媒体文化的影响下，奇观现象变得更有诱惑力了，它把我们这些生活在媒体和消费社会的子民们带进了一个由娱乐、信息和消费组成的新的符号世界。[④]

与德波的概念相比，凯尔纳的“奇观”概念揭橥了新的社会语境下“景观”中“奇”的内涵的凸显和强化。“如果说，德波的景观主要强调了影像的大量出现及其作为新型社会关系中介对现代社会的统治，使得社会全面视觉化，那么凯尔纳的奇观则更强调媒体对景观的戏剧化、娱乐化，即景观的

---

① 即居伊·德波，翻译的差异。
② ［斯洛文尼亚］阿莱斯·艾尔雅维茨：《图像时代》，胡菊兰等译，吉林人民出版社2003年版，第27页。
③ ［美］道格拉斯·凯尔纳：《媒体奇观》，史安斌译，清华大学出版社2003年版，第6页。
④ ［美］道格拉斯·凯尔纳：《媒体奇观》，史安斌译，清华大学出版社2003年版，第6页。

全面审美化和虚拟化。简言之，景观社会是一种影像化社会，而奇观社会则是一种拟像化社会。”①

五、奇观电影与 3D 动画奇观

正如我们对葛瑞斯伍德“文化菱形”改造后所显示的那样，社会作用于文化生产的途径可以有两条，即“社会—消费者—作者—艺术”和“社会—作者—艺术”，但无论两条途径中的哪一条，都逃不脱“消费社会—视觉文化—奇观影像”的逻辑制约，即无论是消费者还是作者，置身于消费社会的当下语境，都必然受到视觉文化或潜在或显在的构型，反映在文化生产的层面，也就对其产生直接或间接的影响。从“社会—消费者—作者—艺术”这个途径来说，影响是间接的，它通过艺术作品被接受的情况对艺术再生产产生影响；而从“社会—作者—艺术”这个层面来讲，影响则是直接的，艺术创作者受到的社会文化影响必然在其艺术生产中得到反映。

由此，社会问题也就进入了文化的维度。更何况文化生产本来就是社会生产中的一部分，它同样遵循着消费社会的运行逻辑。正如弗雷德里克·杰姆逊对后现代主义的经典界定那样，后现代主义的典型特征体现为经济的文化化和文化的经济化的双重过程②，置身后现代主义语境之下的文化，已经体现出越来越强烈的经济属性，文化生产由“文化工业”这样一个贬义的概念向“文化产业”这样一个中性概念转变，文化的经济／工业／商品属性不再需要遮遮掩掩，现在可以光明正大地以商品的面目示人了。所以，从文化产业的角度来讲，文化生产即商品生产，它同样遵循特定社会历史阶段一定的生产规律，马克思在其早期著作中已论述过，文化生产也是商品生产。

电影生产更是如此，因为即使在当下语境下的一些倾向于艺术探索的个

---

① 高字民:《从影像到拟像》，人民出版社 2008 年版，第 192 页。

② [美] 弗雷德里克·杰姆逊:《对作为哲学命题的全球化的思考》，载 [美] 弗雷德里克·杰姆逊、[日] 三好将夫编:《全球化的文化》，马丁译，南京大学出版社 2001 年版，第 73 页。

人化创作中，消费色彩不够浓厚，也构不成对艺术生产的必然要素。只有在需要诉诸市场的艺术行为中，消费才构成生产要素，对文化生产产生影响。电影创作即这类艺术行为，盖因电影作为大众艺术样式，投资巨大，需要在市场消费中回收资本，实现盈利，从而维持其可持续文化再生产。

消费社会的运行逻辑以及视觉文化的影响，体现在电影生产上主要表现为两个方面，一方面是在实拍电影上，表现为奇观电影的崛起；另一方面表现在动画上，则是 3D 动画的崛起。两者均体现出了强烈的“消费社会—视觉文化—奇观影像”逻辑。

奇观电影，作为一个已渐趋形成的类型概念，是自 20 世纪 80 年代以来大量注重奇幻影像效果的电影实践中逐渐得以确立的。作为一个电影类型，奇观电影尚不具备像“西部片”等类型电影那样确定的类型规范，但也有一些相对稳定的类型特征，顾名思义，其最重要的特征就是“奇观影像”，少了这一点，也就无所谓奇观电影了；在题材选择上，奇观电影也有自己的倾向性，奇观电影一般倾向于那些有利于展现奇观景象的内容，比如科幻、灾难等题材。自 20 世纪 80 年代始，奇观电影大量推出，比如《异形》《深渊》《星球大战》系列、《龙卷风》《黑客帝国》系列、《纳尼亚传奇》系列、《指环王》系列，等等，这些影片得到了观众的热烈欢迎，几乎每部影片都是当年电影票房的佼佼者，位列全球电影票房的前三名。经过多年的实践验证，奇观电影已经成为目前最卖座的电影类型。

3D 动画亦然。3D 动画的高技术含量要求庞大的工作团队和精密的硬件设备作为基础，无论在人力还是物力上都投资巨大，所以 3D 动画文化生产会受到消费语境显著的影响和制约。可以说，从 1995 年《玩具总动员》推出以来，奇观影像就一直是 3D 动画最具票房号召力的金字招牌，3D 动画中的“奇观”体现在影像层面主要表现为对非真实、超现实的虚拟世界所进行的逼真的呈现。《怪兽电力公司》中的蓝色怪物苏利文身上有上百万根毛发。这部动画采用仿真技术使每个局部毛发的颜色、密度、粗细、透明度、均匀度、运动特性等都真实自然，于是我们看到了一身蓝色毛发随风飘动的苏利文，甚至可以看到每一根毛发的运动。《海底总动员》中小丑鱼尼莫的表情惟妙惟肖，片中运用表情模拟技术，使鱼拥有人类的表情特征，小丑鱼或开心或失落的神情都类似于人类的表情。这部动画中的运动捕捉也是一大亮点，鱼类游泳的动作几乎和自然界中的鱼没有区别。3D 动画除了将动物角色的拟人化效果达到令人瞠目结舌的程度外，对虚拟场景的表现也令人叹为观止。如《玩具总动员》中的卧室、街道，《怪兽电力公司》中的街道、工厂，《海底总动员》中的海底世界，《超人总动员》中拥挤的公路，《狂野大自然》中草木丛生的树林，《赛车总动员》中的类似人类生活的小镇，《美食总动员》中的厨房……从一草一木到人类的日常生活用品，一切都类似于现实世界中的物体。为了更接近真实，《海底总动员》的导演带领团队下海底考察，仔细观察海水的流动和海底的阳光。最终整个制作团队将绚丽灿烂的海洋世界，包括海底光照半透明的效果都呈现在观众的眼前。视觉奇观在 3D 动画中的强势表现已经对真实与虚构的界限构成了"内爆"，甚至像《最终幻想》这样的 3D 动画一度引起演员是否会失业的讨论。

通过梳理可以确证，无论是奇观电影的强势表现，还是 3D 动画的崛起，均是对消费社会奇观逻辑的影像展演，它既受到消费社会和视觉文化的限定制约，也实现了对其社会文化关联域的形象表征。

第四节　3D 动画新感性与后现代话语

一、视觉选择与信仰空间

法国社会学家布迪厄对于艺术生产与信仰空间曾说过一段经典的话：

> 艺术品及价值的生产者不是艺术家，而是作为信仰的空间的生产场，信仰的空间通过生产对艺术家创造能力的信仰，来生产作为偶像的艺术品的价值。因为艺术品要作为有价值的象征物存在，只有被人熟悉或得到承认，也就是在社会意义上被有审美素养和能力的公众作为艺术品加以制度化，审美素养和能力对于了解和认可艺术品是必不可少的，作品科学不仅以作品的物质生产而且以作品价值也就是对作品价值信仰的生产为目标。[①]

在布迪厄看来，艺术品的价值不存在于其自身，而存在于接受者的信仰空间之内，即只有接受者都认可了一件艺术品的价值后，这件艺术品的价值才存在。这样一来，艺术生产便需要从两个层面展开，一是物质性的艺术品生产，二是信仰性的艺术品生产，而且后者比前者更为重要，艺术品生产的关键是对艺术的信仰空间的生产。

虽然布迪厄的这段文字是针对艺术品生产而言，但它具有普适性，它不仅适用于艺术品生产，而且适用于很多层面，比如视觉选择。我们同样可以沿袭布迪厄的这套逻辑，在视觉选择和信仰空间之间建立起同样的表述，即人们的视觉选择同样受到信仰空间的支配，看什么、不看什么、喜欢看什么、不喜欢看什么以及以何种方式看，等等，都受到人们视觉信仰空间的制约，同时也表征着其视觉信仰。对此，英国艺术批评家约翰·伯格一针见血地指出："我们观看事物的方式，受知识和信仰的影响。"[②] 也就是说，视觉选择受制于信仰空间，人们只选择看那些他认为值得看的东西，或者喜欢看的东西，而不会去自觉观看那些他不愿看的东西。

贡布里希在《艺术与错觉——图画再现的心理学研究》中提出了他的"图式"说，在他看来，"纯真之眼"是不存在的，没有中性的观察，也没有

---

① ［法］皮埃尔·布迪厄：《艺术的法则：文学场的生成与结构》，刘晖译，中央编译出版社 2001 年版，第 276 页。

② ［英］约翰·伯格：《观看之道》，戴行钺译，广西师范大学出版社 2007 年版，第 2 页。

中性的观察者，任何观察都以一定的“图式”为前提，即需要受到“图式”的过滤和筛选，那些符合图式要求的可以进来，不符合的则排除在外。所谓“图式”，也就是在生活实践中形成的一定的信仰空间和理论框架。事物的物理状态是一回事，观察者的观察又是另一回事，同时“看”是一回事，“看到”又是另一回事。正如他所举的那个著名例子，同是对英国温特湖的绘画，中国画家蒋彝和英国无名氏画家笔下呈现出的景象却存在着巨大差异，对此贡布里希总结说：“我们可以看到比较固定的中国传统词汇是怎样像筛子一样只允许已有的图式的那些特征进入画面……绘画是一种活动，所以艺术家的倾向是看他要画的东西，而不是画他看到的东西。”[①]

二、后现代话语状况

视觉选择受制于特定的信仰空间和理论框架，这是探讨 3D 动画新感性的起点，笔者认为，之所以后现代转向能够迅速实现，人们毫不迟疑地由对传统动画的“观看”转到 3D 动画的“观看”，是受到当下社会特定的信仰空间和理论框架制约的。对此，可以引入一个概念——话语，无论是信仰空间，还是理论框架，都可以在“话语”这一概念中得到体现与归纳。

霍尔对“话语”的概括确切而明朗，话语是指涉或建构有关某种实践特定话题之知识的方式：一组（或一种结构）观念、形象和实践，它提供了人们谈论特定话题、社会活动以及社会中制度层面的方式、知识形式，并关联特定话题、社会活动和制度层面来引导人们。正如人所共知的那样，这些话语结构规定了我们对特定主题和社会活动层面的述说，以及我们与特定主题和社会活动层面有关的实践，什么是合适的，什么是不合适的；规定了在特定语境中什么知识是有用的、相关的和“真实的”；哪些类型的人或“主体”具体体现出其特征。“话语的”这个概念已成为一个宽泛的术语，用来

---

① ［英］E.H. 贡布里希：《艺术与错觉——图画再现的心理学研究》，林夕等译，浙江摄影出版社 1987 年版，第 108 页。

指涉意义、表征和文化所有构成的任何路径。[①]

那么后现代话语又是怎样一种话语呢？当然，这个问题可以从各个层面得到回答。因为本节是要梳理 3D 动画新感性与后现代话语之间的关联，即从感性和理性这一层面介入后现代话语，从这一角度来看，后现代话语是一种明确的，重感性、轻理性的话语体系。

对理性的批判和对感性的呼唤并非到了后现代主义阶段才开始出现的。比如早在胡塞尔的时代，他就在《欧洲科学的危机和先念现象学》中指出，从伽利略用数学的方法构想世界以来，人们的全部思考已经习惯于以这样的理念世界作为基础和出发点，并逐渐遗忘了前科学的、直接感知与生存活动息息相关的生活世界。只有穿破客观化和理念化的外衣，直面生活世界，人类存在的意义才会向他们敞开，因此他提出了“直面事物本身”的现象学认识方法。[②] 其后，海德格尔也认为必须重提“被遗忘的”生活世界；阿多诺则将批判直指“概念帝国主义”，认为人类应该挣脱“概念”的统治，重回多样性的现实世界；[③] 马尔库塞在继承康德、席勒感性命题的基础上，直接提出了“新感性”概念：“席勒诊断出文明的病症就在于人类的两种基本冲动（感性的冲动与形式的冲动）之间的对立，以及对这种对立的‘残暴’解决的理性压抑的专制，即用体制去压抑感性。所以，对立着的冲突的和解，就涉及取消这个专制，也就是说，恢复感性的权利。自由应当在感性的解放中而不是在理性中去寻找。……换言之，拯救文明，将包括废除文明强加于感性的那些压抑控制。”[④]“在这个原则下，一种崭新的感性将同一种反升华的科学理智，在以‘美的尺度’造型中，结合在一起。”[⑤]

虽然在后现代主义作为一个思潮出现之前，也有很多思想家表达了对理

① ［英］斯图尔特·霍尔编：《表征——文化表征与意指实践》，徐亮、陆兴华译，商务印书馆 2013 年版，第 6 页。

② 俞吾金：《从科学技术的双重功能看历史唯物主义叙述方式的改变》，《中国社会科学》2004 年第 1 期。

③ 吴晓明：《阿多诺对“概念帝国主义”的抨击及其存在论视域》，《中国社会科学》2004 年第 3 期。

④ ［美］赫伯特·马尔库塞：《爱欲与文明——对弗洛伊德思想的哲学探讨》，黄勇、薛民译，上海译文出版社 1987 年版，第 150 页。

⑤ ［美］赫伯特·马尔库塞：《审美之维——马尔库塞美学论著集》，李小兵译，生活·读书·新知三联书店 1989 年版，第 107 页。

性的批判和对感性的呼唤，最早甚至可以追溯到席勒、黑格尔、尼采等，但不能不说这一倾向性是在后现代思潮中得到淋漓尽致体现的。

福柯作为后现代主义的代表人物，他的解构理论摧毁了西方理性与科学的权威。他在《性史》《词与物》《规训与惩罚》等著作中对人类的文明形态进行了深入的剖析与解构，批判了理性的残酷与霸权；德勒兹在《差异与重复》《资本主义与精神分裂》等著作中则赋予了“差异”“欲望”以重要的地位，提出了以差异代替同一性，以物质代替理念，差异让事物返回自身和“欲望在本质上是革命的”、恢复在传统理性压制下欲望的合法性等命题；德里达则从语言入手，认为意义是不确定的，是流动的、变易的，文本之间是互文性的，故而从根本上解构了传统哲学的逻各斯中心主义；杰姆逊在分析从现代向后现代转变的文化逻辑时指出，现代主义的艺术特征是深度的时间模式，而后现代则明显地趋向于平面的空间模式，在后现代的平面空间模式中，形象被凸显出来，占据了文化的主导地位；利奥塔则区分了话语的文化和图像的文化，在他看来，现代文化的特征是理性主导，语言占据了文化的中心位置，后现代文化则由语言主导转向了图像主导，图像占据了文化的中心位置；英国社会学家拉什在利奥塔的基础上进一步具体化，指出了从现代主义文化向后现代主义文化的转变体现为由理性主导的“现实原则”向为感性辩护的“快乐原则”的转变。

对于现代向后现代的感性转向，周宪做过一个总结，大体融入了以上诸家观点的精髓，此总结也代表了本书对于后现代主义精神向度的基本观点：

> 总体来看，这类宏观的历史叙事大都有一个共同点，那就是在现代和后现代的区分中，把现代文化的基本特征归结为理性的文化……转向后现代文化，一个重要标志便是视觉性的主导地位。换一种表述，即后现代文化的基本文化逻辑体现为视觉和感性成为文化的主因。依据这一形态学的历史叙事，我们可以把握一个文化逻辑，那就是在文化的发展历程中，视觉现象由于更多地和感性范畴相联系，所以在理性主导的文化结构中，很容易遭到贬低。

比如在笛卡尔的身心二元论中，精神的、心灵的东西总是高于或优于肉体的、感性的东西。而后现代文化呈现出张扬感性的趋向，呈现出对理性至上的怀疑，所以视觉和感性欲望便凸显出来成为文化的主因。①

三、新世纪，新的感性平台

如果说后现代的“话语”状况为 3D 动画新感性提供了精神层面支援的话，那么数字虚拟技术则为其提供了一个广阔的技术感性空间。数字化时代的到来，标志着人类又一次革命的到来，革命的起点即感性革命。

齐鹏在《新感性：虚拟与现实》一书中详细探讨了数字化时代新感性的形成与特点，认为 21 世纪是感性凸显的时代，旧的艺术终结，新的审美文化崛起。具体而言，可以从四个层面分析：1. 新一代感性文化人的产生。数字化时代是人类发展的一个新时代，在这个时代里，人感受世界的方式、表达自我的方式、人的观念和思维方式都发生了极其深刻的变革。相应地，感性文化也发生了深刻的变革。一方面，人创造感性文化；另一方面，感性文化同时也在塑造人。这样，既导致了感性文化的变革，同时也导致了新一代感性文化人的产生。这是具有信息—数字化意韵的一代新人，是从新的感性平台和感性空间中成长起来的人。2. 视像取代语言成为感性文化转型的典型标志。数字化时代的到来，意味着视听时代的到来，由读书时代进入视听时代，视像化取代语言成为感性文化转型的重要标志。人类生活被视像化了，社会空间中到处渗透了影像文化。形象正以其优越的可视性表现出对文字的超越。世界由注重理性文化转向注重感性文化，追求视觉快感成为人们对文化的基本要求。3. 新的审美文化崛起。在数字时代，旧的艺术走向终结，新的艺术走向高峰，美的内涵发生了变化，美不再处于自律状态，而是被定义为快感和满足。美学转向感知领域，追求视像化、声音化、行为化、空间化、虚拟化和动感化，追求视觉快感成为人们对艺术的基本要求。4. 人—机

① 周宪：《视觉文化的转向》，北京大学出版社 2008 年版，第 32 页。

新感性导致认识论和哲学框架的革命。在数字化时代，数字化加速了不同地域、民族、艺术和感性文化背景圈的交融，为新感性文化的交流提供了一个更为广阔的新的界面——现实的平台和虚拟的平台。“数字化的虚拟使人类真正地拥有了两个世界：一个是现实世界，一个是虚拟世界”，这一新的感性平台，导致感觉、对象、思维、过程、结构等一系列的变革，从而导致感性文化的变革，乃至认识论和哲学框架的革命。[①]

如此一来，21 世纪开创的数字化时代使得人类在工业文明中失去的人的感性功能得以回归。在人类的工业文明进程中，随着理性的不断膨胀发展，感性日趋式微。而在数字化时代，人类虽然不能恢复到原始人时期敏锐的感觉能力，却可以借助人—机的数字化功能，将在历史中被弱化的感觉能力强化起来，使得在工业文明中失去的感性能力得以复归，从而“使人的感觉成为人的感觉”(马克思语)。[②]

四、3D 动画新感性

视觉选择受制于信仰空间，后现代重感性、轻理性的“话语”状态描述和形塑了当代人在视觉选择上的信仰空间，同时数字化技术又在技术层面上为感性的彰显提供了一个前所未有的强大的虚拟平台。在这样的综合语境下，3D 动画新感性的爆发便成为一种必然，它同时受到当代人信仰空间和数字技术的双重形塑。

3D 动画新感性主要表现为三个层面：“视觉无意识”的增强、“浸入感”的增强及震惊观感的强化。

(一)“视觉无意识”的增强

“视觉无意识”是本雅明在描述电影艺术的独特意义时使用的一个概

① 齐鹏:《新感性：虚拟与现实》，人民出版社 2008 年版，第 130—134 页。
② 齐鹏:《新感性：虚拟与现实》，人民出版社 2008 年版，第 167 页。

念。本雅明认为，电影艺术较之于其他门类的艺术所具有的独特意义之一就是能展现人的视觉无意识，进一步说，就是能展现我们日常视觉所未察觉的东西，从而丰富了我们的视觉世界。这是其他门类艺术无法与之相比的。具体来说，电影摄影机借助一些辅助手段，例如通过提升和下降，通过分割和孤立处理，通过对过程的延长和收缩，通过放大和缩小，便能达到肉眼察觉不到的运动……本雅明用“视觉无意识”概念还进一步赋予电影这门新生的艺术以革命意义，即电影所展现的视觉无意识不仅是一个未曾察觉的世界，还是一个未知的世界，电影所展现的“视觉无意识”使一个全新的世界达到了超前显现。本雅明说，电影摄影展开了空间，而慢镜头动作则展开了运动。放大很少是单纯的对我们“原本”看不清事物的说明，毋宁说，放大使材料的新构造完美地达到了超前显现。慢镜头动作很少使只是熟悉的运动达到超前显现，而且这种熟悉的运动中，还揭示了完全未知的运动。显而易见，这是一个异样的世界，这个异样首先源于在人们有意识地编织的空间中出现了无意识的编织空间。[①] 从这个层面来讲，3D 动画无疑在视觉无意识的拓展方面达到了一个新的高度，因为它不仅更加精细地展现了视觉无意识，而且为每一个视觉无意识世界赋予了生命，也就是说，它不仅展现了视觉无意识，而且“复活”了视觉无意识世界。具体而言，3D 动画分别“复活”了三个视觉无意识世界。1. 微观世界的复活。比如《虫虫危机》《蚂蚁总动员》等 3D 影片完美复现了蚂蚁王国的微观世界，将一个奇妙而生机勃勃的蚂蚁世界活灵活现地展现在银幕之上。2. 宏观世界的复活。像微观世界一样，宏观世界也是在传统技术下很难展现的，但 3D 动画借助于数字技术却能够对其灵活复现，诸如《机器人总动员》《最终幻想》等 3D 动画对外太空世界的“复活”。3. “超现实”世界的复活。其中又有三个分类，一类是现实世界存在的但平时很难观察到的非微观 / 宏观世界，如《海底总动员》《鲨鱼黑帮》等 3D 动画对海底世界的复活；另一类是历史中可能存在的世

① ［德］瓦尔特·本雅明：《机械复制时代的艺术作品》，王才勇译，江苏人民出版社 2006 年版，第 138—139 页。

界样态的臆想式复活，如《恐龙》《冰河世纪》等 3D 动画对恐龙世界和冰川纪世界的复活；还有一类则是现实世界中不存在的幻想世界的“复活”，如《超人总动员》《极地特快》等对超现实世界的完美展现。综合而言，不管是如上哪一类“复活”，均极大地拓展和“复活”了人类的视觉无意识世界。

（二）“浸入感”的增强

3D 动画因为其视觉真实感的审美特性，相较于传统动画在“浸入感”上有了很大提升。在《抽象与移情》中，威廉·沃林格曾经用“抽象”和“移情”一对概念来描述艺术史的演变，如果将这对概念运用于动画艺术，无疑传统动画属于“抽象”的艺术，而 3D 动画则属于“移情”的艺术，因为在 3D 动画中无论在“动”的层面，还是“画”的层面均具有了视觉真实感，而且在仿实拍电影 3D 动画中，其仿真的表现所达到的效果在影像层面看起来比真实的还要真实，也就是说达到了对真与假的“内爆”，这种情形的 3D 动画无疑在“浸入感”上相较于传统动画具有绝对优势；同时再考虑 3D 动画在视觉无意识世界“复活”方面的强化，这种优势就更加明显，因为视觉无意识世界本来对于人们来说就是一个个新奇的世界，是平时的视觉经验所无力抵达的，因而对人们有着极大的吸引力。3D 动画综合其视觉真实感表现和视觉无意识世界的“复活”，无疑更加强化了其在“浸入感”上的能力，很容易使观众浸入一个非真实的超现实世界而忘乎所以。3D 立体技术的辅助，使 3D 立体动画在“浸入感”上获得了更为强大的技术支撑，像《闪电狗》《飞屋环游记》等 3D 立体动画长片给予观众的浸入体验也是一般 3D 动画难以达到的。数字技术主要的一个发展方向即交互技术，如果这方面的科技成果能够在 3D 动画中得到有效的吸收与利用，3D 动画在“浸入感”方面的发展空间将更为宽广。

图3-4 《虫虫危机》海报

图3-5 《飞屋环游记》剧照

图3-6　《超人总动员》剧照

（三）震惊观感的强化

“震惊”是本雅明在描述电影与绘画在欣赏方式层面的差异时提出的一个概念，他认为绘画的欣赏是一种个体性的“静观”，而看电影则是群体性的，视觉特质变成了触觉特质，有一种子弹击穿观众的速度和“震惊”效果。[①] 如果我们把这对概念运用于动画艺术，显然传统动画的欣赏中“静观”的成分要多一些，而对于3D动画的欣赏，“震惊”成分要多一些。因为3D动画在奇观影像性、视觉无意识强化性以及浸入感方面相较于传统动画所具有的优势，使其很容易对观众构成一种“震惊”的观感，正如我们在实际的观影体验中所感受到的那样。比如我们会对《海底总动员》中惟妙惟肖的海底生物世界在银幕上的展现感到不可思议，会发出“怎么可以做到这样的程度”之惊叹。又如在《超人总动员》《极地特快》《冰河世纪》等影片中，当我们看到那一个个精彩到令人屏住呼吸的视觉奇观时，我们的内心不正感受到一种“被子弹击中”的震颤感吗？而这种震颤感在传统动画中要弱化很

① ［德］瓦尔特·本雅明：《机械复制时代的艺术作品》，王才勇译，江苏人民出版社2006年版，第86页。

多，因为无论是哪种类型的传统动画，卡通也好，偶动画也好，剪纸动画也好，等等，均无法摆脱掉“假定性”的痕迹，再加上技术的限定，无法像数字技术那样达到随心所欲的灵活程度，也无法给予观众视觉上的真实感受，所以很难在观感上给观众造成震惊的效果。

第四章

在呈现中建构：3D 动画表征中的文化意味

第一节　3D 动画表征中的文化意味及其批判立场

一、表征：呈现中的建构

表征，即英文 representation，依据不同的语境，大体可以译作“表征”“表现”“再现”“表述”“象征”“呈现”等，但作为广义的范畴，学界目前一般翻译为“表征”和“再现”。[①]对于“表征”的阐释观点斑驳繁杂，目前学界对于这一概念的界定基本可以归结在两个主题上面，即“呈现”与“建构”。这可以说是“表征”的内、外两面，“呈现”是其外表，而“建构”是其内核，两者相互包蕴，不可分割，“呈现”是“建构中的呈现”，同时“建构”也是“呈现中的建构”。阿雷德·鲍尔德温等人的观点具有一定的概括性：“表征不只是简单地复制世界，它们也生产着对于世界的一种看法。因此，表征被包含于一种世界观的产生中，它们不只是简单地复制世界。当我们坚持认为表征被集中包含在世界的建构中时，我们的立场就被推进了一步。”[②]国内学者王晓路则从意义生产的角度来理解“表征”的建构性：“一般而言，人文社会科学在总体上关注意义，而意义的生产与思想的呈现方式，与人们将生活世界中的现象和事实通过媒介加以再现的方式密切相关。这种呈现或再现往往难以‘客观’地展示，因而它总是或多或少地带

① 对于该词的详细梳理，参见［英］彼得·布鲁克《文化理论词汇》、［美］约翰·费斯克等《关键概念：传播与文化研究辞典》、［英］斯图尔特·霍尔编《表征——文化表征与意指实践》、［英］雷蒙·威廉斯《关键词：文化与社会的词汇》等著述。

② ［英］阿雷德·鲍尔德温等：《文化研究导论》，陶东风等译，高等教育出版社 2004 年版，第 44 页。

有隐含的意图或蓄意附加的含义。"[1] 无论是鲍尔德温，还是王晓路，其意均在指出"表征"的双重功能：一为"显现"，二为"建构"。动画亦然，以影像作为表征手段的艺术样态，同样具有"呈现"与"建构"的双重功能。

笔者认为，3D动画的表征问题同样遵循这样的逻辑，任何表征都不可能做到完全"客观"地呈现，都具有某种在呈现中的建构倾向。当然，这里有必要区分呈现中的建构分为两种情况，一是主观的蓄意建构，二是动画文本自身的客观蕴涵。也就是说，3D动画表征中的建构分为作者的建构和文本的建构两种情况。作者的建构是指在影片制作过程中，制作方所体现出来的主观利益诉求，包括经济上的和意识形态上的，等等；文本的建构则是指脱离影片制作的外部因素，而仅仅在文本自身中所客观体现出的一定的价值倾向性，正如俄国形式主义和英美新批评所信仰的那样，文本一旦被生产出来，便具有了自身存在的独立性。对3D动画来说，这种文本的独立性中则客观蕴含着价值负载。

具体而言，我们将重点考察3D动画表征过程中的意义生成和意识形态以及商品拜物方面的文化意味。

（一）意义生成

考察从传统动画的"分化"形态向3D动画的"去分化"形态转变过程中在意义生成层面的差异。

（二）意识形态

如罗钢、刘象愚在《文化研究读本·前言》中所指明的那样，如果把文化作为意识形态来分析，核心就是"再现"（即"表征"——笔者注）问题。阿尔都塞曾把意识形态界定为"一个再现的体系"[2]。3D动画表征中同样存在着意识形态的价值倾向，本书将借助法兰克福学派的理论资源，重点剖析

---

① 王晓路等：《文化批评关键词研究》，北京大学出版社2007年版，第166页。

② 罗钢、刘象愚主编：《文化研究读本》，中国社会科学出版社2000年版，第20页。

3D 动画作为一种“单向度”的“肯定的文化”性质。

（三）商品与拜物

作为一种大众艺术形式，3D 动画表征中不可避免地具有一定的商品与拜物性，这一点无可厚非，但需要警惕和批判的是，当这种倾向性成为 3D 动画的第一和唯一诉求的时候，艺术的意蕴将何以存身？长此以往，离 3D 动画的自身衰亡也就不远了，因为当一种艺术形态完全堕落为纯粹的商品时，也就走上了“饮鸩止渴”之路。

二、保卫艺术：批判立场的确立

如何看待 3D 动画电影表征中的文化意味，即审视立场的确立，是在对 3D 动画文化意义进行厘定时首先需要确定的，因为从不同的立场和视角出发完全可以得出不同的阐释效果。本书中对 3D 动画之文化意义采取批判的阐释立场。此立场的确立，主要源于“保卫艺术”的美好愿望。

首先，需要界定一下“艺术”的应有之义。

从绝对的意义上来说，对“艺术”下一个定义或界定是一项不可能完成的任务。因为从艺术哲学的发展逻辑来看，艺术哲学上一直纠缠着“本质主义”和“反本质主义”两股力量，本质主义试图从所有艺术样式中抽离出一种“本质”作为艺术的界定，而反本质主义则拒绝任何对艺术的简单定义，更加认同于诸如维特根斯坦的“家族相似”或本雅明的“星丛”之类的描述，试图对“艺术”做出一个令双方都完全满意的界定是不可能实现的。

因此，我们只能从相对的意义上对“艺术”加以界定。这里的“相对”是指我们对本质主义和反本质主义的分歧性存而不议，绕开其“艺术是……”的逻辑，而以“艺术应……”取而代之，从本质论转向效果论，问题也就得到了转机。据艺术理论家唐纳德·沃尔豪特论证，在分析美学出现之前，艺术的性质问题本就是依赖于艺术的作用。[①]

从效果论的角度切入，“艺术”的应有之义的表述可以归结为：艺术应具有能够引起审美经验的审美特质。审美经验，从康德的界定，侧重其非现实利害关涉性，即康德所说的无目的的合目的性，没有直接的功利目的，与利益无涉，与生理快感无缘，却合乎人的心意状态，使人在审美观照中达到感性和理性的和谐，达到内心的自由，最终实现艺术的为人化、人性化。阿多诺在《美学理论》中指出：“艺术的社会性主要因为它站在社会的对立面。但是，这种具有对立性的艺术只有在它成为自律性的东西时才能出现。通过凝结为一个自为的实体，而不是服从现存的社会规范并由此显示其‘社会效用’，艺术凭借其存在本身对社会展开批判。纯粹的和内部精妙的艺术是对人遭到贬低的一种无言的批判，所依据的状况正趋向于某种整体性的交换社会，在此社会中一切事物均是为他者的。艺术的这种社会性偏离是对特定社会的特定否定。”[②]

其次，动画，作为艺术。

如果从电影理论的角度论述动画的艺术性，那么沿着早期“电影作为艺术”电影理论家们的逻辑思路，动画的艺术性则是不证自明的。因为无论是明斯特伯格，还是巴拉兹，或者爱因汉姆，以及以爱森斯坦为代表的苏联“蒙太奇派”，其理论基点都是为证明电影影像的非现实性构成电影自身的艺术性基质，爱因汉姆在《电影作为艺术》一书中还列举出“凡此种种”来例证电影影像是不同于现实的[③]。

从这个角度讲，动画的艺术性是不证自明的，因为相较于实拍电影，动画的“假定性”尽人皆知，因此动画的艺术性不证自明。

再次，动画，作为大众艺术。

像实拍电影一样，动画也是作为大众艺术而存在的。既然作为大众艺

① 朱狄：《当代西方艺术哲学》，武汉大学出版社 2007 年版，第 70 页。

② ［德］阿多诺：《美学理论》，王珂平译，四川人民出版社 1998 年版，第 386 页。

③ ［德］鲁道夫·爱因汉姆：《电影作为艺术》，邵牧君译，中国电影出版社 1981 年版，第 8—29 页。

术，我们就不能仅仅要求动画的艺术性，因为相较于小众艺术，诸如书法、绘画等艺术形式的个人化特征，影视艺术是一种工业化生产，它需要集体创作，耗资巨大，因而影视艺术必然具有工业性 / 产业性的诉求；同时，作为上层建筑的一种体现形式，影视艺术也不可避免地具有意识形态性诉求，即动画艺术的文化性体现为一种“三性合一”的状态，它具有艺术性、产业性、意识形态性“三位一体”的综合特征。

强调动画作为大众艺术具有产业性和意识形态性，并非意味着可以忽略或者放逐艺术性。一种理想的共存状态是艺术性、产业性和意识形态性的和谐统一，产业性是最基础的属性，意识形态性作为隐形存在，艺术性则作为动画的“混合剂”渗透于动画的每一层面，使其整合为一个整体，它是动画品质的体现。

最后，3D 动画的艺术性。

3D 动画作为动画艺术样式的一种，自然具有动画艺术的文化特征，即其同样需要在“三位一体”的综合性中彰显艺术性。彰显艺术性是 3D 动画的题中应有之义，需要在一定程度上保持作为艺术形态所诉求的审美距离和审美经验，而不能完全走向商品化和意识形态化，这是一个基本立场，否则 3D 动画的存身之基将被抽离。不完全否定 3D 动画中的商品性和意识形态性，并不等于不完全否定商品化和意识形态性，当 3D 动画在商品化上越走越深，以至于严重压缩甚至彻底消弭其艺术性空间时，我们必须对这一趋势持谨慎和批判态度。

之所以开题即明确对 3D 动画文化意义的批判立场，是因为 3D 动画的文化现实严重背离了 3D 动画作为艺术的应有之义，长此以往则会损害到动画艺术的生存和发展。这种背离主要表现为本应作为基础属性和隐形存在的产业性和意识形态性日益以强化的姿态主导了动画的生产，而本应作为本体属性的艺术性则在产业型和意识形态性的挤压下日益疏远，几无存身之处。

批判的目的只有一个：保卫 3D 动画的艺术尊严。

“保卫艺术”这个口号中要保卫的“艺术”是一种深度艺术，一种具备终极关怀的精神向度，而不是威廉斯意义上的可以等同于日常生活的文化实践。

第二节 从“分化”到“去分化”的意义生成

如前所述，从动画史的演化逻辑来看，传统动画可以看作动画的现代时期，而在 3D 动画中则体现出了鲜明的后现代色彩。在传统动画时期，其“现代性”体现为动画艺术自律性的确立，一方面是动画相对实拍电影的自律，另一方面是动画内部各类型的自律；3D 动画的“后现代性”则体现为对诸多传统时期确立的自律规范的“去分化”，从外部体现为对动画和实拍电影的“去分化”，从内部则是对各动画类型的“去分化”。

从这一历史演化逻辑出发，对于从传统动画到 3D 动画的意义生成，周宪提出的意义范式的历史演变理论可以提供诸多参考。

在周宪看来，审美话语的意义不是一种静止的事物，而是存在于动态的过程中，从文本的传播过程来看，它存在于从艺术家到文本再到欣赏者这样一个过程；而从历史的演变来看，又存在着从古典艺术形态到现代和后现代艺术形态的意义范式的流变。在不同的历史形态中，意义范式的“合法性”依据也有所差异。在古典艺术的意义范式中，模仿论代表了古典文化中关于意义的一种基本观念。换言之，古典艺术的意义是一种偏重于参照意义的范式，人们是依照他们自己的日常生活经验来理解艺术符号的意义的，这里，朴素的实在论起着重要作用。人们相信符号和意义之间存在着约定的一致性，而艺术和现实之间也存在着同样的一致性。艺术符号所指涉的意义总是和现实的内容密切相关，而人们又是依据他们的日常经验来理解艺术符号的基本意义的。到了现代艺术时期，首先引起的即意义的危机，古典时期人们用以理解和解释艺术符号意义的那些游戏规则失去了效用，传统上依据艺术和实在关系的真伪判断，已经让位给艺术自身关于情感、想象和虚构世界的判断。艺术意义的解释根据不再是艺术之外的实在世界，而是艺术自身的内在世界，这样现代艺术便实现了对“自身合法性”的论证，假如说古典的艺术意义范式是他律性的话，那么现代的艺术意义范式则明显是自律的。如果说古典的意义范式是以外部实在及其参照性来证明艺术意义阐释的合法性的话，那么现代艺术则是以对自身合法性的证明来阐释意义。而到了后现代主义艺术时期，以“反现代主义”面目出现的后现代主义一出现，便开始了消解现代主义艺术意义模式的尝试，作为对现代主义艺术的反动，后现代主义开始了一种全新的意义范式，它既不能从艺术与现实的模仿关系角度来阐释，又不能以符号自我参照的现代主义式的解释来说明。从现代主义向后现代主义的转变，一个明显的变化就是自律论的崩溃：后现代主义艺术作为大众消费社会的文化形态，是一种更加开放的艺术，艺术界共同体既受到现代主义式的创新冲动的感召，又受到资本的压力和利润的诱惑，从现代主义的自律论转向一种新的他律论便构成一种必然。当然，这里的“他律”跟古典时期的“他律”已非同一事物，它已脱离实在的参考意义，而转向经济等其他利益诉求[①]。

笔者认为，从传统动画的“分化”形态到3D动画的“去分化”形态，在意义生成的层面上完全适用于这一意义范式的演化逻辑，即3D动画体现着意义的“合法性”依据从自律到新的他律的转变。

在传统动画的自律范式下，判断一部影片的意义依据来自动画自身，即我们是从诸如动画规律的角度来考量一部动画影片是否优秀或者不合格，迪士尼公司的“九大元老”曾经总结出经典的动画规律作为一种判断依据的代表，赋予了一部动画影片在多大程度上符合动画性的基本要求。如前所述，动画艺术在其百年的发展历史中所形成的相对稳定的审美结构和规则体系在某种程度上是判断一部动画影片的“合法性”依据，它规定了一部“合格”

① 周宪：《文化表征与文化研究》，北京大学出版社2007年版，第90—106页。

的动画在动画制作的各个层面，比如叙事、造型、音乐、背景等诸多层面应该如何表现，不应该如何表现，判断一部影片的意义依据即根源于此。但是在 3D 动画的“去分化”范式下，这种自律性遭到了一定程度的解构，因为 3D 动画的后现代“去分化”逻辑“内爆”了动画和实拍电影以及动画内部各片种的界限，也即消解了传统动画的自律性。这样，在 3D 动画的意义依据中，就不仅仅是传统动画的自律性在起作用，比如相较于传统动画的“假”，3D 动画引入视觉真实感维度之后，尤其是对于 3D 动画中的仿实拍电影子类型，再单纯从“假”的层面来为其进行意义赋值便显出很大的不适应性。因为其“仿真”维度使无论制作者还是欣赏者在面对 3D 动画时，一定程度的“真实性”判断或者说视觉真实感已经构成“前理解”的必然构成部分，如果 3D 动画不能在影像层面和动作层面做到流畅自然的话，这样的 3D 动画看起来就会显得非常不自然，但对传统动画来说，比如偶动画，一定的机械感反而是其自身的审美需要。

此外，从“分化”形态到“去分化”形态的意义生成，也越来越受到社会语境的“他律”制约，比如相较于传统动画的欣赏，我们主要是从动画自身的一些特点如幽默、夸张、童稚等出发，来评价一部动画影片是否成功，是否具有意义。但是对 3D 动画来说，除了这些要求之外，我们更加从视觉上是否足够奇观化、技术上是否有新的亮点和突破、经济上是否取得了巨额的票房等层面来对一部影片是否有意义进行界定。社会语境的“他律”在 3D 动画的审美接受方面将越来越走向深化，因为正如周宪所提出的那样，从文本的传播过程来看，意义生产存在于从艺术家到文本再到欣赏者这样一个过程，在社会文化语境的形塑下，当艺术家和欣赏者随着社会文化的变迁逐渐被同化时，意义的范式不能不随之走向深入。

我们该如何看待从传统动画的“分化”形态向 3D 动画“去分化”形态转变过程中的意义生成之变呢?

笔者认为，对于这一问题需要从两个方面来综合考量。第一，从积极的方面来看，从传统动画的“分化”到 3D 动画的“去分化”，体现的是动画艺术在新的社会文化语境下进行自身调整以应和时代精神的主动追求，因为自律的艺术原则体现的是一种闭合模式，它彰显个体的独特性，具有排他和封闭倾向，而当下的社会文化精神则张扬一种开放和融合的时代气质。正如费德勒那句“跨越边界，填平鸿沟”的口号所示，后现代文化追求一种跨界探索，或者说在后现代那里，边界根本就不存在，戏仿、拼贴、去中心、多元等这些后现代策略本身便体现着对既定规则和固化思维的不屑。当这种“跨越边界，填平鸿沟”的精神气质成为动画创作者和欣赏者共享的文化追求时，动画艺术自身的调整也在情理之中，调整体现着对时代的反映，体现着“与时俱进”的转化能力，同时也拓展了动画自身在新的社会语境下生存和发展的空间，否则一味强调传统动画自身的自律性，拒绝转化固守传统，无异于自绝后路。第二，从消极的方面来看，当传统动画的自律性在 3D 动画中遭遇消解的同时，一种不同于古典时期的新的“他律”状态也在渐趋强化，这种新的“他律”由对现实 / 实在的依赖转而变成对政治、经济、技术等层面的依赖，其意义生成的依据不再由自身提供，而转向由政治、经济、技术等外在因素来判定。如此，自然就造成动画自身艺术性的式微，使其很容易成为达到其他目的的工具，比如对意识形态和经济利益的直接追求。这也是本书对 3D 动画表征中的文化意味持批判态度的根本原因。在笔者看来，3D 动画在由传统动画的“分化”走向“去分化”的同时，也走向了艺术的式微和他律的强化，在这一过程中，一些传统动画中值得肯定和保留的价值元素在走向衰落，甚至销蚀，至少有以下几点需要我们警惕和批判。

一、“意”的消泯

传统动画是一种“意象”文化，在传统动画中，“立象以尽意”，立“象”是为了尽“意”，因此可以“得意而忘象”，“象”的背后是“意”的存在，而且其本身就是“意”的存身之处，意象中的“象”是包孕有“意”之“象”。但在 3D 动画中，这种意象关系很少得到体现，因为在数字技术的虚拟特性诱引之下，3D 动画往往以追求视觉奇观和感性彰显为直接追求，更多体现为一种“重度能指”现象，它无所指关涉，“象”本身即其目标，它不追求影像背后的审美意蕴，影像本身的奇观性就是其终极目的。于是，在 3D 动画的“重度能指”中，“象”得到极端强化的同时，其背后的“意”却在逐渐走向式微，甚至消泯。

二、“距离”的消泯

传统动画的意象状态体现的是一种有距离的静观体验，而 3D 动画则更多地带有直接反应的感官特征。静观体验，诉诸理性的精神向度；而感官反应，诉诸感性的欲望／肉体向度。虽然在传统动画中，“静观”非面向绘画、书法等传统艺术式静观，但因其影像抽象性特征，观众很难说能够像观看实拍电影那样深度介入，“距离”和“静观”都是相对存在的。但在 3D 动画的视觉真实感作用下，其“移情”效果丝毫不逊色于实拍影像，或者因其超现实性，比实拍电影更容易引人深度沉浸，受众为视听感官体验所俘虏，“距离”和“静观”不复存在。“距离”消失之后，不但艺术和实在的界限消失了，而且艺术已成为实在的一部分，任何反思和批判实在的可能性也随之丧失。

三、“主体”的消泯

海德格尔曾有“世界被把握为图像”之说，很多人视其为视觉文化时代的表征之说。其实海德格尔在这里强调的是人的主体性，即类似于理性／人类中心主义的表述，是在强调进入现代性后的社会，自然已经被人类“客体化”，成为人类文明征服的对象。

传统动画的意象形态是一种主体性文化，在其中体现的正是一种将世界“图像化”的主体冲动。“人”的印记或者说“人”的尺度时刻在传统动画中存在并表征，因为无论是手绘卡通还是偶动画，在每一帧图像中都印证着“人”的丰富性和主体性。

但 3D 动画中体现的是一种技术的工具理性逻辑，虽然用于 3D 动画生产的电脑软件及其操作均是在“人”的支配下完成的，但因为大部分 3D 动画的制作环节的完成均交由电脑程序自动运行，所以在传统动画中因人工而具有的丰富性遭到瓦解。我们在 3D 电脑中看到的更多的是数字技术的力量，是科技的力量，“人”的主体性印记渐趋模糊。

主体，这一现代性内核遭遇了反转或者至少说是内爆，已渐行渐远，不复清晰。

而之所以能够出现“意”的消泯、“距离”的消泯、“主体”的消泯，其根本原因正是 3D 动画的“去分化”逻辑在消解传统动画自律性的同时，将自己的主体性也一同交给了其他非艺术因素。比如政治和经济，在“意”“距离”“实在”“主体”这些元素遭遇消解之后，凸显出来的是视觉的奇观、反思和批判维度的丧失以及自我的放逐，所有这些都直接服务于政治和经济，于是 3D 动画的艺术性被流放，其工具性显露无余。

第三节　3D 动画，作为单向度的“肯定的文化”

一、表征与意识形态

表征与意识形态具有紧密的联系，如阿尔都塞的界定，意识形态就是一个表征体系。当然，这里的“意识形态”是阿尔都塞意义上的意识形态，本书也主要是从阿尔都塞的意义上使用这一概念。

"意识形态"，作为一个概念，最早是由法国哲学家托拉西于两百多年前提出的，意为"观念学"[①]。这一概念在后来的历史演进过程中内涵和外延都不断变化，到19世纪末20世纪初被限定为否定性的概念，比如被认为是虚假意识（孔德）、意识形态与科学不能相容等（曼海姆）；而马克思则在其思想的前后期分别在两种意义上使用这一概念，一方面指虚假的幻想的意识，另一方面指一个阶级的社会意识的总体概念。[②]可以看出前者是一个否定性的概念，而后者则是一个描述性的中性概念。至20世纪70年代，随着西方马克思主义对意识形态问题的关注和集中阐释，意识形态作为一个问题得到了凸显，其中尤以阿尔都塞的意识形态理论最为著名。

阿尔都塞的意识形态理论主要集中在《保卫马克思》《阅读〈资本论〉》《意识形态和意识形态国家机器》等著述中，在他看来，"意识形态是一种'表象'。在这种表象中，个体与其实际生存状况的关系是一种想象关系"[③]。阿尔都塞认为，人类与其生存其中的生活状况之间存在着两种关系，一种是真实关系，另一种则是体验关系。意识形态就是属于后者的一种想象性体验关系，也就是说，在意识形态中，人类是以一种想象的形式来再现他们的实际生活状况的，这种再现不可能是客观真实的，而只能再现出两者之间的假想性体验关系。从这个层面来讲，意识形态便具有了一种实践性社会功能，即"意识形态把个体询唤为主体"，"我认为意识形态是以一种在个体中'招募'主体（它招募所有个体）或把个体'转变为'主体（它转变所有个体）的方式并运用非常准确的操作'产生效果'或'发挥功能作用'的"[④]。个体一旦被意识形态询唤为主体之后，便屈服于主体的诫命，自觉自愿地臣服于意识形态的规定性，从而成为意识形态的"顺民"，于是既定社会秩序便不

① 俞吾金：《意识形态论》，上海人民出版社1993年版，第23页。

② 谭好哲：《文艺与意识形态》，山东大学出版社1997年版，第32页。

③ ［法］阿尔都塞：《意识形态和意识形态国家机器》，载李恒基、杨远婴主编《外国电影理论文选》，上海文艺出版社1995年版，第645页。

④ ［法］阿尔都塞：《意识形态和意识形态国家机器》，载李恒基、杨远婴主编《外国电影理论文选》，上海文艺出版社1995年版，第656页。

会受到任何威胁。意识形态国家机器正是在如此不断的主体“询唤”中完成既定社会关系的再生产，从而起到维持既定社会结构的目的。

而在这种通过国家机器对既定社会关系的再生产过程中，表征便构成一种必然，无论采取何种意识形态国家机器，都无法躲避开表征的中介，因为无论是语言文字还是图像或者其他媒介手段，都涉及一个“呈现什么”和“如何呈现”的问题，正是在表征之选择的过程中，意识形态的想象性体验关系包含其中，意识形态的建构才能够得以完成。诚如王晓路所言，不论是何种文本，如文字、图像、电子媒介，等等，凡在公共领域中得以流通并作为消费对象的符号，均必须服从资本市场、权利、意识形态、传播方式、大众审美接收方式等一系列制约性因素，其深层结构，即真实含义一般隐含在这一系统的表层结构之下，而在表征符码的背后，表征内含了支配与被支配的关系或政治含义，即通过体制性机构的控制，对政治群体的利益加以再现和强化。[①]

二、大众文化的肯定性质

在法兰克福学派的批判理论体系中，“大众文化”是一个具有相对于意识形态功能的概念，用法兰克福学派的理论来讲，即大众文化具有肯定的性质。在法兰克福学派的核心成员霍克海默、阿多诺、马尔库塞、弗洛姆等人看来，发达资本主义时期的大众文化已经完全被社会整合，丧失了对社会现实进行批判和否定的维度，从而成为一种单向度的肯定性的文化。

但作为文化的核心要义，文化天然地具有否定和肯定的双重要义。马尔库塞在其 1937 年发表的学术长文《文化的肯定性质》中提出了“肯定的文化”的概念。所谓“肯定的文化”，在马尔库塞看来，“是指资产阶级时代按其本身的历程发展到一定阶段所产生的文化。在这个阶段，把作为独立价值王国的心理和精神世界这个优于文明的东西与文明分隔开来。这种文化的

① 王晓路等：《文化批评关键词研究》，北京大学出版社 2007 年版，第 168 页。

根本特性就是认可普遍性的义务，认可必须无条件肯定的永恒美好和更有价值的世界：这个世界在根本上不同于日常为生存而斗争的实然世界，然而又可以在不改变任何实际情形的条件下，由每个个体的‘内心’着手而得以实现”[①]。在马尔库塞看来，诞生于资产阶级社会早期的“肯定的文化”中具有否定和肯定的双重性质，一方面作为对理想的精神世界的价值追寻，具有对现实的否定和超越性质，另一方面因为这种价值追寻是由社会个体在内心完成的，因而不会对社会现实构成实质性的威胁，从而体现出对既定社会现实的维护和肯定。

马尔库塞认为，如果说在早期资产阶级的“肯定的文化”中尚存有否定和肯定的双重维度，那么在发达资本主义阶段的文化工业中，否定性维度则被完全“去势”了，从而文化工业成了只具有肯定维度的单向度的“肯定的文化”。文化工业的这种单向度的“肯定”性质体现在相较于“肯定的文化”对理想精神价值的肯定和对现实世界的否定维度的双重存在，文化工业仅剩下“肯定”的一维，而且肯定的对象也发生了改变，由对理想世界的肯定变为对现实世界的肯定。文化工业用大量的娱乐和消费品填满人们的生活空间，使人们“没有空间和时间去发展那些古人称为‘美’的生存领域”[②]，理想性和精神性完全丧失，否定性也不复存在，从而成为对既定社会秩序进行“合法性”辩护的“意识形态国家机器”。

笔者认为，马尔库塞对文化双向性以及大众文化的“单向度”之阐述适用于 3D 动画的意识形态分析，从某种意义上讲，3D 动画的意识形态功能正体现为一种单向度的“肯定的文化”性质。

① [美]赫伯特·马尔库塞：《审美之维——马尔库塞美学论著集》，李小兵译，生活·读书·新知三联书店 1989 年版，第 8 页。

② [美]赫伯特·马尔库塞：《审美之维——马尔库塞美学论著集》，李小兵译，生活·读书·新知三联书店 1989 年版，第 41 页。

三、3D 动画，作为单向度的“肯定的文化”

文化理应保持其否定性的超越维度，而不能堕落为仅具有“肯定性”功能的“意识形态国家机器”，这是法兰克福学派的基本观点。正如阿多诺所言，文化本来应该是远离赤裸裸的物质现实的，它应该是一种非实际的存在，是一种幻象，从而天然持有一种反对社会实际状况及其机构的倾向性，这种倾向性无关于文化的外在实际目的，而根源于其远离现实的非真实性存在，正是因为文化与现实之间的距离使其具有了对现实进行反思和批判的空间，从而能够对现实做出具有超越性的审视与反观。[①]

从这个角度来看，动画艺术便天然具有对现实进行批判的超越性维度，动画是一种“彼岸”艺术，因为动画从其自律性被确立开始，便与实拍电影在对现实的表现方式上“楚河汉界”、泾渭分明。实拍电影以“真实性”的再现来完成对现实的描述与思考，而动画则以极大的变形、夸张等方式完成对现实的“假定性”书写，可以在保证艺术真实性和感染力的前提下对现实进行极大的抽象与概括，也就是说，它具有天然的对现实进行批判的超越性维度，正如我们在诸多动画艺术短片中所看到的那样（如《平衡》《动物庄园》等），动画艺术在现实的否定性批判维度方面具有极大的表现空间。正如阿多诺所言，这是因为动画首先在最为直观的影像层面上便与现实拉开了适当的距离，它是一种“远离现实的非真实性存在”，因为这种距离和“非真实”，使动画艺术天然具有了对现实进行“彼岸”终极关怀的视角与维度。当然，这里的远离现实并非孤立绝缘于现实，而是指不被现实裹挟，站在现实的对立面而冷静观照的思考空间，动画艺术从影像层面便天然具有了这样的静观现实的思考空间。

但是在 3D 动画中，动画天然具有的现实否定批判超越性却遭到了彻底“去势”，从而堕落为肯定和维护现实既定秩序的单向度的“肯定的文化”。

---

① ［德］阿多诺：《文化与管理》，转引自尤战生《流行的代价——法兰克福学派大众文化批判理论研究》，山东大学出版社 2006 年版，第 112 页。

“去势”主要体现在两个层面，一个是内容的层面，另一个是形式的层面，即在内容上体现出的“去现实化”和在形式层面体现出的“感官化”。

内容上的“去现实化”是指3D动画在内容层面上具有一种脱离现实跟现实无涉的倾向性，这一点又体现为两个方面。一方面是题材的虚幻化，如前所述，3D动画受到技术价值负载性的诱引，在内容上往往倾向于表现那些能够彰显视觉奇观的题材，诸如《最终幻想》《机器人总动员》《魔法奇缘》《鲨鱼黑帮》等影片，均将视角引入了非现实的虚幻世界。其实纵观3D动画诞生以来的一系列影片，大部分均属此类，很少有关注现实、从现实出发的3D动画，现实被完美遮蔽以后，3D动画成了脱离所指的“能指的自身游戏”，在一个不指涉现实、现实被完美替代的虚幻世界中自我游弋，从而成为一种失去重量的轻飘飘的单薄符号。另一方面的“去现实化”则显得较为隐蔽，即在对现实的处理上采取一种“刻板化”“模式化”的表现方式。虽然大部分影片采取了非现实的虚幻题材，但不能不说有些优秀的影片还是体现出了一定的影射现实的意图，比如《海底总动员》《飞屋环游记》等，但仔细分析这类似有现实影射倾向的影片会发现一个更为令人失望的结果，即在这类影片中隐藏着更为隐蔽的“去现实化”性质。因为在这类影片中表现出来的现实是以“刻板化”“模式化”的面目出现的，这里的现实按照一种动画惯有的“游戏规则”来加以表现，比如“因果线性叙事”“善恶二元对立”“扁平人物形象”“大团圆”，等等，在这样一系列“游戏规则”的过滤下，这类影片中似乎具有的一点现实影射性便被打回了“原形”，它无非就是具有鲜明意识形态意图刻意安排的主观现实，而丝毫无涉真实饱满的社会现实存在。即使在影片中体现出一定的冲突和对抗，也仅仅是为了叙事的叠沓和精彩，是为了更有利于吸引观众投入，而非任何对现实的真实辐射。现实的冲突和无奈更不可能在其中得到任何展现，一切仅是为了叙事的圆满，为了巨额的票房，为了意识形态的潜在渗透，跟现实无实质关涉，它只不过借用了一下现实的“影子”而已。

相较于内容上的“去现实化”略显隐蔽，形式上的“感官化”则是一种较为直接的体现。如前所述，与传统动画相比，3D 动画体现出了鲜明的视觉奇观性，或者说视觉奇观性是 3D 动画的魅力所在。当然，视觉奇观的彰显无法离开音乐、音响等听觉因素的辅助，不然对奇观的观感便会显得干瘪，3D 动画正是通过对视听奇观的刻意强调和营造来调动起观众的极大感官满足，从而使观众沉浸在虽虚无缥缈却又极端真实可感的“视听盛宴”里“乐而忘返”，失却否定和批判的思想空间。我们可以从马尔库塞“虚假”需求的角度来理解 3D 动画“感官化”的作用，在马尔库塞看来，“为了特定社会利益而从外部强加在个人身上的那些需要，使艰辛、侵略、痛苦和非正义永恒化的需要，是‘虚假的’需要。满足这种需要或许会使个人感到十分高兴，但如果这样的幸福会妨碍（他自己和旁人）认识整个社会的病态并把握医治弊病的时机这一才能的发展的话，它就不是必须维护和保障的”[①]。从这个角度讲，3D 动画的视听奇观性便是一种虚假的需要，因为从动画作为一种艺术样态来考量，媒介形式是为了更好地体现和服务于思想内涵，也就是说，彰显思想是第一位的，视听要素是为了达到这一目的而采取的手段，是第二位的，但我们在 3D 动画中所看到的一般现象是颠倒了的，视听要素成了第一位的，而思想反而成了可有可无的因素。这样一来，视听“感官化”的满足便不是一种真正的满足，反而是一种真正的压抑，因为它是社会统治需求对个人真正需要的强行移植，这种感官化的满足得到得越多越密集，真正的思想需求得到满足的可能性就越小，越是微茫，从而真实需求便“被替代”了。尤其是考虑到视听奇观“虚假”需求的不可彻底满足性，当一定程度的视听奇观需求被满足时，更大和更为急切的视听奇观期待又升起了，如此循环，视听奇观便永远没有得到彻底满足的时候，于是否定和反思的批判超越空间便在这种奇观的循环往复中永远无法摆脱逐渐萎缩和被完美遮蔽的命运。同时，视听感官需求的普适性和生理性，又使其能够在所有层次的人群中广泛流行传播，因为它是一种基本生理需求，又相对容易穿破

① ［美］赫伯特·马尔库塞：《单向度的人——发达工业社会意识形态研究》，刘继译，上海译文出版社 2008 年版，第 6 页。

思想的防线，使人们在不知不觉中欣然接受，从而视听奇观具有了一种“糖衣”的功能，对“糖衣”包裹下的意识形态诉求起到了掩盖和修饰作用。

通过在内容层面的“去现实化”和形式层面的“感官化”，3D 动画中的意识形态诉求便基本实现，那就是对否定和批判维度的“去势”，使其成为仅具有单向度“肯定”性质的文化形态，成为“意识形态国家机器”的一个组成部分。

阿尔都塞认为，意识形态功能的实现方式是将“个体询唤为主体”，那么在 3D 动画的“询唤”之下产生的“主体”将会是怎样的一种主体呢？

首先是视觉理解力渐趋萎缩。阿多诺曾经在《论音乐的拜物性与听力的衰退》中指出，和传统的听众相比，现代发达资本主义社会中听众的听力已经严重衰退了，倾听的主体性、选择的自由与责任以及对音乐有意识的理解能力都丧失了，并且滞留在了幼儿的幼稚阶段。[①] 同理，在 3D 动画的视觉奇观浸染之下的观众，其视觉理解力也将渐趋萎缩，因为在视觉奇观的欣赏中，更多诉诸生理的视觉，是一种视觉“轰炸”，而很少需要诉诸思想。鉴于人类知觉中的惰性作用，在 3D 动画视觉奇观浸染下的观众将越来越惰于思考，而采取一种不假思索的单向度“接受”态度，视觉理解力在此情境下将渐趋萎缩。

其次是成人的“幼儿状态”。相较于传统动画的以儿童为主要观众群体，3D 动画体现出了极大的“成人化”倾向，当传统动画因为其“假定性”与成人接受美学的冲突在 3D 动画的视觉奇观和新感性中被平和之后，3D 动画对于成人观众便体现出了极大的吸引力，绝大部分 3D 动画高扬的票房成绩便是证明。当大批的成年观众坐进幽暗的影院里接受 3D 动画的“视听盛宴”之时，一次隐蔽的意识形态阴谋便已达成，因为成人的“幼儿状态”正处于一个培养的过程之中，而随着反思和否定批判能力的丧失，既定社会结构的“肯定”和再生产便在这一过程中得到了间接和直接的实现。正如西

① ［德］阿多诺：《论音乐的拜物性与听力的衰退》，转引自尤战生《流行的代价——法兰克福学派大众文化批判理论研究》，山东大学出版社 2006 年版，第 176 页。

方著名文艺理论批评家哈洛·布鲁姆和萨尔凡对《哈利·波特》系列现象的批评，认为在这一现象中隐藏着危险的“成人文明的幼稚化”倾向[①]，虽然是针对小说而言的，但对于根据小说改编的电影所取得的高额票房，无疑又对这一判断提供了确凿的证据。无论是从题材还是风格类型上来看，3D 动画中很多影片均与《哈利·波特》系列非常相似，布鲁姆和萨尔凡的批判用在 3D 动画上同样体现出极大的适用性。

无论是视觉理解力的渐趋萎缩，还是成人的“幼儿状态”，其总的旨归均在于一种否定性维度的丧失，一种对现实体察和反思的超越力量的遮蔽，从而使 3D 动画“询唤”出的主体成为一种不具备否定和批判能力的主体，一种被既定社会结构利用“虚假”的感官满足所安抚的主体。于是社会既定秩序的稳定性便得以再生产，3D 动画成为一种单向度的“肯定的文化”，成为“意识形态国家机器”的一个重要组成部分。

需要指出的是，如我们在前面区分出的“作者建构”和“文本建构”，3D 动画的意识形态功能并非起自编导的主观建构，而更多地体现为文本自身的价值蕴涵。阿多诺曾经指出，根据作者的心理来研究电视节目就像根据已故的福特先生的心理分析来研究福特牌汽车一样，是非常荒唐的。因为艺术家的创作受到整个社会机制的限定和塑型，创作过程也必然遵循着已确立的模式和控制的机制来加以运作，与其说是编导在创作，不如说是既有的社会惯例和规则在作品中对自身的再生产和复制。这也是我们理解 3D 动画意识形态性的基本思路。

① 苏友贞：《小波特无法承受的重担》，《万象》2003 年第 10、11 期合刊。

第四节 3D 动画表征中的商品与拜物

一、艺术生产的商品化与物化现象批判

对艺术生产的商品化与物化现象进行批判，马克思、卢卡奇以及法兰克福学派的商品拜物教理论最具代表性。

马克思在《资本论》中指出，在资本主义的商业社会中，产品成为商品，商品的使用价值和交换价值分离，人们不再重视商品的具体使用价值，而只关注它的交换价值，这样，产品的质性差别被忽略，代之以量的等同。作为生产者在生产中对象化到产品中的劳动不再受关注，产品对消费者的具体使用价值也少为人所关注，人们主要关注的就是产品在商业流通中的交换价值，也就是它能够换来多少钱。这样，产品与人的关系被消泯，其中人性化的要素被忽略，这种见物不见人的现象就是物化，当这种物化发展到一定程度，以至于物完全压倒了人就出现了拜物主义。[①]

马克思的商品拜物教思想影响深远，卢卡奇、阿多诺等人沿袭发展，构成了商品拜物教批判的主要理论资源。卢卡奇在马克思商品拜物批判思想的基础上进一步指出，在发达的资本主义社会中，不仅人与物的关系如此，由于交换的原则渗透到社会的方方面面，所以人本身也成为商品，人与人之间的关系也遵循着交换原则，或者说只是以物物交换为中介的间接关系，所以物与物的关系才是社会最主要的关系，交换原则才是控制社会的普遍规则，人的一切关系无不打上物的烙印，人与人的质性差别也开始丧失，而代之以

① 尤战生:《流行的代价——法兰克福学派大众文化批判理论研究》，山东大学出版社 2006 年版，第 49 页。

量的度量，这就是现代资本主义商品社会中彻底的拜物倾向。[①]

法兰克福学派中的阿多诺等人认同马克思和卢卡奇的上述理论，并把这种商品化和物化的运行逻辑推进到了文化生产的领域，进而认为在发达资本主义社会中的文化产品就是彻头彻尾的商品。比如阿多诺认为，“说起文化工业的典型的文化产品时，我们不再说它们也是商品，它们是彻头彻尾的商品”，马尔库塞也认为，“在这个世界上，艺术作品，同反艺术一样，即成为交换价值，成为商品”。在法兰克福学派之前，虽然已有很多人注意到资本主义商品交换原则对艺术生产的渗透并进行了一定的批判，但却是在法兰克福学派这里，“发达资本主义社会的大众文化产品就是商品”这一判断才首次得到直接明确的界定，如黛博拉·库克所指出的，阿多诺是分析文化工业产品的商品属性的第一个理论家。[②]

笔者认为，作为发达资本主义社会的典型艺术形式，3D 动画同样无法逃避商品与拜物逻辑的侵蚀，在 3D 动画表征中存在着鲜明的商品与拜物现象。下文将借鉴于以上诸家的批判思路，尤其是法兰克福学派的商品与拜物批判理论对 3D 动画表征中的商品及拜物现象进行剖析和批判。

二、动画的商品属性与商品化的动画

如前所述，动画艺术作为影视艺术的一种样式，不可避免地要受到其工业化集体生产的影响，即具有一定的商品属性，主要表现为其可持续发展需要依赖于动画影片的收益，只有达到赢利或至少收支平衡才能维持动画的再生产。所以，一定程度的适当商品化是动画创作的必然要求。对于 3D 动画，这种商品属性表现得更为突出，因为相较于传统动画的某些个人化色彩较强的片种，比如实物动画等表现形式，3D 动画对硬件、技术、资金、团

① 尤战生:《流行的代价——法兰克福学派大众文化批判理论研究》，山东大学出版社 2006 年版，第 50 页。

② 阿多诺、马尔库塞、库克的论述详见其著述《文化工业再思考》《作为现实形式的艺术》《再论文化工业：阿多诺的大众文化理论》，转引自尤战生《流行的代价——法兰克福学派大众文化批判理论研究》，山东大学出版社 2006 年版，第 50—51 页。

队合作的要求更高，一部大型的 3D 动画影片动辄需要上千万的投资和数百人的制作团队，所以 3D 动画对于投资回报的要求更高。

动画的商品属性并不意味着它可以走向完全的商品化。虽然动画具有商品属性，但这仅是其最基础的属性，这个基础是为更高的目标服务的，即适当的商品化是为了更好地服务于艺术性，艺术性才是动画作为艺术最终的价值诉求。如前所述，对影视艺术来说，艺术性、商品性和意识形态性均是其基本属性，一部优秀的影视艺术作品应该是在三种属性之间进行一个合理的平衡，是“三性合一”，绝不能为了其中的某一种属性而对其他属性弃之不顾，比如不能为了商品性和意识形态性而将艺术性丢掷一旁。当然，也不能仅仅为了彰显艺术性而忽略商品性和意识形态性，走向“阳春白雪”“孤芳自赏”，毕竟大众艺术形式需要在大众中间传播。如果要在影视艺术这三种属性中确立出其基础属性，无疑将是艺术性，因为作为一种艺术形式，一定的审美艺术意蕴是动画艺术的题中应有之义，这是其作为艺术样式的根基和目的所在，而且艺术性的在场也能够更好地取得商业和意识形态方面的利益诉求。值得我们警惕的是，在当下的动画生产中，尤其是在 3D 动画生产中，可以看到一种明显的倾向，即 3D 动画走向了一种彻底的商品化，3D 动画成了商品化的动画。所谓商品化的动画，是指其商品交换价值替代艺术性，成为动画最终甚至唯一的价值诉求。

在 3D 动画中，这种商品化倾向非常明显，主要体现为以下三个方面。

首先，在 3D 动画的生产动机上，3D 动画被作为纯粹赚钱的工具加以生产，利润成为其首要的生产目的。诚如阿多诺在《文化工业再思考》中所指出的：“文化工业的全部实践把赤裸裸的利润动机置于各种文化形式之上。自从这些文化形式初次开始作为商品成为它们的创作者在市场上谋生的手段的时候起，它们就已经或多或少地具有了这种性质。但那时候，它们对利润的追求只是间接的，仍保留着它们的自治本质。文化工业的新特点是在它的最典型的产品中，把对于效用的精确彻底的计算直接地、不加掩饰地放在首位。”[1]3D 动画的生产所遵循的就是这样的文化工业的生产逻辑，利润是其最为直接和首要的目的。如前所述，3D 动画能够迅速崛起，取代传统动画构成动画电影最为卖座的动画类型，是多方面合力的结果。从生产的制作方来看，其最直接的刺激就是传统二维动画无论在美国还是在世界范围内都遭遇到严重的票房危机，它已经不能像以往那样（比如《狮子王》时期）为电影制片公司带来巨额利润了，之所以选择抛弃传统动画转向 3D 动画，最根本的原因是 3D 动画能够重新使制片方获得巨额的票房收益，诸大电脑企业如 IBM 等介入 3D 动画生产的直接原因也是看到了 3D 动画巨大的获利能力，看到了 3D 动画丰厚的投入产出比；落实到影片的风格上，3D 动画为何会在视觉奇观的道路上越走越远，为何会在 3D 动画之后又探索 3D 立体、4D 动画等新的技术形态，一言以蔽之，其最根本的原因无不源于对利润的追求，这是 3D 动画最直接的生产动机所在。

其次，在 3D 动画的消费动机上所体现出来的同样也是一种赤裸裸的商品性，这主要表现为对 3D 动画的消费和欣赏。观众所持的态度并不完全是审美陶冶或者精神向度的追求，而更多地体现为最直接的娱乐刺激，是为了看到奇观的场景、奇观的故事、奇观的角色等，为了视听的生理愉悦。从消费动机上来看，它跟吃一顿肯德基、喝一杯可口可乐、买一件时尚服饰一样，没有太多所谓精神层面的神圣性向度，更多的是出于基本的商品消费心理。弗洛姆在《爱的艺术》中曾经指出：“人们‘买进’商品、景色、食物、饮料、香烟、人群、演讲、书籍、电影，等等。他们贪婪地消费着这一切，吞噬着这一切。”[2] 霍克海默的言论更为直接，他认为“过去曾经继承了艺术传统的所谓娱乐，今天只不过是像游泳或足球一样的大众化兴奋剂”[3]。在消费社会的文化语境下，所有的物品、活动、艺术等均被“格式化”成了同一

① ［德］阿多诺：《文化工业再思考》，转引自尤战生《流行的代价——法兰克福学派大众文化批判理论研究》，山东大学出版社 2006 年版，第 61 页。

② ［美］弗洛姆：《爱的艺术》，载《弗洛姆文集》，冯川等译，改革出版社 1997 年版，第 398 页。

③ ［德］霍克海默：《现代艺术和大众文化》，载《霍克海默集：文明批判》，渠东、付德根译，上海远东出版社 2004 年版，第 227 页。

样东西——商品，于是一切活动也均纳入了商品消费的维度，只不过在具体的形式上表现出直接或间接的细微差别而已，在其本质上别无二致。3D 动画的消费仅是这样一个大的消费语境中一个渺小的细部而已，它依从于整体消费文化的运行逻辑之下。

最后，3D 动画的商品化还突出体现在 3D 动画作为“广告”存在的隐形功能定位。这一点对于动画生产来说尤为明显，这主要归因于动画电影的盈利模式。在一部动画电影的收入整体中，票房收入仅是其中很小的一部分，一般只能占到 30% 左右的份额，而其他 70% 左右的收益需要从动画电影的衍生品销售中获取，这就决定了动画生产必然在前期策划环节就需要纳入后期衍生品开发的维度，从故事创作到角色设定以及道具设定等各个层面均需要考虑未来的衍生品开发，甚至一些影片直接就是为了后期衍生品开发而制作，如果从这个层面来讲，此种动画从本质上就是作为一种“广告”功能而存在，至少是一种“广告”的半成品。这种现象尤其在投入大、制作周期长的 3D 动画上表现明显，因为越是投资大的动画，其风险也成正比例增长，因而在衍生品开发层面需要投入的精力和策划就需要更加充分，不可能不对影片制作的艺术质量构成直接的影响。我们知道一些 3D 动画影片获得了巨大的成功，比如《玩具总动员》系列、《怪兽电力公司》《怪物史莱克》系列，等等，在这些影片中均存在着明显的衍生品开发思维，影片取得巨大成功，票房收益仅是一部分，衍生品的销售占据了总收入中的较大份额。

综合以上三点，3D 动画中所体现出的商品化倾向格外鲜明，它最直接的诉求就是经济利润，而评价一部影片成功与否的标准也较为偏重其赢利能力，艺术性尚在其后。或者说，即使在某些影片中略有艺术创新的考量，比如某些新技术的开发，某些新的艺术效果的呈现等，其出发点也较多是出于对刺激观众消费的利益考量，在于对利润的精确计算和精心策划。从这个层面来讲，生产 3D 动画的过程跟生产汽车尽管在形式上略有不同，而且似乎看起来 3D 动画也带有鲜明的文化色彩，但在其最为本质的生产和消费动机上，两者毫无二致，均是遵循着商品的逻辑在运作。

三、3D 动画中的拜物性

“拜物”概念一般在两种意义上使用，一是在宗教意义上使用，指原始人的巫术；二是宗教意义之外的其他用法，如马克思的商品、货币和资本的三大拜物教，即指像宗教崇拜那样对待社会生活中的各种现象[①]。按照马克思的理论，拜物是与商品相伴而生的一种现象，如马克思所言：“劳动产品一旦作为商品生产，就带上拜物教性质，因此拜物教是同商品生产分不开的。”[②]之所以如此，是因为劳动产品一旦采取了商品的形式，就会产生内容与形式、本质与现象的三个颠倒。首先，本来是人类劳动的等同性，则采取了人类劳动都具有价值的同质性这种物的形式；其次，本来是用来计算人类劳动力所耗费的劳动时间，则采取了人类劳动产品具有不同的价值量的形式；最后，本来是人们相互交换劳动的关系，则采取了劳动产品的交换关系的形式，这样一来，人们就把人的社会关系造成的商品属性看成物的天然属性，把人的相互之间的关系看成物的关系。[③]于是，物的关系掩盖和取代了人的关系，拜物现象也就由此而生。

阿多诺从马克思的拜物教观念出发，进一步论述了艺术中的拜物现象，他以音乐为例，详细分析了音乐中的拜物主义。阿多诺认为，音乐的拜物性主要体现在创作、演奏和欣赏三个方面，在创作方面，过多地注重对乐曲的改写而不重视乐曲本身，并且在音乐中频繁引进色彩效果，把音乐弄得花里胡哨而不注重音乐内在的节奏及音乐本身的语言等；在演奏方面，过分注重技巧而忽略音乐的结构，一味地重复某些听众熟悉和喜欢的乐章而忽略了乐曲的整体性；在欣赏方面，听众对嗓音、乐器、明星、销量等的关注超过对音乐本身及演奏的关注。阿多诺用一句话来总结音乐中的这种拜物性：“消

---

① 高岭：《商品与拜物：审美文化语境中商品拜物教批判》，北京大学出版社 2010 年版，第 2 页。

② 中共中央马克思恩格斯列宁斯大林著作编译局译：《马克思恩格斯全集》第 23 卷，人民出版社 1972 年版，第 89 页。

③ 高岭：《商品与拜物：审美文化语境中商品拜物教批判》，北京大学出版社 2010 年版，第 19 页。

费者所真正崇拜的是他为托斯卡尼尼音乐会的门票所付出的金钱。”①

当我们沿着马克思和阿多诺的思路来审视 3D 动画时，便能够发现在 3D 动画中所体现出来的鲜明的拜物性。具体而言，3D 动画中的拜物性可以分为以下三个方面。

首先是技术拜物。3D 动画中的技术拜物表现为对 3D 动画中技术的崇拜超过对内容、主题等层面的关注，技术因素成为决定一部 3D 动画成功与否的最关键因素。当然，无法否认 3D 动画的产生便是高科技数字技术催生的结果，离开技术因素的强力支撑，3D 动画也不可能取得今天的辉煌。但这不能成为 3D 动画技术拜物的充分理由，因为无论何时，3D 动画作为一种艺术表现形式存在，其技术因素需要为内容服务，技术是中介，是桥梁，是通达目的的手段，它在 3D 动画创作中不应该成为最终目的。3D 动画中的技术崇拜恰恰是在这个基本观念上出现了问题，即关注 / 崇拜的对象由目的转向了手段，正像“买椟还珠”一样，技术拜物丢弃掉真正珍贵的珠宝，却把装珠宝的盒子当成了宝贝来崇拜。我们经常可以看到某些 3D 动画作品打出的技术招牌，比如影片采用了某某先进技术，为了营造出逼真的水底世界开发了某某技术软件，为了制作出逼真的毛发系统花费了多少精力，为了开发出逼真的面部表情系统耗资了多少金钱和时间等诸如此类的宣传介绍，而且这种宣传也确实能够取得实际的效果，因为对某些具有技术拜物倾向的观众来讲，他所崇拜的正是这里体现出的技术力量。

其次是奇观拜物。3D 动画中的奇观拜物和技术拜物既有区别又有联系，区别在于并非所有 3D 动画技术都是为了营造奇观，比如有些技术开发是为了某些逼真的效果，像面部表情之类，这种真实效果的表现未必有“奇”之感，仅是为了真实感；同时两者又联系密切，体现在绝大部分 3D 动画中的奇观营造需要借助特殊的技术手段，如动作捕捉、特殊效果、系统开发，等等。3D 动画中的奇观拜物表现为一种奇观压倒叙事的接受倾向，

① ［德］阿多诺：《论音乐的拜物性与听力的衰退》，转引自尤战生《流行的代价——法兰克福学派大众文化批判理论研究》，山东大学出版社 2006 年版，第 67、69 页。

即在 3D 动画的欣赏中，观众更加关注影片中是否营造出了前所未见的奇观，无论是动作奇观还是速度奇观或者场面奇观等，只要影片具有了奇观，基本票房便无忧，否则就有可能遭遇惨败。如前所述，3D 动画相较于传统动画，最大的优势在于其视觉真实感强化下营造奇观的巨大优势，这在一定程度上既受到 3D 动画技术价值负载的诱引，也受到整个消费社会文化语境的形塑，所以对于 3D 动画中的奇观拜物，如果追溯其根本原因，必然要溯源到消费社会的运行逻辑。

最后是“明星”拜物。当然，这里的“明星”是比喻用法，指 3D 动画欣赏中对于某些公司出品的作品和某些已获成功作品的特殊崇拜。前者表现为某些动画公司因为前期推出的作品获得了成功，于是该公司便获得了“品牌”效应，后来推出的作品无论在实际质量上是否优秀，均能获得观众的认可，取得一定程度的成功，最典型的例子为皮克斯工作室，因为是 3D 动画的“开山鼻祖”，前期凭借精益求精的技术和创意以及 3D 动画“初生”的新奇感获得巨大成功后，由其推出的一系列作品均获得了不俗的成绩，但若从影片真实的艺术质量来考察，未必部部都是精品；后者则表现为某一部 3D 动画影片获得巨大成功之后，其续集一般也能有不错的票房成绩，似乎在观众看来，前一部的成功必然成为后一部的质量保证，如《玩具总动员》系列、《怪物史莱克》系列，都制作了多部“续集”，票房依然盆满钵满，细察之下，质量同样参差不齐，盖因“明星”拜物使然。

分析 3D 动画中的拜物现象，可以看出鲜明的商品逻辑，无论是技术还是奇观以及“明星”，总其旨归，不离“利润”二字，其直接目的均是取得高额的票房和衍生品销售，为了赚钱。马克思的那句概括一语中的，具有极大的普适性：劳动产品一旦作为商品生产，就带上拜物教性质，因此拜物教是同商品生产分不开的。

商品和拜物使 3D 动画日益远离艺术本性的价值诉求，而堕落为赚钱工具。

我们批判 3D 动画的商品拜物，并不是说商品拜物为 3D 动画所独有，传统动画就不存在这些问题，只是说这些问题在 3D 动画身上体现得非常集中和明显罢了。传统动画也在一定程度上存在着这样或那样的商品拜物体现，但这并不意味着我们因此就不能对 3D 动画的商品拜物进行批判或者说这种批判是不恰当的。不能因为商品拜物的普泛性，而否定对具体事物施加的具体批判的有效性。

四、法兰克福学派理论的适用性与对民粹主义文化辩护的答辩

在对 3D 动画的商品拜物批判以及意识形态批判中，本书大量运用了法兰克福学派的文化批判理论，这里便涉及一个理论的适用性问题：法兰克福学派的理论是否适用于当下的文化现实呢?

法兰克福学派理论的适用性之所以需要作为一个“问题”提出来，是因为这一理论是产生于 20 世纪 30 年代至 70 年代的文化现实，距离现在已经有了不短的时间，那么法兰克福学派理论的适用性是否会随着时间的流逝渐趋削弱了呢?

笔者认为，一套理论体系是否依然适用，不在于这套理论体系提出的时间，而在于理论体系所针对的现象是否已经改变。比如牛顿提出的“万有引力”理论已有几百年的历史，但依然适用，即在于其理论所论述的现象依然存在，这个世界还是依照同样的物理定律在运行。

同样道理，笔者认为，尽管法兰克福学派的文化批判理论是 20 世纪的理论，但因为当下的文化现实不但没有与法兰克福时代取得质的差异，反而在某些方面相较法兰克福学派理论所针对的文化现象更加深化和突出了。3D 动画可以看作法兰克福学派所提出的“文化工业”的当下“强化版”，它具有鲜明的“文化工业”特征，所以笔者认为法兰克福学派的文化批判理论完全适用于 3D 动画的文化批判。

此外，对于法兰克福学派，还涉及民粹主义的文化辩护问题。

与法兰克福学派等西方马克思主义的文化结构主义路向相异，以斯图亚

特·霍尔和约翰·费斯克为代表的文化民粹主义者认为铁板一块的“大众”并不存在，只存在不同的受众个体，而不同的个体有能力根据自己的需要利用大众文化，从而完成“意义”和“快感”的再生产，因而大众文化的意识形态也就不复存在或者无法实现。

对此民粹主义立场，本书持以下两点批判。

（一）主体的建构性

民粹主义太相信受众的自我选择能力了，也就是说在民粹主义这里存在着一个完整纯粹的、自然状态的“主体”，殊不知“主体”本身就是一种建构。让·鲍德里亚早就证明，当代社会中的受众实际上是由大众传媒造就的，由于大众传媒制造的超现实遮蔽和取代了现实和真实，它从外部将其制作的意识强加于大众，所以在它的操纵和模塑下，大众的思想观念和日常经验趋向一体化和同质化。

（二）霍尔的编码／解码理论对3D 动画的文化辩护同样不具阐释效力

第一，因为编码／解码理论强调内容层面“意义”接受上的多样性，但3D 动画恰是在内容层面以最简单的价值观编码，解码也就不具有复杂性。3D“编码”的重点在于视听感官形式的倚重，而对感官形式，受众往往是不设防的，于是视听感官形式上的刺激和强化就成了 3D 动画意识形态的一层“糖衣”，麻痹和迷醉了受众的反思和批判意识，忘乎其中，乐不知返。除此以外，解码上的可变性空间也完全受到编码的限制，这可以通过阐释学得到解决，无论怎样解码，总是在编码的意义框架之内，阐释无法逃离编码的辐射和牵制，同时编码本身也可以起到“议程设置”的功能。

第五章

作为现代性文化表象的 3D 动画

第一节　3D 动画是现代性的一种文化表象

这里的“表象”是一个与“表征”相对应的概念，如果说表征是一个呈现的动作和过程，那么表象则是表征的结果，是表征过程的呈现效果。

作为高科技产物的 3D 动画，便是这样的一个现代性表象，它表征着现代性的强势与缺陷、矛盾与张力，它是现代性在文化艺术领域一个凝结的隐喻。这是本书观照 3D 动画现代性的一个基本判断和立场。

一、现代性，一项未竟的事业

现代性，作为一个意义多重的问题域，著述杂陈，观点纷繁。

剥开其纷繁的外壳，大致可以将其论点分为两类：一类是那些想与现代性妥协的人与宣称现代性已经终结的人之间的争论；另一类是那些承认晚期（高度）现代性的人与那些接受后现代性的人之间的争论。在那些想与现代性妥协的人中，以尤尔根·哈贝马斯、安东尼·吉登斯的观点最具代表性。哈贝马斯将现代性看作一项未完成的计划。对哈贝马斯而言，现代性也许的确处在困境之中，但是在现代的框架内，危机是可以解决的，现代性的潜能尚有待充分发挥。吉登斯则指出，我们实际上并没有迈进一个所谓的后现代性时期，而是处于一个现代性的后果比以往任何一个时期都更加剧烈化、更加普遍化的时期。在那些宣称现代性终结的人中，则呈现出三种不同的理论倾向：第一种是以尼采、海德格尔、德里达、利奥塔和福柯等人为代表。他们将批判的矛头直接指向了启蒙理性和现代叙事，他们以对传统理性主义的批评和攻击来彻底瓦解或动摇现代性“计划”的理论根基。第二种是以鲍曼和赫勒为代表。他们认为现代性从其产生那天起，就孕育了其自身的衰落。现代化过程中出现的问题不会伴随着进一步的现代化而得以解决，这些问题就是现代性自身的结果。因此，现代性不是一项未完成的计划，而是一项无法完成的计划。第三种是以贝克、阿尔布劳为代表。贝克提出风险社会和自反性现代化的理论，认为风险社会和自反性现代化理论既是现实主义的，又是建构主义的，换言之，它们既是对人类所处时代特征的形象描绘，又是解释社会现实的有力的思想武器。阿尔布劳则指出，现代实际上已经结束而历史并未终结，另一个时代（全球时代）已经以其占压倒优势的面貌和形态取代现代。由此，我们将以并非为现代所专有的术语来描述新的时代。①

本书认同第一种观点，即认同现代性是一项未竟的事业，认同哈贝马斯和吉登斯的理论表述，理由如下：

现代性本身即蕴含着一种自反动力，即文化现代性的存在。现代性可分为启蒙现代性和文化现代性两套话语，而在诸多宣告现代性终结的理论表述中，往往是针对其启蒙现代性叙事话语进行批判，就其实质，难逃文化现代性的视域。

另外，现代性本身起始于启蒙运动，启蒙运动在其初期阶段体现为一种进步的批判精神。正如福柯将现代性看作一种质疑的精神气质一样，其对于中世纪宗教迷信的批判和对主体理性的张扬开启了一个“现代”的历史进程；而所谓的后现代性，究其根本也体现为一种批判和质疑，一种对“元叙事”的不信任态度，只不过这里质疑的对象由宗教置换为“启蒙”自身，但如果从现代性即一种批判和质疑精神的角度考量，后现代性依然只是对现代性的一种延续而已，故而有利奥塔“后现代性只是现代性的初始阶段”之说。对此，维尔默曾一针见血地指出：“对现代性的批判从一开始就是现代精神的一部分。如果后现代主义中有某些新东西的话，那并不是对现代性的激进否定，而是这种批判的重新定向。”②

① 郑莉：《后现代语境下的现代性问题》，《光明日报》2006年9月26日。
② ［德］维尔默：《坚持现代性》，载周宪《审美现代性批判》，商务印书馆2005年版，第146页。

如果考虑到当下发展迅猛的全球化进程以及科学技术的突飞猛进，我们不能不认同：在当下这个时代里，现代性不但没有终结，反而比以往任何时代体现得都要更为猛烈。

二、现代性的悖论

现代性虽然没有终结，但现代性的悖论却一直存在，而且其悖论张力在科技理性的突飞猛进下也变得日益突出。

现代性悖论体现为启蒙现代性与审美现代性[1]之间的张力。

英国社会学家齐格蒙特·鲍曼一语中的：现代性的历史就是社会存在与其文化之间紧张的历史。现代存在迫使它的文化站在自己的对立面。这种不和谐恰恰正是现代性所需要的和谐。[2]

也就是说，现代性自身就含有两种彼此对立的力量，或者说，存在着两种现代性及其对抗逻辑。随着西方社会现代化进程的加速，它们处于越来越尖锐的冲突之中。

维尔默正是从这个角度来理解的，他提出了两种现代性冲突的问题，并把现代世界描绘成一个由两种因素构成的图景：一个因素是“启蒙的规划，就像康德所构想的那样，它关心的是人性从‘依赖自我欺骗的’条件下解脱出来，但是，到了韦伯的时代，这个规划已所剩无几了，除了不断发展的合理化、官僚化过程，以及科学侵入社会存在那冷酷无情的过程”。另一个因素是“这个现代世界已不断地揭示了它可以动员一些反抗力量来反对作为合理化过程的启蒙形式。我们也许应把德国浪漫主义包括在内，但也包括黑格尔、尼采、青年马克思、阿多诺、无政府主义者，最后是大多数现代艺术”[3]。

---

① 审美现代性，有的理论家在著述中也称为“文化现代性”，为了表述的统一，本书使用“审美现代性”。
② ［英］齐格蒙特·鲍曼：《现代性的矛盾》，载周宪《审美现代性批判》，商务印书馆 2005 年版，第 137 页。
③ ［德］维尔默：《坚持现代性》，载周宪《审美现代性批判》，商务印书馆 2005 年版，第 145 页。

这一论点得到马泰·卡林内斯库和拉什的支持。卡林内斯库指出："无法确信从什么时候开始人们可以说存在着两种截然不同却又剧烈冲突的现代性。可以肯定的是，在 19 世纪前半期的某个时刻，在作为西方文明史一个阶段的现代性，同作为美学概念的现代性之间发生了无法弥合的分裂（作为文明史阶段的现代性是科学技术进步、工业革命和资本主义带来的全面经济社会变化的产物）。从此以后，两种现代性之间一直充满不可化解的敌意，但在它们欲置对方于死地的狂热中，未尝不容许甚至是激发了种种相互影响。"[①] 拉什则直截了当地认为"现代性有两种范式而不是一种，其一是从科学假设出发，包括伽利略、霍布斯、笛卡尔、洛克、启蒙运动、（成熟的）马克思、科尔比西耶、社会学实证主义、分析哲学和哈贝马斯。另一种现代性则是美学的，它在巴洛克艺术和某些德国风景画中曾露过面，在 19 世纪的浪漫主义运动和美学现代主义中，它作为对前一种现代性的批评出现时锋头甚健。……第二种现代性是对第一种现代性的反思，且是作为对第一种现代性的反射作用而产生的"[②]。

三、3D 动画作为现代性的文化表象

3D 动画可以看作现代性在艺术领域的一个充分文化表象，它不仅表征着现代性的诸多征候，甚至现代性的悖论在 3D 动画上都得到了充分体现。

（一）3D 动画电影可以看作现代性的一个充分表征

1. 作为"现代"的动画形式。现代性，作为一个时间性内涵，体现为"现代"与"传统"的对立，强调其当下性体验，正如波德莱尔对其"瞬间性"等特征的重视，它彰显一种对当下经验的契合与对接。3D 动画就是这

① ［美］马泰·卡林内斯库：《现代性的五副面孔》，顾爱彬等译，商务印书馆 2002 年版，第 46—47 页。
② ［英］安东尼·吉登斯、［德］乌尔里希·贝克、［英］斯科特·拉什：《自反性现代化——现代社会秩序中的政治、传统与美学》，赵文书译，商务印书馆 2001 年版，第 268 页。

样的一种“现代”的动画形式，它产生于当下的技术语境，契合与形塑当下的审美体验，也暗合着社会综合语境的需求。

2. 技术理性崇拜。3D 动画产生于数字技术，其发展也同样依赖于技术的创新和拓展。同时，在现阶段的 3D 动画中，炫人耳目的技术效果也正是 3D 动画最常用来吊人胃口的卖点。无论从创作还是从欣赏，3D 动画都弥漫着一种技术理性崇拜的气息。对技术理性的推崇与迷恋，恰是现代性的题中之义。

3. 全球化和同质化。3D 动画电影的“全球化”和“同质化”，体现了一种对“秩序”的追求，一种对“统一”、“普适”以及“本质”的热望。而这些都是现代性的价值观要义。正如鲍曼所言，现代性，无论是文化的规划还是社会的规划，就其本质而言，实际上是在追求一种统一、一致、绝对和确定性。一言以蔽之，现代性就是对一种秩序的追求，它反对混乱、差异和矛盾。

（二）3D 动画中体现现代性的悖论现象

3D 动画的现代性悖论体现为 3D 动画在对技术理性最大限度的张扬之中，彰显出来的却又是前所未有的最大限度的“感性力量”。这种“感性力量”体现于超豪华的视听盛宴，体现为对想象力的极大解放，体现为对本雅明所谓的“视觉无意识”的彰显。

感性作为理性的对立，在现代性的视野中是遭到贬损的。但当对理性的希望变成对理性的绝望时，感性情绪便会萌发，一个超“感性”时代便有可能出现。

从这个角度出发，可以看出超感性的出现本应诞生于理性的批判语境之下，可是在 3D 动画中，前所未有的超感性却与最大限度的技术理性张扬实现了完美结合，这不能不看作现代性悖论的典型体现。

此外，在 3D 动画技术的“霸权”和“解放”这一层面同样存在悖论。一方面，3D 动画技术造成了 3D 动画“同质化”的现象，体现出一种“霸权”性；另一方面，3D 动画技术也提供了人人都可以来运用电脑制作动画的可能性（至少从理论上可以成立），因为个性差异，也体现为这些 3D 动画的差异，从这个层面讲，又体现出一种“解放”的力量。

笔者认为构成 3D 动画现代性悖论的原因在于：

1. 技术理性的极大膨胀已经渗透到所有社会生活领域，艺术领域也难逃其劫，艺术技术化倾向越来越明显，艺术越来越遭遇技术的“劫持”。

2. 数字技术的诗学精神。究其本质而言，任何一门现代科学和高新技术都源于人征服和驾驭外部世界的创造欲望，目的在于获得人在自然界中的更大自由，以确定人在宇宙中的主宰地位。不过，人类发展科技的终极目的不是为了物欲，而在于生命的完美；不是物对于人的占有，而是人驾驭物的自信与自由。数字技术的诗学精神，便基于这样的持论前提。

下节将详细解读 3D 动画现代性中的全球化问题、合理化问题以及 3D 动画的跨界问题。

第二节　3D 动画全球化与文化帝国主义

对“文化帝国主义”这个概念给出一个精确的界定似乎不是一件容易的事情，因为在不同的理论家的视域中，这一概念有着不同的样貌，但作为一个曾被热烈讨论和争议过的话题，这一概念还是有着基本的倾向性。如马丁·巴克所言：“到底‘文化帝国主义’指的是什么？几乎没有任何精确的定义。它似乎是说，帝国主义国家控制他国的过程，是文化先行，由帝国主义国家向他国输出支持帝国主义关系的文化形式，然后完成帝国的支配状态。”[①]欧苏利文则明确指出：“文化帝国主义所指的就是这种过程，就是优

① ［英］汤林森：《文化帝国主义》，冯建三译，上海人民出版社 1999 年版，第 6 页。

势国家将某些产品、时尚和风格转移到依赖它们的市场之中，造成某种特殊形态的需求和消费，而这些需求和消费确实由优势来源所制定的文化价值、理念和实践来奠定基础，回过头来又背书保证的。在这种情况下，发展中国家的地方性文化变成了由外来文化（通常是西方文化）来支配，而且在某种程度上也被侵略、转移和挑战了。”①

“文化帝国主义”概念强调的是文化层面的隶属和依赖关系，优势国家通过文化输出，通过在文化欠发达国家中普及其文化情趣和消费观念，从而使优势国家的意识形态和文化理念在文化欠发达国家得到传播，以培养和造就特定的消费心理，达到其“帝国”的统治目的。

笔者认为 3D 动画的全球化过程体现出的正是这种文化帝国主义的基本逻辑，它表征着美国新动画在全球范围内的“殖民”过程。

一、3D 动画的全球化进程

3D 动画是在美国诞生并成熟起来的。1995 年 11 月 22 日，第一部 3D 动画电影《玩具总动员》上映，取得极大成功。“《玩具总动员》成为 1995 年最卖座的电影。它也是首部获奥斯卡最佳原创剧本提名的动画电影。1996 年拉塞特被奥斯卡授予特别成就奖，表彰他对皮克斯《玩具总动员》团队的杰出领导，带来了世界上第一部电脑动画长片。”② 至此，也拉开了 3D 动画辉煌历史的序幕，以皮克斯为例，1998 年，《虫虫危机》上映，共收得美国 1.62 亿美元的票房进账，成为当年动画长片票房冠军；次年，《玩具总动员 2》上映，再次刷新动画片票房纪录——美国 2.45 亿美元；2001 年，《怪兽电力公司》上映，上映 10 天即突破 1 亿美元大关，全美票房再创新高，达到 2.55 亿美元；2003 年，《海底总动员》最终以 3.4 亿美元的票房成绩超

① 周宪：《文化研究关键词》，北京师范大学出版社 2007 年版，第 69 页。

② ［美］大卫 · A. 普莱斯：《皮克斯总动员：动画帝国全接触》，吴怡娜等译，中国人民大学出版社 2009 年版，第 138—139 页。

过真人电影《加勒比海盗》，成为年度北美票房冠军，并打破了 1994 年迪士尼传统二维卡通动画《狮子王》保持的 3.28 亿美元的动画片最高票房纪录；2004 年，《超人总动员》上映一周即在北美票房排行榜以 7000 万美元的票房成绩傲视群雄，最终以北美 2.5 亿美元的票房成绩收官。①2006 年 5 月，迪士尼成功收购皮克斯，之后推出的一系列 3D 动画继续以不可抗拒的强势续写着 3D 动画的票房辉煌，《赛车总动员》《美食总动员》《机器人总动员》均取得了不俗的票房战绩。不只是迪士尼／皮克斯，在美国，其他电影制作公司也纷纷推出 3D 动画电影，意图在这样一个新的动画时代占据一个有利的位置。梦工厂、20 世纪福克斯、华纳、索尼／哥伦比亚等均紧随迪士尼／皮克斯之后，顺应时势地推出了自己的 3D 动画电影，《怪物史莱克》系列、《冰河世纪》系列等 3D 动画影片，也都取得了令人瞠目的票房成绩。作为一个动画类型，3D 动画用十年的时间迅速发展成为美国最具吸引力的主流动画形态。

3D 动画在美国迅速成长的同时，也开始了其在全球范围内的推广与扩张。扩张是以两种方式进行的，一是美国出品的 3D 动画影片在全球范围内的“攻城略地”。几乎每一部在美国国内获得成功的 3D 动画电影也都在全球范围内获得了同样的成功，如《虫虫危机》美国票房 1.62 亿美元、全球票房 3.63 亿美元；《玩具总动员 2》美国票房 2.45 亿美元、全球票房 4.85 亿美元；《怪兽电力公司》美国票房再创新高，达到 2.55 亿美元，全球 5.25 亿美元；《海底总动员》美国票房 3.4 亿美元，全球票房更是难以置信地高达 8.64 亿美元，从而超过了由《狮子王》保持的 7.834 亿美元的全球票房纪录，成为动画历史上一个新的里程碑；《超人总动员》美国票房 2.5 亿美元、全球票房 6.2 亿美元等。二是 3D 动画作为由美国创新出来的一种动画类型在全球范围内迅速扩张，世界各国在美国 3D 动画的影响下，也纷纷推出自己生产的 3D 动画电影，如法国相继推出了《盖娜》《复活》《巨龙猎人》等 3D 动画电影，西班牙推出了《骑士歪传》、比利时推出了《带我去月球》、

① 李四达编著：《迪斯尼动画艺术史》，清华大学出版社 2009 年版，第 259—283 页。

挪威推出了《解救吉米》、韩国推出了《倒霉熊》系列、泰国推出了《小战象》等 3D 动画影片，德国于 2004 年推出了三部 3D 动画，《重返戈雅城》是目前德国最为昂贵的动画之一；日本也推出了《苹果核战记》《生化危机：恶化》《2077 日本锁国》《弃宝之岛》《猫屎一号》等 3D 动画影片；我国第一部 3D 动画电影是由环球数码制作的《魔比斯环》，后又有《向钱冲，向前冲》《阿童木》《麋鹿王》《齐天大圣前传》《超蛙战士》《世博总动员》等 3D 动画问世。

尤其值得一提的是，借助于立体电影技术在 21 世纪的“复兴”，美国动画顺势推出的 3D 立体动画进一步提升了 3D 动画的视觉感染力，由其推出的 3D 立体动画《霹雳狗》《飞屋环游记》《玩具总动员 3》《怪物史莱克 4》等也都获得了巨大的成功。这将进一步提升 3D 动画在全球的扩张能力，因为采用 3D 立体技术后的 3D 动画一方面能够在观赏性上提供更加完美的视觉奇观；另一方面对影片制作方来说，3D 立体技术也能够为其提供更为安全的盈利保障，因为 3D 立体技术能够有效地防止盗版，从而减少影片因盗版而造成的利益流失。也就是说，无论从接受者的观赏期待，还是制作方的盈利期待，3D 立体技术都能够起到更高层面的保障作用，从而使 3D 动画在全球范围内的扩张更为迅猛和流畅。但是也必须看到，3D 立体技术的出现，在使美国 3D 动画的全球扩张提升到一个新的高度的同时，也为全球范围内的动画生产提供了一个新的标杆供其追赶，从而进一步强化了美国动画在 3D 动画领域的霸主地位并进一步打击了世界各国民族动画的生存空间。因为这是一个没有选择的选择，在制作精良的美国 3D 立体动画熏陶下的观众已经形成了特定的观影期待，如果不追赶美国的 3D 立体技术，依然按照以前的技术进行动画生产，已经不能够满足观众的期待心理，除非借助于国家制定的保护政策以及财政补贴，否则这样的动画的生存空间较为狭小。以我国为例，在《霹雳狗》《飞屋环游记》，尤其是《阿凡达》等美国 3D 立体电影的影响下，3D 立体技术迅速成为一个制作热点，在其后短短一段时间里相继推出《齐天大圣前传》《超蛙战士》《乐火男孩》等多部 3D 立体电影，既有动画电影，也有实拍电影，可以看出美国 3D 立体电影立竿见影的影响效果。

二、3D 动画全球化与文化帝国主义

笔者认为 3D 动画全球化的过程就是美国动画“帝国主义”化的过程。如汤姆林森所言，“文化帝国主义这个概念是说，全球文化多多少少倾向于成为一种霸权式的文化”[①]，而在这一确立“霸权”的过程中，媒介扮演着至关重要的作用，以至于汤姆林森把媒介帝国主义看作文化帝国主义的象征[②]。

下面具体分析一下在 3D 动画这一媒介形式中，美国文化“霸权”实现的方式。

首先，美国 3D 动画的全球化过程是以技术输出形态进行的。在 3D 动画的制作过程中所涉及的技术，可以说绝大部分是由美国开发设计的，《皮克斯总动员》一书曾用大量篇幅介绍了在皮克斯工作室出品的一系列 3D 动画作品中的技术研发过程。目前 3D 动画制作领域，计算机图形学研发实力最强的动画制作公司均集中在美国，如皮克斯／迪士尼，代表作有《玩具总动员》系列、《怪兽电力公司》《海底总动员》等；PDI ／梦工厂，代表作有《蚁哥正传》《怪物史莱克》系列等；索尼／哥伦比亚，代表作有《最终幻想》等；蓝天／ 20 世纪福克斯，代表作有《冰河世纪》系列等。3D 动画制作涉及的核心技术几乎都是由这几家工作室研发的，如皮克斯工作室的 Render Man 系列、蓝天工作室的热能通量渲染等，正是这些优势，使它们始终处于 3D 动画的最前端。在 3D 动画技术领域，美国保持着其绝对霸权的地位。在美国 3D 动画的全球扩张过程中也主要体现为技术的扩张，即 3D 动画技术在全球动画生产中的广泛应用。但如前所述，技术并非中性，它具有一定的价值负载，在人们开发一项技术的同时，一定的目的性就已经

① ［英］约翰·汤姆林森：《全球化与文化》，郭英剑译，南京大学出版社 2002 年版，第 116 页。

② ［英］汤林森：《文化帝国主义》，冯建三译，上海人民出版社 1999 年版，第 45 页。

被蕴含在技术之中，通过某项技术要达到何种目的是在技术设计之初就已经被预先设定的，然后在技术的实际运用过程中，技术的价值负载得以还原，它会对一定的价值倾向发挥推崇、诱引或者排斥的功能。基于这样的视角来看待 3D 动画技术，其视觉奇观、新感性等消费文化的运行逻辑便清晰展现。所以，3D 动画技术的全球化扩张，表面看起来是技术的扩张，究其实质，更根本的是美国消费文化和审美情趣的全球扩张。在美国出品的一系列 3D 动画电影全球范围内“攻城略地”和世界各国广泛推出本国制作的 3D 动画的同时，美国的消费文化和审美情趣已经不知不觉地在全球得到推广和普及。

其次，需要考察美国 3D 动画全球扩张中两种形式的作用。美国 3D 动画全球扩张是以两种方式进行的：一是美国出品的 3D 动画影片在全球范围内的“攻城略地”；二是 3D 动画作为由美国创新出来的一种动画类型在全球范围内的迅速扩张，世界各国纷纷推出自己生产的 3D 动画电影。先来看前者的作用，美国出品的 3D 动画在全球范围的强势表现，其最直接的作用体现为一种“品牌”塑造和对全球观众审美情趣的引导与重塑。凭借着在经济、技术领域绝对的优势地位，美国 3D 动画往往制作精良，无论在视听语言，还是叙事层面都非常成熟，具有典型的“好莱坞”风格特征，所以这样的品质特征对观众来说是极具诱惑力的，它能够把全球观众的目光吸引过来，高额的票房也在情理之中。随着一部又一部美国 3D 动画影片的巨大成功，美国 3D 动画的“品牌”效应便得以形成，人们往往形成一个习惯性观念：美国 3D 动画是优良的、好看的、吸引人的。在此种观念形成过程中同样伴随着另一个结果的形成，即美国式审美情趣对全球观众的普及与重塑。本来鉴于世界文化的多元，每个国家的观众在审美情趣上自然也体现出很大的差异性，但是在美国 3D 动画重复性的“轰炸”之下，一种同质化的审美情趣得以形成，即对视听奇观和感性的依赖。当这种同质化的审美期待成为全球观众对动画欣赏普遍性和第一性的观赏期待时，直接后果便是 3D 动画扩张的第二种方式的出现，即世界各国不得不追随美国的脚步，也推出由本国生产的 3D 动画电影。当然，这个过程不见得完全出于主观意愿，当观众的审美情趣被同质化之后，追随美国 3D 动画的脚步便已是一种必然，因为观众的审美期待已经被重塑和定型，只有能够契合这种审美期待的动画类型才能够获得充分的发展空间，否则便没有了存身之处。这样一来，原来世界各国多元的动画形态便被“同质化”了，世界动画成了美国 3D 动画的“臣属”，原来丰富多彩的动画表现形态如卡通动画、偶动画、沙动画等的生存空间被严重压缩，全球范围只有一种动画形态能够广泛流行，那就是 3D 动画。于是，美国 3D 动画的全球“霸权”地位得以稳固确立。

3D 动画的全球化，一方面使美国动画在全球范围内“吸金纳银”，获利甚丰；另一方面因为其巨大的获利能力和实际收益，又使美国 3D 动画在制作过程中能够得到更为充足的资金和技术保障，从而提供更加具有视听奇观性的动画作品，于是美国出品的 3D 动画在全球更为流行，美国的消费文化和审美情趣也得到更加广泛的传播；这种广泛流行和传播又将进一步强化美国 3D 动画的获利空间和获利能力……从而一个良性的循环得以生成，美国 3D 动画的“霸权”在这个循环里也将更为稳固地存在。

三、3D 动画全球化中的现代性

笔者认为 3D 动画的全球化逻辑即现代性的逻辑，因为现代性的实质即一种秩序的追求。

如费瑟斯通所言，从后现代主义的观点来看，现代性已被视为导致将统一性和普遍性观念强加于思想和世界之上的探索。实际上，它的使命就是要把有序强加给无序，把服从的规则强加给未开垦的处女地。[①] 列维纳斯也认为现代性的本质特征在于从借助认识达到存在的统一和占有，转向存在和

① ［英］迈克·费瑟斯通：《消解文化——全球化、后现代主义与认同》，杨渝东译，北京大学出版社 2009 年版，第 166 页。

认识的同一。[1] 而在鲍曼看来，典型的现代性实践，即现代政治、思想和生活的本质，就是根除矛盾：努力精确地界定——压制或根除一切不可能被精确界定的东西；借用周宪对鲍曼的解读，鲍曼的现代性，无论是文化的规划还是社会的规划，究其本质，实际上都是在追求一种统一，它反对混乱、差异和矛盾，所以从本质上说，现代性是和矛盾相抵触的。[2] 由此可见，无论是费瑟斯通还是列维纳斯和鲍曼，其现代性界定的基本点均着重于对秩序的追求，对统一和普适的追求，而在这一过程中被否定掉的是矛盾、多元和含混。

而考察 3D 动画全球化的过程，可以清晰看出其对现代性秩序、统一和普适等质素的追求。首先，如前所述，3D 动画作为一种动画样态之所以能够诞生，其根本原因是美国内部传统二维动画的急剧式微和外部日韩动漫产业迅速扩张的刺激，传统二维动画不仅在美国内部无法为制作方带来丰厚的利润，而且在全球范围内还要受到日韩动漫的挤压，对美国动画来说，它急需转变方向，以一种新的动画形态来重新确立其在利益和美学方面的优势地位。顺应于数字技术和消费文化的趋势，3D 动画应运而生，成为美国动画重整全球动画秩序最为合适的选择。

其次，从 3D 动画诞生以来在全球范围的迅速扩张效果来看，美国动画的目的确实已充分实现。因为 3D 动画在短短数年内迅速崛起，成为当下最具吸引力的动画形态，世界各国也都在纷纷追随美国 3D 动画的脚步，制作自己的 3D 动画电影。在这个过程中，原来丰富多样的动画表现形态日益失去其生存空间，比如在传统动画时期里推出过很多精品的偶动画、剪纸动画等，越发在这个由 3D 动画所主导的动画世界秩序里失去其生存的可能性。当然，我们这里所指的主要是动画长片，而不包括动画艺术短片，因为在动画艺术短片的制作过程中所受到的来自观众、资金等方面的压力和束缚都相

---

① ［法］伊曼纽尔・列维纳斯：《列维纳斯读本》，载周宪《文化研究关键词》，北京师范大学出版社 2007 年版，第 278 页。

② 周宪：《审美现代性批判》，商务印书馆 2005 年版，第 144 页。

对较小，而体现出很强的个人化抒情表意性。从理论上讲，在任何时代都具有这类艺术短片的生存空间，因为它不以公众为其直接传播诉求，也不以营利为其直接目的。相对于动画长片来讲，基本不存在动画艺术短片所具有的这些自由，因为它需要在影院、在影音制品市场经受大众的选择和考验，因而它会在很大程度上受制于观众的审美情趣。在 3D 动画成为当下最受欢迎的主流动画形态的同时，全球观众的审美情趣也得到了“格式化”“同质化”重塑，对视听奇观和新感性的观影期待已经成为大众的第一甚至唯一的期待，所以那些不能够或不适宜表现视听奇观的动画类型，如剪纸片和折纸片等，在这样的审美语境下，无疑已经失去了基本的生存能力。从这个层面来讲，3D 动画急剧膨胀的同时，也把传统动画丰富多样的表现样态给“去势”了，从而在客观上实现了其统一和普适的现代性诉求。

对 3D 动画的全球化问题可以有不同的理论思路，但如果聚焦于“秩序”，无疑在这一点上它与现代性实现了完美的“视界重合”。

3D 动画的全球化过程，即现代性的秩序追求在动画领域的具体体现。

第三节　现代性视域下的 3D 动画合理性问题

一、3D 动画的合理性问题

对大部分人文概念来说，意义源于阐释，不同的论点来自不同的视角和方法。

“合理性”，像现代性概念一样，又是一个本雅明意义上的“星丛”概念或维特根斯坦的“家族相似”概念。有学者考证，对于这一概念，较有代表性的理解及界定主要有如下几种。有人认为，人们对“合理性”的内涵从来就有不同的理解和标准，其中较为普遍的有两种不同的理解方式：一种是科学意义上的合理性，它含有“合事实、合理性、合规律与合逻辑”的意思；另一种则本身就是价值判断，含有“合目的、合理想、合原则”及“是应该的”意思。也有人认为，从最一般的意义上，我们可以从三个方面去把握“合理性”这一概念的内涵：首先，它意味着“合乎事实及规律”，这是合理的客体尺度。其次是“合乎人愿及目的”，这是合理的主体尺度。最后是合乎人的理性。还有人在追溯“合理性”来龙去脉的基础上，提出了以下看法：所谓“合理性”，主要是对欧洲哲学传统素有的关键概念——“理性”进行反思与批判的直接产物。“合理性”仍然是一种理性，基本含义是合乎理性，但不是合乎传统概念的理性，而是合乎经过反思的批判理性。“合理性”的基本内涵是：其一，理性应对现实世界持批判态度，这种批判不是非理智的全盘否定，而是通过用理性的眼光去衡量现实，修正其不完善的地方，促使其逐渐地、不断地完善。其二，理性对自身也应采取批判态度，它应时刻认识到自身的有限性、相对性和历史性，它不仅应促进现实逐渐趋向完善，也应同时修正自身以适应改变了的现实。另有人认为“合理性”有三种含义：一是指符合理性和逻辑，即理性原则和逻辑原则的正确性；二是指符合社会共同遵循的思想准则或行为标准；三是指符合社会历史发展的方向和趋势，即“合规律性”，这种合理性是最高层次的合理性。国外有学者认为，所谓“合理性”就是合乎理性、合乎道理，或者有理性、有道理，出于理性、理智，明于事理，乃至适度、适当，其要义是理性、理智，并将合理性界说为：合理性要求人们在认识、行为和评价等一切方面运用自己的理性智慧估算、谋划出适当的或最佳的选择、目标，并深思熟虑地尽最大可能调动自己可资利用的手段，达到可以期望的最佳效果。①

仔细辨析以上诸家的“合理性”界定，抛却其中重合的部分，可以看出

① 赵士发：《合理性——价值论研究的焦点》，《社会科学动态》2000 年第 1 期。

绝大部分界定是沿着两条线路进行区分的，其一是从“主观合目的”和“客观合规律”这一思路进行界定；其二则是从“工具理性”和“价值理性”这一思路进行界定。但无论是从哪种思路出发，其基点都是对价值评判的解析，这是“合理性”问题的起点和目的。

对 3D 动画来说，同样需要放置在“合理性”这样一个平台上进行价值验证，这关涉到对 3D 动画的根本态度问题：我们应该如何看待它？它是“合理”的吗？如果“合理”，“合理”在什么地方？如果不“合理”，又不“合理”在什么地方？假如说它“合理”与“不合理”双重存在，又如何趋利避害、扬长避短？……这些问题都需要在“合理性”的平台上进行思辨。

“合理性”问题可以从两条路线出发进行辨析。如果我们从第一条思路出发，从“主观合目的”和“客观合规律”的角度对 3D 动画的“合理性”问题进行思辨，会发现存在一些基本的困境。首先来看“主观合目的”。对 3D 动画的价值判断来说，“主观”和“目的”都是多重的，是从制片方的“主观”和“目的”出发，还是从观众的“主观”和“目的”出发，或者从专业影评人的“主观”和“目的”出发？如阿拉斯戴尔·麦金太尔的《谁之正义？何种合理性？》所昭示的那样，事实证明存在着多种相互竞争的合理性，而不是一种合理性，正如存在着多种正义而不是一种正义一样。同样道理，对 3D 动画来说，事实上也存在着多种相互竞争的“目的”，从不同的“主观”出发就有不同的“目的”。对于“客观合规律”也一样，谁之客观？又“合”何种“规律”？ 3D 动画作为一种动画形态，具有不同维度的价值坐标系，这个价值评判的“合理性”是从“动画”规律出发，还是从“艺术”规律出发？抑或是从“工业”或“意识形态”的规律出发？抵触和竞争依然如影随形。可以看出从“主观合目的”和“客观合规律”这一思路出发，对 3D 动画进行价值判断是不可行的。

那么从“工具理性”和“价值理性”这一思路出发是否可行呢？

笔者认为这是一条有效的途径，沿着这一思路可以形成对 3D 动画价值判断的有效理论解析，原因有二：其一，“工具理性”和“价值理性”是从两个不同的价值层面来区分的，它不涉及同一层面不同力量的竞争问题，古人云“形而上者谓之道，形而下者谓之器”，“工具理性”和“价值理性”便是分别从“器”和“道”的不同层面展开“形而下”和“形而上”的不同价值定位，这里不存在明显的竞争关系。其二，“工具理性”和“价值理性”作为价值论领域的一对核心范畴，自马克斯·韦伯提出以来，历经多位哲人和学术大家的修正完善，已经成为价值评判的有效理论工具，并被广泛应用于多种学科领域，已经构成一定的普适性价值，能够为不同的研究对象在价值论层面提供相对具有共识性的分析平台。

二、现代性视域下的 3D 动画合理性

从“工具理性”和“价值理性”的思路对 3D 动画进行价值判定，所依据的正是现代性的理论视域，具体而言，是现代性悖论框架下的价值界定。

如前所述，现代性作为一种整体规划，体现出悖论和张力现象。也就是说，现代性自身就含有两种彼此对立的力量，或者说，存在着两种现代性及其对抗逻辑。随着西方社会现代化进程的加速，它们处于越来越尖锐的冲突之中。用鲍曼的话来说，现代性的历史就是社会存在与其文化之间紧张的历史。现代性悖论即体现为启蒙现代性与审美现代性之间的紧张关系。其中，启蒙现代性的“特征就是‘勇敢地使用自己的理智’来评判一切。它表现在两个方面：1. 对于自然世界，人类可以通过理性活动获得科学知识，并且以‘合理性’、‘可计算性’和‘可控制性’为标准达至对自然的控制。其口号是‘知识就是力量’。2. 在社会历史领域里，人类应当相信历史的发展是合目的的和进步的。人们可以通过理性协商达成社会契约，把个人的部分权力让渡给民选政府，实行‘三权分立’，就能够逐步实现自由、平等和博爱的理想”[①]。而审美现代性则体现出一种对启蒙现代性的批判与否定，“简单地

① 佘碧平编：《现代性的意义与局限》，上海三联书店 2000 年版，第 2 页。

说，审美现代性就是社会现代化过程中分化出来的一种独特的自主性表意实践，它不断地反思着社会现代化本身，并不停地为急剧变化的社会生活提供重要的意义。……它像是一个爱挑剔和爱发牢骚的人，对现实中种种不公正和黑暗非常敏感，它关注着被非人的力量所压制了的种种潜在的想象、个性和情感的舒张和成长；它又像是一个精神分析家或牧师，关心着被现代化潮流淹没的形形色色的主体，不断地为生存的危机和意义的丧失提供某种精神的慰藉和解释，提醒他们本真性的丢失和寻找家园的路径"[①]。

由此可见，现代性的悖论逻辑即"工具理性"和"价值理性"的张力逻辑，启蒙现代性即"工具理性"的肆意张扬，而审美现代性无疑正是对启蒙现代性在"价值理性"观照下的批判和反思。

置于这样的悖论和张力平台之下，3D 动画将体现出怎样的价值样态？

在"工具理性"的层面，3D 动画体现出强大的价值正值。马克斯·韦伯将数学形式等自然科学范畴所具有的量化与预测等理性计算的手段，用于检测生产力高度发展的西方资本主义社会人们自身的行为及后果是否合理的过程，叫作"工具理性"[②]。"工具理性"的基本特征是通过实践的途径确认工具的有用性，从而追求物的最大价值的功效，为人的某种功利的实现服务。也就是说，它仅仅关注于"工具"对于实现"目的"的有效性，而不涉及"目的"本身。在"工具理性"的价值性考量中，3D 动画体现出强大的优势，这一点可以从三个方面得到确证，这三个方面也是人们对 3D 动画直接的"目的诉求"，即生产效率的提升、奇观的呈现和巨额利润的实现。

从生产效率的提升这一角度来讲，3D 动画技术具有极大的优势。传统动画制作需要动画师首先从设计规划开始，经过设计具体场景、设计关键帧、制作关键帧之间的中间画、复制到透明胶片上、上墨涂色、检查编辑，到逐帧拍摄，然后将拍摄得到的底版经过冲洗，再制作一套工作样片，利用这套样片进行剪辑。过程可谓极端烦琐，耗力费时。而 3D 动画技术利用数

① 周宪：《审美现代性批判》，商务印书馆 2005 年版，第 70 页。

② ［德］马克斯·韦伯：《经济与社会》（上卷），林荣远译，商务印书馆 1997 年版，第 65 页。

字化的便捷性，可以轻而易举地省略传统动画制作中烦琐的技术环节，大大提升动画影片的生产效率。例如，在迪士尼出品的二维人物 + 三维特效动画长片《花木兰》中，有一个场景是花木兰和同伴遇到匈奴袭击，雪山上瞬间出现几千名匈奴骑兵，并且因为每个匈奴骑兵的造型还要有所区分，这样的场面要求如果用传统动画技术来制作几乎不可能实现，即使能够勉强实现也将耗费巨大的人力、物力、财力，但采用 3D 动画特效技术来制作的这个场景，仅仅用了 5 张手绘匈奴骑兵的图，就生成了几千个造型各异的匈奴骑兵，可见 3D 动画技术的生产效率之高。据《花木兰》人物设计总监估算，这部影片如果采用传统动画技术来制作，制作周期将有可能长达 20 年。

图5-1　《花木兰》剧照

在奇观呈现层面，3D 动画也具有传统动画无法比拟的优势。如前所述，相较于传统动画技术，3D 动画技术在技术物质载体上迥然相异，它不需要纸和笔，也不需要其他物质材料，它存在于以数字 0 和 1 组合的无数组数字序列之中。3D 动画技术的这一属性，使 3D 动画创作极度解放，传统动画制作中的技术局限，在数字 0 和 1 序列组成的数字技术工作平台上几乎可以完美解决，从数字建模，到贴图材质、数字灯光、摄像机，再到中间动画生成以及后期数字特技、非线性编辑和渲染，都畅通无阻。在这样的数字化制作平台上，奇观呈现的质量是传统动画无法比拟的，如对微观世界和宏观世界的视觉呈现，3D 动画均能够做到美轮美奂，在《虫虫危机》《昆虫总动员》等 3D 动画中完美复现了蚂蚁王国的微观世界，将一个奇妙而生机勃勃的蚂蚁世界活灵活现地展现在银幕上，而在《机器人总动员》《最终幻想》等 3D 动画中又对外太空世界做到了逼真“复活”，另外，在《海底总动员》《鲨鱼黑帮》等 3D 动画对海底世界的复活以及《恐龙》《冰河世纪》等 3D 动画对恐龙世界和冰川纪世界的复活等，都是传统动画技术难以望其项背的。

而在巨额利润的实现方面，3D 动画在当下的消费语境中，无疑更具有绝对的优势。试想，在近十几年的动画电影票房方面，哪种动画类型能够盖过 3D 动画的风头？下列数字构成了对 3D 动画赢利能力的充分证明：1995 年 11 月 22 日，首部 3D 动画电影《玩具总动员》上映，“周三首映，到周末就获得 1000 万美元的收入，之后的周末三天又入账 2800 万美元。它是有史以来最成功地在感恩节上映的影片。放映头 12 天，《玩具总动员》共挣得 6470 万美元”[①]。1998 年，《虫虫危机》上映，共收得美国 1.62 亿美元、全球 3.63 亿美元的票房进账，成为当年动画长片票房冠军。1999 年，《玩具总动员 2》上映，再次刷新动画片票房纪录——美国 2.45 亿美元、全球 4.85 亿美元。2001 年，《怪兽电力公司》上映，上映 10 天即突破 1 亿美元大关，全美票房再创新高，达到 2.55 亿美元，全球达到 5.25 亿美元。2003 年，《海底总动员》最终以 3.4 亿美元的票房成绩超过真人电影《加勒比海盗》，成为年度北美票房冠军，并打破了 1994 年迪士尼传统二维卡通动画《狮子王》所保持的 3.28 亿美元的动画片最高票房纪录，该片的全球票房更是难以置信地高达 8.64 亿美元，从而超过了由《狮子王》保持的 7.834 亿美元的全球票房纪录，成为动画历史上一个新的里程碑。2004 年，《超人总动

① ［美］大卫·A. 普莱斯：《皮克斯总动员：动画帝国全接触》，吴怡娜等译，中国人民大学出版社 2009 年版，第 138—139 页。

员》上映一周即在北美票房排行榜以7000万美元的票房成绩傲视群雄，最终以北美2.5亿美元、全球6.2亿美元的票房成绩收官。[①]借助于3D立体技术的吸引力，近两年上映的3D动画长片《冰河世纪3》等全球票房更是达到了近十亿美元的天文数字。如此强的“吸金”能力，更是传统动画难以望其项背的。

如果仅从“工具理性”的层面来考察3D动画的价值问题，无论是在提升生产效率，还是在奇观呈现以及利润获取方面，3D动画均体现出强大的正价值，但是当将3D动画置于“价值理性”的平台之上进行再次评估时，所得到的价值判断就不那么乐观了。

“价值理性”是一个与“工具理性”相对立的概念，在韦伯看来，所谓“价值理性”即“通过有意识地对一个特定的行为——伦理的、美学的、宗教的或做任何其他阐释的——无条件的固有价值的纯粹信仰，不管是否取得成就”[②]，它是作为主体的人在实践活动中形成的对价值及其追求的自觉意识，是在理性认知基础上对价值及价值追求的自觉理解和把握。如果说工具理性意味着以最有效的手段达到预期的目的，至于这个预期目的是否合理，则不在其考量范围内的话，那么价值理性首先拷问的便是目的的道德性，用霍克海姆的话来说，它是一种生活方式，即一种与生命、自然谋求和谐的方式，它提出了一个“真理的”和谐世界的可能性。[③]

当3D动画被置于“价值理性”的平台之上进行考量时，将呈现出与“工具理性”完全不同的负价值性。如前所述，3D动画的美学倾向体现为如下特征：一是现实的遮蔽，3D动画成了脱离所指的“能指的自身游戏”，在一个不指涉现实、现实被完美替代的虚幻世界中自我游弋，从而成了一种失去重量的轻飘飘的单薄符号；二是奇观对叙事的胜利，在3D动画中，叙事简单化和堕降到为奇观服务，叙事的弱化和单薄化将使其从深度走向平面

① 李四达编著：《迪斯尼动画艺术史》，清华大学出版社2009年版，第259—283页。
② ［德］马克斯·韦伯：《经济与社会》（上卷），林荣远译，商务印书馆1997年版，第56页。
③ 陈振明：《法兰克福学派与科学技术哲学》，中国人民大学出版社1992年版，第51页。

化和浅薄化；三是审美的“同质化”，无论是动画类型的多样性，还是文化风格和个人风格的多样性，在 3D 动画的“格式化”下，都被整合成了“同质化”的动画类型。在这样的美学倾向下呈现出来的文化形态是一种单向度的“肯定的文化”：通过在内容层面的“去现实化”和形式层面的“感官化”，3D 动画中的意识形态诉求便基本实现，那就是对否定和批判维度的“去势”，使其成为仅具有单向度“肯定”性质的文化形态，成为“意识形态国家机器”的一个重要组成部分。自然，被这种单向度的“肯定的文化”所“询唤”出的主体，只能是一种视觉理解力渐趋式微的不具否定和批判能力的主体，一种被既定社会结构利用“虚假”的感官满足所安抚的主体。3D 动画在生产目的上又具有鲜明的“唯利是图”之商品拜物特征，3D 动画被作为纯粹赚钱的工具来加以生产，利润成了其第一甚至唯一的生产目的，而评价一部影片成功与否的标准也几乎全看其赢利能力，艺术性荡然无存，或者说，即使在某些影片中略有艺术创新的考量，比如某些新技术的开发，某些新的艺术效果的呈现等，但其出发点也跟艺术毫不相干，而是直接出于对刺激观众消费的利益考量，在于对利润的精确计算和精心策划。

这样的文化形态显然与艺术所应具有的体现对人的类生命肯定、对超越性的追求和对人的本真行为的指向之意趣相背离，也与价值理性所应具有的对人之生存的终极关怀和对现实的超越情怀相背离。所以，从“价值理性”的层面来考量 3D 动画的价值性，体现出鲜明的负价值。

三、工具理性和价值理性的整合

在“工具理性”层面体现出强大的正价值，而在“价值理性”层面体现出鲜明的负价值，这是考察 3D 动画价值论的基本框架。

那么有没有可能将 3D 动画的正负价值整合进一个良性的渠道，使其“趋”正“避”负，从而纳入“善”的范畴呢？

笔者认为，至少从理论上来讲，这种可能性是存在的。

如上述分析，之所以出现 3D 动画“工具理性”和“价值理性”的背离，盖因在“目的”的考量中 3D 动画没能体现出对人的终极关怀和全面解放的精神追求，而更多体现为一种意识形态和商品拜物层面的利用。所以笔者认为，3D 动画“工具理性”和“价值理性”的整合也必须回归到“目的”层面的调整，如果能够将 3D 动画从意识形态和商品拜物的层面调整为艺术本身的“善”的层面，即一种“彼岸”终极关怀的回归，那么“趋”正“避”负的整合目标也就实现了。3D 动画在“工具理性”层面所具有的强大的正价值也能够被纳入“善”的轨道，发挥出强大的辅助能力。

当然，技术是由“人”来操作和完成的，“目的”也是由“人”来设定的，所以归根结底，这一修正之途的完成还必须回到“人”的问题上。笔者认为，3D 动画“工具理性”和“价值理性”的最终整合呼唤“知识分子”气质的重塑。

第四节　3D 动画，现代的？后现代的？

如前所述，3D 动画彰显出“去分化”的文化逻辑，3D 动画的“去分化”围绕两个层面展开，在外部，3D 动画体现出对动画与真人实拍电影界限的消解趋势；在内部，3D 动画则体现出对各动画片种之间界限的消解。而“去分化”又是“后现代”文化的典型特征，用后现代理论家菲德勒一篇脍炙人口的论文标题来表述，后现代文化追求的是“跨越边界填平鸿沟”（Cross the Border — Close the Gap）[①]。英国社会学家拉什对此表述得更为直接，“如果文化的现代化是一个分化的过程的话，那么，后现代则是一个去

① Leslie Fiedler, “Cross the Border—Close the Gap”, in *Postmodernism: An International Anthology*, Wook-Dong Kim (eds.), Seoul: Hanshin, 1991, p.36.

分化的过程”[1]。

从“去分化”的意义上来说，3D 动画体现出鲜明的后现代文化逻辑。

但是，还必须看到 3D 动画的另一面，即它的全球化和工具理性的张扬。在 3D 动画的全球化过程中，世界各国原来多元的动画形态被“同质化”，世界动画成了美国 3D 动画的“臣属”，原来丰富多彩的动画表现形态，如卡通动画、偶动画、沙动画等其生存空间被严重压缩，全球范围只有一种动画形态能够得到广泛流行，那就是 3D 动画。传统动画丰富多彩的表现样态被“去势”，从而在客观上实现了 3D 动画的同一性和普适性。在 3D 动画身上还体现出强烈的工具理性的张扬和价值理性的贬抑，无论是在提升生产效率，还是在奇观呈现以及利润获取方面，3D 动画均体现出强大的工具理性适用性，但同时也具有明显的价值理性缺失，意识形态层面体现出单向度的“肯定的文化”以及商品拜物的绝对利润取向，都使 3D 动画与价值理性对人的类生命肯定、对超越性的追求和对人的本真行为的指向之意趣相背离，也与价值理性所应具有的对人之生存的终极关怀和对现实的超越情怀相背离。全球化与现代性在秩序性、同一性、普适性等方面如影随形，而“工具理性”和“价值理性”的扬抑正是现代性悖论或张力存在的事实基点，启蒙现代性和审美现代性的张力正是工具理性和价值理性扬抑的表征。

从“全球化”和“工具理性”的意义上来看，3D 动画又体现出鲜明的现代逻辑。

如何看待 3D 动画在现代和后现代之间的这种跨界现象呢？ 3D 动画是现代的，还是后现代的？

笔者认为，界定出 3D 动画是现代的还是后现代的并不重要，因为这种界定必然是武断的。正如上面分析所显示的那样，在 3D 动画身上兼具现代性和后现代性，无论是把它界定为现代的，还是后现代的都是对一方面的显现和另一方面的遮蔽。如果一定要做出一个归纳，则可以做这样的表述：后现代性“去分化”是 3D 动画的表层属性，是其功能性描述，而其深层则是

---

① Scott Lash, *Sociology of Postmodernism*, London: Routledge, 1990, p.11.

现代性的运行逻辑，现代性是 3D 动画的根本属性，是其精神性描述，现代性和后现代性构成 3D 动画的“内”和“外”，一“内”一“外”，合成 3D 动画自身的张力。

与现代性或后现代性界定相比，更为重要的是如何看待这一跨界现象，以及分析构成这种跨界的深层原因。

笔者认为造成 3D 动画在现代和后现代之间跨界现象的直接原因是艺术的技术化问题。具体而言，是数字技术对动画艺术的介入，直接造成了 3D 动画在现代和后现代之间的跨界现象。因为从数字技术的虚拟特性出发，它既可以虚拟现实，也可以虚拟超现实；既可以虚拟卡通动画形态，也可以虚拟偶动画等其他动画形态。那么这种技术特性造成的直接后果就是打破了在动画和真人实拍电影以及动画内部各类型间的界限，将所有这些影像形态全部“格式化”为一种由 0 和 1 组成的数据团，于是后现代的“去分化”现象得以彰显。数字化技术又体现出鲜明的现代性“工具理性”特色，它是高科技的产物，是人类工具理性极端张扬的鲜明表象，数字技术的开发和利用都直接源自人类征服自然、彰显自身力量的本能，是人类力量的对象化手段，并直接为人类的现实目的服务，这是所有高科技技术力量在当下时代的根本特征，工具理性是其宿命般的现实定位，高科技本身以实现“未完成的现代性规划”为其直接使命。如果追寻 3D 动画的现代和后现代跨界现象的最直接原因，数字技术对动画艺术的介入无疑是最为直接的因素。

但当我们将目光放远，透过艺术的技术化这一表层、直接的原因，就能够看到一个更为深层的问题，那就是后工业时代的技术垄断问题。20 世纪 90 年代初，美国著名媒介理论家尼尔·波兹曼出版的《技术垄断——文化向技术投降》，副标题鲜明地表明了作者的观点，尼尔·波兹曼认为人类技术的发展可分为三个阶段：工具使用、技术统治和技术垄断。人类文化大约也分为相应的三种类型：工具使用文化、技术统治文化和技术垄断文化。在工具使用文化阶段，技术服务、从属于社会和文化；在技术统治文化阶段，技术向文化发起攻击，并试图取而代之，但难以撼动文化；在技术垄断文化阶段，技术使信息泛滥成灾，使传统世界观消失得无影无形，技术垄断就是集权主义的技术统治。[1]如果借用尼尔·波兹曼的话语逻辑，那么 3D 动画的跨界问题就能够得到更为深刻的解读。在 3D 动画身上，表面上看起来是在动画与实拍电影以及动画类型内部造成的“去分化”后现代问题，究其实质，是数字技术对动画艺术的统治和垄断，前数字时代以“自律”形态存在的诸多规则、分界，在数字技术的冲击下，纷纷分崩离析、土崩瓦解，体现在表面也就是“去分化”后现代现象，而究其根本，则是现代性工具理性的运行逻辑对文化的统治和垄断。如果跳出动画领域，从更大的艺术范围来考察，这一倾向将体现得更为明显，比如多媒体艺术的出现，同样是打破了诸多艺术形态间的“自律”界限；再跳出艺术的范围，跳出数字技术的领域，来看纳米技术、克隆技术等其他高科技现象，不是同样构成对既定社会规则的冲击与跨界吗？一旦深究这些高科技的精神取向，现代性工具理性张扬是其根本特征，而尼尔·波兹曼所阐明的“文化向技术投降”也可以作为其共同标签。

这是更为深层的造成 3D 动画跨界现象的原因，是时代的征候，3D 动画自然无法逃离时代的形塑。

也正是在这个意义上，3D 动画的后现代性被纳入了现代性的理论框架。

---

① ［美］尼尔·波兹曼:《技术垄断——文化向技术投降》，何道宽译，北京大学出版社 2007 年版，第 6 页。

第六章

利用 3D 技术
提升国产动画
中华文化传播力

第一节　“国漫复兴”与国家文化安全

自 20 世纪 90 年代初以来，随着国际形势的变化，国际间的竞争除了在经济、军事、科技等领域展开外，文化竞争也被提升到前所未有的高度，受到重视。同时，随着经济全球化的深入推进，发达地区的强势文化凭借着经济、科技等层面的优势迅速在全球扩张，给次发达地区的本土文化构成冲击与威胁。文化安全，在此背景下得以凸显。

影视艺术，作为文化的重要负载形式，自其诞生以来便广受欢迎，发展百年之后身处当下的视觉文化时代，更成为最受大众喜爱的艺术样式之一，与其他艺术样式相比，其所拥有的拥趸较多，受众市场广大，因此影视艺术的文化影响也较为深远。

如果把视点再次聚焦，影视动画在影视艺术的诸多影响类型中对青少年观众的影响更甚。虽然影视动画作为一种影视表达的影像类型，其观众定位并不必然限定于青少年群体，如在动画产业较为发达的日本、美国地区，均有大量专门针对成人受众制作的成人动画，但毋庸讳言，无论国内还是国外，影视动画的消费群体仍以青少年为主。

因此，影视动画在国家文化安全的视域下，其重要意义充分彰显。青少年是一个国家、一个民族的未来和希望，诚如梁启超《少年中国说》所言：“少年智则国智，少年富则国富，少年强则国强，少年独立则国独立，少年自由则国自由，少年进步则国进步。”青少年的教育至关重要。相较于传统学校教育而言，影视动画的影响和熏陶具有潜移默化、“春风化雨”般的魔力，能够使青少年观众在喜于接受的欣赏心理下，将世界观、价值观和人生观等思想观念深植于青少年心中，从而形塑和规范他们的“三观”和举止，甚至能够影响他们的一生。从此层面而言，对影视动画给予足够重视，直接关涉国家的文化安全，试想：如果一个国家的青少年是看着外国动画长大的，其所接受的、学习的、模仿的都是国外动画中所负载的外国文化的思想观念、行为举止等，那么他们长大成人后，成为国家各个领域和行业的中流砥柱时，国家的文化安全何在？国家的文化传承又何在？

正是站在国家文化安全的高度，21 世纪以来，我国对国产动画非常重视，提出了“国漫复兴”的口号。

2002 年底，党的十六大报告明确提出“文化产业”概念，要“完善文化产业政策，支持文化产业发展，增强我国文化产业的整体实力和竞争力”。把大力发展文化产业写进我们党的政治报告，这在我们党的历史上还是第一次，在我国发展文化工作的整个历史进程中具有里程碑式的意义。而动画产业在国家的整体文化产业规划中，显然有着更为优先的考量，盖因国产动画的发展水平已经影响到了国家的文化安全。

2004 年，国产动画迎来其高速发展的又一起始年份，这一年也被称为“国漫复兴”的“元年”。在其后的几年间，动画产业成了我国最为热门的概念之一，动画热，一时风光无限，且来看下面一组数字：

几年间，国家广播电影电视总局授牌分三批建立了 17 个国家动画产业基地（2004 年授牌第一批 9 个：上海美术电影制片厂、中央电视台中国国际电视总公司、三辰卡通集团有限公司、中国电影集团公司、湖南金鹰卡通有限公司、杭州高新技术开发区动画产业园、常州影视动画产业有限公司、上海炫动卡通卫视传媒娱乐有限公司、南方动画节目联合制作中心；2005 年授牌第二批 6 个：深圳市动画制作中心、大连高新技术产业园区动画产业园、苏州工业园区动漫产业园、无锡太湖数码动画影视创业园、长影集团有限责任公司、江通动画股份有限公司；2007 年授牌第三批 2 个；重庆市南岸区茶园新区动画产业基地、南京软件园），分两批建立了 6 个国家动画教学研究基地（2004 年授牌第一批 4 个：中国传媒大学、北京电影学院、吉林艺术学院动画学院、中国美术学院；2007 年授牌第二批 2 个：浙江大学、浙江传媒学院），这些基地分布在中国的大江南北，并立足于中国经济文化最发达的地区，保证了其可持续发展的基础和动力。

随着上述国家动画产业基地和动画教学研究基地的建立，中国动漫产业蓬勃发展起来。“据中华人民共和国国家工商行政管理总局对 27 个省区市的不完全统计，截止到 2006 年 10 月，全国动漫企业达 5473 家，447 所大学设立了动画专业，1230 所大学开办涉及动漫专业的院系。截止到 2005 年，全国有关动画专业及相关专业的大学毕业生达 6.4 万人。在校学生 46.6 万人。”[①] 与此同时，全国动画作品的年产量迅速增加：“1993 年至 2002 年十年间，我国国产动画片总产量是 33900 分钟；2003 年，我国国产动画片产量达到 12000 分钟；2004 年，我国国产动画片产量达到 21800 分钟；2005 年，国产动画实际生产数量为 42700 分钟。”[②] 而 2006 年则达到 82300 分钟；2007 年为 101900 分钟；2008 年又创新高，达到了 131042 分钟。[③] 据有关统计，日本动画片年产量约为 120000 分钟；法国以 300 小时（18000 分钟）动画节目的年产量居欧洲首位，约等于整个欧洲动画产量的一半（整个欧洲动画年产量约为 40000 分钟）。由此可见，如果仅仅从产量上看，国产动画仅仅用了 5 年的时间，在 2008 年的时候其年产量就已经超过了日本，更远远超过了欧洲排名第一的法国甚至整个欧洲，当然也超过了美国，因为美国动画以动画电影为主，作为“剧场版”动画电影的制作周期长而作品篇幅却不长，分钟量有限。

国产动画能够在短短几年间取得如此大的飞跃，不能不提到政府的极力推动，而政府之所以当时力推动画，是因为当时国产动画的创作生产状况已经在一定程度上影响到了国家的文化安全。

文化安全主要是指人们认为自己所属“国家—民族”的“基本价值”和

---

① 赵实：《在纪念中国动画 80 周年大会上的讲话》，载《中国动画年鉴》编辑部编《中国动画年鉴（2006）》，中国广播电视出版社 2007 年版，第 12 页。

② 胡占凡：《求真务实，开拓创新，共同促进我国动画产业更快更好地发展——在 2006 年度全国影视动画工作会议上的讲话》，载《中国动画年鉴》编辑部编《中国动画年鉴（2006）》，中国广播电视出版社 2007 年版，第 19 页。

③ 参见《关于 2008 年度全国电视动画片制作发行情况的通告》，2009 年 2 月 4 日发布。

“文化特性”不会在全球化大势下逐渐消失或退化的“安全感”。这主要源自20世纪70年代兴起的文化帝国主义理论。据考证，“文化帝国主义”的概念是席勒于1976年在《传播与文化支配》一书中首度使用和诠释的，它用来指证某一种文化对另一种文化进行宰制的现象，抑或用来指称运用文化对某一个国家进行宰制而使被宰制国家失去其文化自主性的现象。①

改革开放以来，国产动画片创作、生产没有相应的突破和建树，美国、日本（还有后来的韩国）动画片便趁机大量进入我国，并迅速赢得了少年儿童们的喜爱，以致小孩和年轻人对于动画片“唯美、日、韩是看”，很少有人对国产动画片感兴趣。“根据有关调查，在我国青少年喜爱的影视动画作品中，日本占60%，欧美占29%；最受欢迎的20名卡通人物中，中国只有孙悟空入选，其余均为美、日、韩卡通明星。”②

早在1992年，《人民日报》就刊登过一篇文章，文章中说：“打开电视，看中央电视台和北京电视台的动画节目，几乎是清一色的外国动画片，不是美国、日本的，就是英国的，只是偶尔在北京电视台的‘七色光’节目中看到一点国产动画短片。孩子们喜爱动画片，需要动画片，家长们希望有更多更好的国产动画片问世。可是，为什么我们自己的动画片尤其是系列动画片这么少，质量怎么就上不去呢？”③

随着改革开放的不断深入，中国的电视荧屏越来越多地充斥着外国动画形象，国产动画受到了严重的冲击。据一项调查统计显示：在排名前10位的“中国读者最喜爱的动漫作品”中没有中国的作品，其中9部来自日本，1部来自美国；在排名前50位的“中国读者最喜爱的动漫作品”中只有11部中国作品，其中4部是20世纪90年代以前的作品，1995年以后的作品只有《宝莲灯》1部。同时，在排名前10位的“中国读者最喜爱的动漫作家”中没有来自中国大陆的作家，有2位中国台湾的作家，其余全部来自

① 潘一禾：《文化安全》，浙江大学出版社2007年版，第28页。

② 文化部扶持动漫产业发展工作小组、文化部文化市场司编：《推动我国动漫产业发展工作参考资料》，2006年6月，第15页。

③ 庄主：《生产更多更好的动画片》，《人民日报》1992年5月30日。

日本；在排名前50位的“中国读者最喜爱的动漫作家”中有13位中国作家入选，其中来自香港和台湾地区的有8位，中国大陆的动漫作家只有5人入选。[①]杨鹏在一篇文章中慨叹道：“90年代初，以《圣斗士》《机器猫》为代表的日本动漫作品通过各种途径悄然进入中国，兵不血刃、轻而易举地占领了中国市场。80年代出生的一代人，他们所接受的动漫文化基本上是日本动漫，而不是以我们《大闹天宫》为代表的国产动画。于是，我们失去了整整一代人，失去了所有的战场，失去了太多的机会。”[②]文化部扶持动漫产业发展小组、文化部文化市场司在一份报告中说：“这种文化上的侵蚀已经在我国造成了‘哈日’‘哈韩’‘崇美’等现象，长此以往，中华民族优秀的文化和精神传承势必受到影响，国家文化安全受到威胁。”[③]

显然，问题的严重性并不仅仅在于未成年人对动画作品的选择，更在于这样的选择导致的结果：由于大量观看美国、日本、韩国动画片，长期受其熏陶，一些未成年人的兴趣、爱好、审美观、价值观乃至人生观都会随之发生变化。如果不改变现状，可以预见若干年后，或者说当这些未成年人成年后，可能就只是外表还是“中国人”了。

这绝不是危言耸听，渗透了特定文化精神并具有较强意识形态表达的艺术作品，对人的潜移默化的影响和改变是巨大的，尤其是作用于思想意识还没有定型的未成年人的动画片更是如此。2009年，北京师范大学艺术与传媒学院曾做过“未成年人影视收视行为调研活动”，数据显示，未成年人对生活服务、新闻、文化教育等类型的节目喜爱程度较低，均不超过25%，而对娱乐及动漫的节目喜爱程度超过了72.93%。未成年人对动漫的喜爱可见一斑。而动画艺术的自身特点又特别契合未成年人的心理特征，容易对未成年人的世界观、价值观等产生潜移默化的影响。

心理学的研究表明，动画艺术与少年儿童心理具有深度相关性。首先，

---

① 陈奇佳、宋晖：《中国动画发展问题刍议》，《影视艺术》2006年第5期。

② 杨鹏：《本土动漫的昨天、今天、明天——中国动漫出版产业分析》，《出版广角》2005年第8期。

③ 文化部扶持动漫产业发展工作小组、文化部文化市场司编：《推动我国动漫产业发展工作参考资料》，2006年6月，第22页。

动漫作品表达方式符合未成年人的思维方式。动漫作品注重形象而不是语言，这种具象化的思维方式是人类童年思维方式的主要类型。动漫因具有色彩鲜艳，配音效果强烈，人物造型简单、直观、夸张的特点而符合感官期的未成年人的思维方式。这个时期的未成年人的生理及思维发展都需要不同性质和程度的感官刺激，因而特别喜欢能引起视、听、触觉多通道感官刺激的动漫作品。其次，动漫作品传递的价值观符合未成年人心理。动漫作品中一般都包含奖善惩恶的情感，这一点与未成年人的价值观相契合。这个时期的未成年人能简单地分辨事物的好坏，太复杂的价值观通常会让他们不知所措，甚至产生误判。每个人都喜欢欣赏自己能够理解的作品，未成年人也不例外。而未成年人对作品中反映出来的价值观的认同，更能激起他们强烈的共鸣。最后，动漫作品内容和形式上十分贴近未成年人。动漫文化内容新颖，形式多样，动漫作品创作者往往善于从未成年人的角度分析问题，表达情感。他们熟悉未成年人喜爱的题材，并加以艺术变形处理，以达到既熟悉又陌生的审美效果。这种题材范围既包括未成年人自身的生活场域，又包含他们的想象世界，大多数动漫形象都是超脱现实的。这符合反省期未成年人追求新奇和张扬自我的个性，能激起他们的好奇心和探索欲。这个阶段的未成年人最为活跃积极，善于模仿，易受外界影响，喜欢幻想，敢于尝试新事物，张扬自己的个性。同时，一些优秀动漫作品中蕴含的精英文化，也能在一定程度上满足这一时期未成年人的精神需求。

由此可见，动画作品对于少年儿童世界观、价值观等方面的形成具有直接的影响作用，而在当时的国产动画生产语境之下，国产动画无力对抗来势汹涌的美国、日本、韩国动画，中国动画市场基本为国外动画所占领，长此以往，势必会对我国的文化安全产生极其负面的影响。正是基于如此严峻的文化现实，国家层面在 2004 年出台了两个对动画创作至关重要的文件。

2004 年 2 月 26 日，《中共中央、国务院关于进一步加强和改进未成年人思想道德建设的若干意见》发布。这份来自党和国家最高政权机构的文件明确提出："积极扶持国产动画片的创作、拍摄、制作和播出，逐步形成具有民族特色、适合未成年人特点、展示中华民族优良传统的动画片系列。”“目前，我国 18 岁以下的未成年人约有 3.67 亿。他们的思想道德状况如何，直接关系到中华民族的整体素质，关系到国家前途和民族命运。”文件详细分析了当时国际、国内形势给未成年人思想道德建设带来的新情况新问题：1.“我国对外开放的进一步扩大，为广大未成年人了解世界、增长知识、开阔视野提供了更加有利的条件。与此同时，国际敌对势力与我国争夺接班人的斗争也日趋尖锐和复杂，他们利用各种途径加紧对我国未成年人进行思想文化渗透，某些腐朽没落的生活方式对未成年人的影响不能低估。”2.“我国社会主义市场经济的深入发展，社会经济成分、组织形式、就业方式、利益关系和分配方式的日益多样化，为未成年人的全面发展创造了更加广阔的空间，与社会进步相适应的新思想新观念正在丰富着未成年人的精神世界。与此同时，一些领域道德失范，诚信缺失、假冒伪劣、欺骗欺诈活动有所蔓延；一些地方封建迷信、邪教和黄赌毒等社会丑恶现象沉渣泛起，成为社会公害；一些成年人价值观发生扭曲，拜金主义、享乐主义、极端个人主义滋长，以权谋私等消极腐败现象屡禁不止等等，也给未成年人的成长带来不可忽视的负面影响。”3.“互联网等新兴媒体的快速发展，给未成年人的学习和娱乐开辟了新的渠道。与此同时，腐朽落后文化和有害信息也通过网络传播，腐蚀未成年人的心灵。在各种消极因素影响下，少数未成年人精神空虚、行为失范，有的甚至走向了违法犯罪的歧途。”正因为这些新情况新问题的出现，所以未成年人思想道德建设面临一系列新课题。面对新的形势和任务，我们的未成年人思想道德建设工作还存在许多不适应的地方和亟待加强的薄弱环节，因此，必须“从确保党的事业后继有人和社会主义事业兴旺发达的战略高度，从全面建设小康社会和实现中华民族伟大复兴的全局高度，从树立和落实科学发展观，坚持以人为本，执政为民的高度，充分认识加强和改进未成年人思想道德建设的重要性紧迫性，适应新形势和新任务的要求，积极应对挑战，加强薄弱环节，在巩固已有成果的基础上，采取扎实措施，努力开创未成年人思想道德建设工作的新局面”。

在“加强和改进未成年人思想道德建设”的具体做法上，中共中央、国务院文件提出的措施是非常全面的，涉及相关的各个领域，而“积极扶持国产动画片的创作、拍摄、制作和播出，逐步形成具有民族特色、适合未成年人特点、展示中华民族优良传统的动画片系列”只是“积极营造有利于未成年人思想道德建设的社会氛围”一条里所涉及的大众传媒领域的措施之一。尽管如此，这简短的几句话的观点却是非常鲜明的，针对性也是非常强的。因为当时的国产动画创作和播放状况非常令人担忧，已经严重影响到了国家的文化安全。正因为这样，从中共中央、国务院的角度提出“积极扶持国产动画片的创作、拍摄、制作和播出”，首先是出于一种意识形态的目的，是“加强和改进未成年人思想道德建设”的需要，也是针对国外动画片大举入侵已对我国青少年产生了不利影响，并对中华文化的世代传承和中华民族的伟大复兴构成了一定威胁的严峻挑战所采取的应对举措。

如果说中共中央、国务院的文件赋予了中国动画产业发展以强烈的政治色彩，即从“加强和改进未成年人思想道德建设”出发，将“积极扶持国产动画片的创作、拍摄、制作和播出”当作一项“长远的战略任务”和“紧迫的现实任务”，这无疑是动漫得以迅速“热”起来的重要原因。2004 年 4 月，国家广播电影电视总局出台的《关于发展我国影视动画产业的若干意见》则明确了动漫的产业性质和特点，强调的是产业建设，因此它既是对中共中央、国务院文件的具体执行，又是遵循动漫自身规律对中共中央、国务院文件的逻辑展开和进一步补充。两者正好构成了动漫作为文化创意产业的两个对立统一、矛盾互动的重要支点：政治、文化支点和商业、经济支点。这为中国动漫产业的持续“增温”和全面兴起提供了坚实的保障。

国家广播电影电视总局的文件首先将落实《中共中央、国务院关于进一步加强和改进未成年人思想道德建设的若干意见》与深化文化体制改革联系在一起，指出发展我国影视动画产业既是建设社会主义先进文化的重要内容，也是推进我国文化产业建设的必然要求。一开始就强调了“产业”的概念，并明确提出“影视动画产业是资金密集型、科技密集型、知识密集型和劳动密集型的重要文化产业，是 21 世纪开发潜力很大的新兴产业、朝阳产业，具有消费群体广，市场需求大，产品生命周期长，高成本，高投入，高附加值，高国际化程度等特点”。认为“发展我国影视动画产业，是在社会主义市场经济条件下繁荣社会主义文化、满足人民群众特别是广大少年儿童日益增长的精神文化需求的重要途径，是促进我国经济结构调整和产业结构升级的重要步骤，是推进资产增值、催生高新技术、扩大劳动就业的重要手段，是适应经济全球化、积极参与国际竞争、增强综合国力的重要举措”。

国家广播电影电视总局的文件之所以重视“产业”这一概念，是建立在对动画艺术全面而深刻的认识之上的。众所周知，动漫不仅能够给人们提供一种精神食粮，还可以为社会创造巨额的经济利润。更重要的是，这两种功能又是相互联系、看似矛盾而实际上却对立统一、互利共赢的。正如美国、日本、韩国动漫产品在海外市场获取高额利润的同时，也向世界各国有效地输出、传播了其民族文化和价值观念。认识到这一点，我们就不难理解国家广播电影电视总局的文件为什么特别强调“产业”，并通过推动中国动漫产业的发展来具体落实《中共中央、国务院关于进一步加强和改进未成年人思想道德建设的若干意见》了。

从某种意义上说，国家广播电影电视总局《关于发展我国影视动画产业的若干意见》开启了中国动漫发展的一扇新的大门，推动中国动漫进入了一个全新的发展阶段。中国动画片创作以往一直只是一种“艺术事业”，而不是“文化产业”，虽然在国家广播电影电视总局 2001 年起草、2002 年年初正式颁布实施的《影视动画业“十五”期间发展规划》中已提到“产业”的问题，甚至也提出了要走产业化道路，但对“动漫产业”的概念及其内在机制并没有明确的阐述和充分的认识。真正为国产动画的“产业化”做出明确界定并落到实处的是 2004 年国家广播电影电视总局推出的《关于发展我国影视动画产业的若干意见》。

2009 年 3 月，温家宝总理视察湖北省江通动画股份有限公司时指出：“动漫产业服务的对象主要是儿童，也包括成年人，动画创作生产意义重大，要把中国的文化走向世界，要在世界展示中国的软实力。首先让中国的孩子多看自己的历史和自己国家的动画片。”这是国家领导人对国产动画的期许。如果说中国文化走向世界，展示中国软实力尚属高标准期望的话，那么让中国的孩子多看自己国家的动画片这一点就只能算是最朴素的要求了。

即使是如此简单朴素的要求，国产动画在相当长的历史时期里也无法满足。

自20世纪80年代末以来，国产动画在我国受众中的受欢迎程度一直较低，每次相关受众调查，出现在“你最喜欢的动漫形象”这一栏榜单前几位的往往都是日本、美国动画。直到一部动画作品的出现才打破这种尴尬的局面，那就是《喜羊羊与灰太狼》。

《喜羊羊与灰太狼》是近十年来国产动画中较成功的作品。该系列动画剧集由广东原创动力文化传播有限公司出品。自2005年6月推出后，陆续在全国近50家电视台热播，包括北京、上海、杭州、南京、广州、福州等城市。《喜羊羊与灰太狼》的最高收视率达17.3%，大大超过了同时段播出的境外动画片。此外，该片在中国香港、中国台湾及东南亚地区也风靡一时。荣获由国家广播电影电视总局颁发的国家动画片最高奖——“优秀国产动画片一等奖”。

《喜羊羊与灰太狼》迄今播出已达数千集，是目前中国集数最多的动画片之一。迄今已推出玩偶、图书、舞台剧、手机游戏等相关产品，其中“喜羊羊”系列图书销量过百万，在图书销售排行榜上长期位居前三名，是小学生最喜爱的口袋书之一。而首度推出的剧场版《喜羊羊与灰太狼之牛气冲天》2009年1月16日首映日票房达到800万元，周末三天票房达到3000万元。2010年1月29日上映的贺岁大电影《喜羊羊与灰太狼之虎虎生威》，首映日票房达到1250万元，首周末票房达到4500万元，远超“喜羊羊”系列首部《喜羊羊与灰太狼之牛气冲天》首周末3000万元的票房成绩。《喜羊羊与灰太狼之虎虎生威》全国票房以1.28亿元人民币收官，较第一部增长约50%，再创新高。2011年，《喜羊羊与灰太狼》动画系列又推出两部新作

《喜羊羊与灰太狼之奇思妙想喜羊羊》和《喜羊羊与灰太狼之给快乐加油》。2012年，推出第四部系列电影《喜羊羊与灰太狼之开心闯龙年》和真人版大电影《喜羊羊与灰太狼之我爱灰太狼》。之后推出了《开心日记》。2013年，推出第五部大电影《喜羊羊与灰太狼之喜气羊羊过蛇年》。之后又推出了《喜羊羊与灰太狼之开心方程式》等多部作品，每一部均取得了较好的票房成绩。

对于《喜羊羊与灰太狼》的成功因素，很多专家学者已经从不同层面给予过相当客观而且全面的分析，笔者不再赘言。在这里，笔者只简短地谈一个问题，即《喜羊羊与灰太狼》市场成功背后的文化意义。

如前所述，21世纪以来国家之所以重视动漫产业的振兴，在政策扶持和资金资助上提供如此大力度的支持，最根本的原因就是为了国家的文化安全，因为国产动画长期积弱，国内动漫市场一直为海外动漫所占据，长此以往，国家的文化安全受到极大危害，所以国家层面希望通过“国漫复兴”运动来保障国家的文化安全，这是我们理解21世纪以来所有国产动漫现象的最根本出发点。

如何通过“国漫复兴”来保障文化安全呢？当然只能通过市场，通过较大份额的市场占有率来实现。

可是长期以来，国产动画的市场占有率一直较低。自2004年以来，国家出台了一系列动漫扶持政策，推动本土动漫产业发展。2013年时，中国动画片年产量从3000多分钟发展到26万多分钟，约占世界三分之一，超过日本，居世界第一。但与繁荣景象不匹配的是我国2012年动漫产业总产值仅为600亿元，而日本为1.67万亿元。《中国文化品牌发展报告（2012）》指出，目前国内动漫企业有85%处于亏损状态，优秀作品太少，播映收入过低，衍生品开发不足等问题严重困扰着本土动漫企业进一步发展，国内动漫产业在制作和传播过程中大把烧钱已经成为大部分动漫企业要经历的剧痛。此外，动画片剧情设计上的低幼和粗糙也是限制中国动画产业发展的主要问题。[①]

无论是出于何种原因，造成的后果就是国产动画质量粗糙，在国内受众中不讨人喜欢，市场占有率不高。而如果没有市场，没有受众对动漫作品接受的过程，即使生产出再多数量的动漫作品也是枉然。从传播学的意义上来讲，没有接受过程的传播便没有任何意义。通过动漫作品来影响受众，最终实现国家文化安全的目的更是无从谈起。从这个意义上来讲，市场就是一切，市场就是文化安全。

生产制作出来的作品，首先要好看，让国内观众爱看。尽管有学者指出，《喜羊羊与灰太狼》的技术简单，情节也很普通，但无论怎样，《喜羊羊与灰太狼》做到了好看、观众爱看，超高的市场占有率便是明证。2009年年初，《喜羊羊与灰太狼之牛气冲天》上映时，票房成绩超过同期上映的美国动画《马达加斯加2》和《闪电狗》。2010年，《喜羊羊与灰太狼》借迪士尼旗下频道，在亚太地区52个国家和地区放映。可以说，《喜羊羊与灰太狼》不仅做到了国内市场的大份额覆盖，还在一定程度上完成了中国文化的海外传播。

一方面压缩了海外动画在国内的放映空间，另一方面还将中国文化影响力传播至海外。什么叫通过动漫产业保障国家文化安全？这就是实实在在的例证。

正是从这一点上，我们说市场即政治，这也是《喜羊羊与灰太狼》市场成功背后的政治学。

纵观21世纪以来的“国漫复兴”运动，其文化安全基点鲜明。“国漫复兴”运动的根本出发点就是国家文化安全，这是我们理解21世纪以来所有动漫政策或者举措的基点。

正是因为20世纪末和21世纪初国产动画的糟糕状况，以致国内动漫市场几乎全部被日本、美国动画垄断，才引起国家层面对于“国漫复兴”的重视。因为新的时代语境下，随着全球化趋势的走强，各个国家在发展经济等

① 马竞宇：《国产动漫路在何方？》，《天津日报》2013年10月18日。

硬实力的同时，也越来越重视软实力的建构。长期以来，我国动漫产业的积弱现状，为国外动画的大范围、全方位融入提供了机会，而动漫艺术的夸张性、戏谑性以及幻想性等，尤其能够捕获青少年受众的青睐，为国外文化意识形态的渗入提供了充分的机会。长此以往，国家的文化安全将受到极大危害。所以，复兴国产动画，提高国产动画在国内受众中的亲和力和欢迎度，是建构国家文化安全的重要方式。

在 2004 年国家广播电影电视总局发布的《关于发展我国影视动画产业的若干意见》里，首段即开宗明义地表述道："为深入贯彻党的十六大精神，全面落实中央关于深化文化体制改革的总体要求和《中共中央、国务院关于进一步加强和改进未成年人思想道德建设的若干意见》，紧密联系我国影视动画产业的客观实际，从体制、政策、市场管理方面促进我国影视动画产业的发展，提出如下意见。"其中，党的十六大精神的一个重要方面即提升我国文化软实力，保障国家的文化安全；而《中共中央、国务院关于进一步加强和改进未成年人思想道德建设的若干意见》更是明确指出"目前，我国 18 岁以下的未成年人约有 3.67 亿。他们的思想道德状况如何，直接关系到中华民族的整体素质，关系到国家前途和民族命运。高度重视对下一代的教育培养，努力提高未成年人思想道德素质，是我们党的优良传统，是党和国家事业后继有人的重要保证"，而动画产业对于少年儿童尤其具有亲和力，所以要"加强少年儿童影视片的创作生产，积极扶持国产动画片的创作、拍摄、制作和播出，逐步形成具有民族特色、适合未成年人特点、展示中华民族优良传统的动画片系列"。

如果希望动漫艺术能够在文化安全层面起到作用，首先必须要做到的就是把国产动画的产业做大、做强。在《中共中央、国务院关于进一步加强和改进未成年人思想道德建设的若干意见》里，对于如何发展我国的影视动漫产业做出了很多规定，如荧屏配额制度、兴建动漫基地、举办动漫节展、发展动漫教育等，这些举措的直接目的就是为"国漫复兴"保驾护航。只有国产动画复兴了，外国动画才会被挤出中国市场，中国的文化和意识形态才能够得到更为牢固的保障。

总的来说，作为新兴的内容产业（文化产业都是内容产业），中国动漫产业完全是在党和政府（从中央到地方——在中共中央国务院、国家广播电影电视总局的文件发布以后，各相关省、市、区都出台了一系列扶持动漫产业的政策和措施）的直接主持、大力扶持下建立和发展起来的。而党和政府全力推进动漫产业的原因和目的，除了经济上的考量（使动漫产业“成为国民经济的支柱产业和新的经济增长点”）之外，更重要的是出于国家文化安全的需要（“加强和改进未成年人思想道德建设”）。因此，党和政府对动漫和动漫产业才会如此重视；而又因为党和政府如此重视，中国动漫产业才能迅速“升温”，在短短几年时间里便取得了长足的发展。文化安全，这是“国漫复兴”的起点和基点，也是我们理解新时期以来相关政策、举措的基本出发点。新时期以来的“国漫复兴”，其实质即国家文化安全下的动漫产业建构。

第二节　新语境，新动画：3D 动画的传播优势

如前所述，3D 动画虽然自 1995 年方才诞生，但后来居上，迅速发展成为当下最具吸引力的动画电影类型。3D 动画之所以能够在全球范围内迅速崛起，成为动画电影的主流形态，其根本原因在于 3D 动画在动画艺术的视觉影像层面所形成的突破。3D 动画创造出了以往传统动画无法提供的审美效果：视觉真实感。

视觉真实感的获得对于 3D 动画的意义可以从以下两个方面进行阐述。首先，对于 3D 动画的接受来讲，视觉真实感的彰显使 3D 动画能够突破传统动画的接受障碍，与实拍电影站在同一个平台上进行竞争。传统动画的接

受障碍是什么？无非是视觉之“假”！当 3D 动画突破传统动画的这一先天缺陷之后，即赋予影像以视觉真实感之后，动画与实拍电影相比，原来的先天障碍就荡然无存，动画与实拍电影站在了同一个竞争平台上，甚至 3D 动画的竞争平台还要相对处于优势地位，实拍电影受到与观众之间的“真实性”契约关系的束缚，不像动画那样可以任由想象天马行空、汪洋恣肆。其次，3D 动画被赋予视觉真实感之后，另一个结果便是视觉奇观倾向的增强和新感性的彰显。3D 动画的“视觉奇观”是一种相较传统动画奇观而言更为强烈的视觉表现。3D 动画奇观跟传统动画奇观是不一样的，当 3D 动画在影像层面被赋予视觉真实感之后，它所制造出来的奇观便具有了一种“真假合一”的特征，更加强化了其奇观效果，故而 3D 动画奇观相较传统动画奇观是一种深度奇观。一言以蔽之，3D 动画的奇观性一方面体现在它是超级陌生化后的景观，另一方面，这种超级陌生化的景观又不再以视觉之“假”的面目出现，它以一种逼真的视觉样态呈现于观众面前，使原来影像与观众之间因视觉之“假”产生的距离和生硬想象过程不复存在，观众不再需要想象另一个不存在的陌生世界，而是可以直接在银幕上看到那个陌生的虚幻世界。3D 动画被赋予视觉真实感之后，在强化视觉奇观的同时，也引致“新感性”的彰显。3D 动画在影像和动作层面被赋予的视觉真实感，极大地减少了传统动画中的“抽象”性，从而增强了其“移情”性，尤其是在数字技术制作的视听奇观面前，加上 3D 立体技术的推波助澜，观众的浸入感无比真切，距离不复存在。

于是，在视觉真实感的加持之下，3D 动画的一种同质化的审美情趣得以形成，即对视听奇观和感性的依赖。当这种同质化的审美期待成为全球观众对于动画欣赏普遍性和第一性的观赏期待时，直接后果便是 3D 动画在全球的广泛流行，因为观众的审美期待已经被重塑和定型，只有能够契合这种审美期待的动画类型才能够获得充分的发展空间，否则便没有了存身之处。这样一来，原来多元的动画形态便被“同质化”了，原来丰富多彩的动画表现形态如卡通动画、偶动画、沙动画等，其生存空间被严重压缩，全球范围只有一种动画形态能够得到广泛流行，那就是 3D 动画。

当然，我们这里所指的主要是动画长片，而不包括动画艺术短片，因为在动画艺术短片的制作过程中受到的来自观众、资金等方面的压力和束缚都相对较少，而体现出很强的个人化抒情表意性，从理论上来讲，在任何时代都具有这类艺术短片的生存空间，因为它不以公众为其直接传播诉求，也不以营利为其直接目的；相对动画长片来讲，它基本不存在动画艺术短片所具有的这些自由，它需要在影院、在影音制品市场经受大众的选择和考验，因而它会在很大程度上受制于观众的审美情趣。在 3D 动画成为当下最受欢迎的主流动画形态的同时，全球观众的审美情趣也得到了“格式化”“同质化”重塑，对视听奇观和新感性的观影期待已经成为大众的第一甚至唯一期待，所以那些不能够或不适宜表现视听奇观的动画类型，如剪纸片和折纸片等，在这样的审美语境下，无疑已经失去了基本的生存能力。

如前所述，3D 动画的生产与传播无法逃离大时代审美环境的形塑。自 20 世纪 80 年代始，奇观电影大量推出，如《异形》《深渊》《星球大战》系列、《龙卷风》《黑客帝国》《纳尼亚传奇》《指环王》系列，等等，这些影片得到了观众的热烈欢迎，几乎每部影片都取得了巨大的成功。3D 动画的发展不可能不受到奇观电影的影响，因为在 3D 动画诞生之前，奇观电影已经发展了二十多年，观众对于奇观影像的观影期待已经被培植并牢固确立，很多观众在走进影院之前已对影像类型预先定位，或者说观众正是为了影像奇观才走进影院的。置身这样的接受语境，3D 动画自然无法逃离对观众观影期待心理的迎合，毕竟作为一种大众艺术形式，3D 动画只有在基本满足大众心理需求、得到观众认可的基础上才能够获得再生产以及发展的可能空间，尤其考虑到 3D 动画的高技术含量要求庞大的工作团队和精密的硬件设备作为基础，无论在人力和物力上都投入巨大，所以 3D 动画文化生产会受到消费语境的深度影响和制约，而奇观电影直接培植固化了观众的奇观影像期待，这一期待视野限定了 3D 动画在影像类型上的选择趋向，同时在数字技术媒介特性的推波助澜之下，3D 动画的奇观化便构成一种必然结果。因为它与奇观电影分享着同样的消费者群体，而在奇观电影浸染下的消费者在观影期待层面对奇观影像的倚重早已稳定和固化。

鉴于 3D 动画在视觉影像层面相对传统动画的重大突破，即视觉真实感的获得，以及这种视觉真实感所引出的 3D 动画奇观化与当下审美偏重视觉化特征的契合，因此在弘扬和传播我国主流文化的诸多形式中，3D 动画生产与传播应给予足够重视。

当然，这里需要做一个辨析，即 3D 动画作为一种“舶来品”，似乎与国产动画民族化的优良传统并无太多关联，那么在弘扬和传播我国主流文化和传统文化的过程中，是否选择传统民族动画表现形式更为合适?

这是一个在以往的国产动画民族化过程中已得到确认的做法。确实，在 20 世纪的国产动画民族化探索过程中，其主要表现形式是选择了诸多民族美术样态来制作动画，如剪纸、皮影、水墨、折纸、泥塑等，这些独具中国特色的表现形式使当时的中国动画耳目一新，颇有中国气象，因此在国际动画界赢得了“中国学派”的美誉。

那么在当下这样一个新的社会阶段和历史时期，选择那些已在 20 世纪国产动画民族化过程中得以确证的表现形式，是否依然具有实用性呢?

动画电影，作为一种电影类型，必然遵循着电影传播的基本规律。电影艺术，作为一种投资巨大的集体创作，无论在人力、物力，还是财力上，都耗费巨大，因此，电影艺术天然具有商业化属性，它像其他商品一样，需要盈利才能够进行后继的再生产。即使不能盈利，至少也要做到收支平衡，否则就难以为继。

我们在讨论当下的国产动画生产与传播时，首先需要确证和比较的就是过去与当下生产传播环境的差异。

20 世纪新时期前的国产动画创作，全国只有上海美术电影制片厂一家，所以这一时期的国产动画全部是由上海美影厂出品，特伟、钱家骏、王树枕、严定宪、林文肖、胡进庆等中国最优秀的美术片创作者都集中在这里。在国产动画几十年的发展中，上海美影厂一枝独秀，拍出了《大闹天宫》

《小蝌蚪找妈妈》《三个和尚》《山水情》等优秀的动画作品，并发展出了木偶、剪纸、折纸、水墨动画等多种形式的动画类别，在国内获得了 65 个奖项，在意大利、捷克等 24 个国际动画比赛中获得 60 多个奖杯和奖牌，真正成就了中国美术电影事业的辉煌，形成了动画的“中国学派”，并使全世界认识了独特的中国动画。

“中国学派”的经典作品是中国动画特定历史时期的产物。在计划经济体制下，上海美术电影制片厂得到国家的大力支持，把全国最优秀的动画人才都集中在一起，这时期被公认为中国动画最辉煌的时期，这批动画人积极努力拍出了中国动画史上最经典的作品。

首先，“中国学派”处在社会主义计划经济体制时期内，创作者不需要也没必要为作品的商业性操心，无须考虑作品的投入与产出，他们把所有的精力投入作品艺术性的探索上，可以不计成本地静心地从事艺术创作，作品的商业追求退居次要地位也就变得顺理成章。其次，在计划经济的体制下，在动画创作力量的配备上集中了中国最优秀的艺术人才和动画精英，不存在支付巨额酬劳的问题。最后，“一体化”生产机制时期，动画创作都具有宽松的创作好环境，这大大调动了动画创作者的创作积极性，使动画片的题材和形式得到了进一步的发展。当时自由的创作环境、创作者极大的创作热情与艺术激情孕育出了中国动画影片的优质成果。

由此可见，20 世纪国产动画民族创作高潮的实现，是因为当时一体化的国营生产机制为动画创作提供了特定的创作空间，使他们可以避免受到来自“经济场”的挤压。国营的生产体制，为国产动画的生产提供了强大的经济支持，可以保障动画艺术家不考虑影片市场，从而专注艺术探索。处在社会主义计划经济体制内，它们的生产、流通基本遵照的是政府的指令计划由国家统购统销，这使得他们不需要也没必要为商业性操心，而只考虑其艺术性。同时，他们的工资、福利等也全部来自国家财政拨款，动画生产出来以后由国家统购统销，其市场表现如何与创作人员的工资福利基本不挂钩，即使影片“阳春白雪”“曲高和寡”，也不会影响到他们的生活。所以，动画艺术家完全可以本着自己的创作意愿和兴趣进行动画生产，放开手脚展开艺术探索。

随着经济体制改革的逐步深入，经济因素逐步上升为影响国产动画的主导因素。1980 年 7 月，北影厂厂长汪洋直接上书中共中央书记处，反映电影体制的问题以及对之进行改革的意见，正式拉开了 20 世纪 80 年代电影体制改革的序幕。1984 年，颁布《中共中央关于经济体制改革的决定》，电影业被规定为企业性质（事业单位企业化管理），有生产自主权和资金支配权，并对影片拥有版权和销售自主权，开始将体制改革重心引向搞活企业经营的方向，从而在由单纯的生产型向生产、经营复合型转变的体制改革路途上跨出了第一步。

1992 年，广播电影电视部部长艾知生发表了题为《关于电影改革的若干问题》的重要讲话，明确“这次电影工作会议的中心议题是电影发行体制的改革”，“使得生产直接面向市场，发挥市场的作用”。此后，《关于当前深化电影行业机制改革的若干意见》的方案（即 1993 年 1 月 5 日广发影字〔1993〕3 号文件）确立了以社会主义市场经济体制为立足点，改革电影发行体制的目标，提出实行“分步实施，分类指导”的方法。20 世纪 90 年代，国产动画开始跨入全面的、实质性的市场经济体制阶段。

1994 年年底，中国电影发行总公司向各省、自治区、直辖市、中央电视台、中国人民解放军总政治部艺术局、中直有关单位发出通知：从 1995 年 1 月 1 日起，中国电影发行总公司取消对美术片实行了 40 多年的计划经济体制的指标政策，把中国美术电影全面推向市场，这是中国电影业改革进程中第一个被推向市场的片种。从这一年开始，中国电影发行总公司不再收购美术片，美术片的创作、拍摄、制作、播出等均由生产企业和制片公司自行安排自主经营。

相较于计划经济时代“一体化”生产机制下的自主性原则，改革开放之后，随着计划经济向市场经济的推进，动画场域的这种“一体化”机制被打破，来自“经济场”的挤压越来越严重，经济性和市场代替了艺术性，越来越成为国产动画生产直接的，甚至是唯一的考量因素。

我们看到，正是在市场的形塑之下，国产动画的生产机制出现全面转向，“市场”成为动画生产各个层面的运行肌理和基本准则。动画生产机构层面美影厂“一家独秀”的垄断局面被打破，出现了很多合资或外资动画公司，以国外动画的“代工”作为主要业务。美影厂也不能独善其身，随着国家“统购统销”的压缩以及最终被取消将国产动画全面推向市场，美影厂也在市场的洗礼下不断探索新的生存方式，“一厂三制”“合作拍片”“代工”等，都是美影厂在市场化转型中的摸索与苦苦挣扎。之所以去探索这些新的方式，无非两个字：市场。动画创作类型层面，随着计划经济的终结，动画短片的艺术探索没有了“一体化”生产机制的庇护，在市场化的生存语境中再无存身之处，于是我们看到国产动画短片创作随着 20 世纪 80 年代中期“配额制”被取消前最后的一个创作小高潮之后，就再无翻身之力。“市场”在以它看不见的魔力发挥着它的价值选择功能，能够迎合它的生存下来，不能适应的遭遇淘汰。市场向来如此冷酷，没有一丝温情。

通过 20 世纪新时期前国产动漫民族化生产环境与新时期后直至当下生产环境的比较分析，对于当下国产动画传播主流文化的样态选择问题，答案一目了然。在失去计划经济的“护佑”后，市场早已经成为高悬在国产动画头顶的“达摩克利斯”之剑，时刻检视着国产动画的生存空间。

毋庸讳言，虽然我们无法否认传统民族动画形式曾经带给国产动画的荣耀和辉煌，它确立了国产动画“中国学派”的国际美誉，但也不得不承认，在当下这样一个视觉化时代，在数字技术突飞猛进的辅助下，数字动画的奇观化营造能力早已超越了传统民族动画形式。而更为关键的是，3D 动画的审美营造能力与当下的时代审美倾向更为契合，这一点也早已通过 3D 动画电影的全球流行和超高票房得到确证。

诚如国内一位学者所言：“国内理论界似乎已经形成了某种思维定式，谈及动画的‘民族化’问题，马上就联想到剪纸、皮影、泥塑等表现媒介，并认定这就是中国动画‘民族化’的重要一翼。诚然，这些表现媒介是中国式的，在早期也有优秀的代表作品，但是，在当下是否仍然应该以此为突破口却是值得商榷的。第一，在那一时期，不论美国还是日本，其动画制作技术的多样化程度、表达的细腻和逼真程度、科技手段的介入程度等都无法与今天相比，在缺乏更多的比较和对照的情况下，中国那些传统的表现媒介并不处于劣势。然而，当今动画制作技术的先进程度却足以使剪纸、皮影、泥塑等表现形式显得陈旧。第二，在人物造型、表情、动作以及场景、色彩等方面，剪纸、皮影、泥塑的艺术表现力天然地不如当下主流动画的表现力强，在当今追求视觉刺激和快餐式文化消费的语境下，很难想象这些传统的动画形式会有很大的吸引力。第三，在文化产业竞争日趋激烈的情况下，当前的动画制作和传播都需要考虑市场和受众，而很难完全追求唯美的艺术境界，否则很可能会陷入曲高和寡的尴尬之中。因此，即使在采用水墨动画这样最能体现中国文化特色的表达媒介时，也要考虑到目标受众以及如何具体操作才能使之雅俗共赏这一重要问题。”[①]

因此，弘扬和传播主流文化，国产 3D 动画责无旁贷，任重道远。

第三节　国产动画的文化主体性建构

顾名思义，“文化主体性”是指在文化的呈现领域本国文化所居的主体性地位。随着文化全球化的推进，民族文化的主体性问题日益凸显。强势文化凭借其社会经济、科学技术等领域的优势在文化领域也获得能量加持，得以在全球范围内“攻城略地”，对次发达国家和地区的文化生存构成冲击。文化全球化的冲击，一方面构成对次发达地区本土文化的威胁，另一方面也激发次发达地区对自身文化的文化自觉和文化自信。强调和彰显民族文化的

① 李朝阳：《中国动画的民族性研究》，中国传媒大学出版社 2011 年版，第 107 页。

主体性，便是这种文化自觉和文化自信的体现。张岱年先生曾论及此：“一个健全的民族文化体系，必须表现民族的主体性。民族的主体性就是民族的独立性、主动性、自觉性。……如果文化不能保证民族的主体性，这种文化是毫无价值的。”[①] 与张先生所见略同的还有楼宇烈和朱高正两位先生，楼先生认为，所谓文化的主体意识就是对本国文化的认同，包括对它的尊重、保护、继承、鉴别和发展等。[②] 朱先生的观点也大同小异，认为文化主体意识是指一个民族自觉到其所拥有的历史传统为其所独有的，并对此历史传统不断做有意识的省察，优越之处则发扬光大，不足之处则分离加强，缺失之处则力求改进。[③] 因此，在文化全球化日益深入的当下，强化与凸显本土文化的主体性已经成为全球各国的普遍共识。

落实到影视动画的层面，我国文化主体性在国产动画中的主体性建构尤其任重而道远。“任重”体现在影视动画对青少年巨大的影响力，国产动画需要承担起相对我国亿万青少年所负载的文化责任；“道远”则体现在按照目前国产动画的实际状况，对其本应负载的文化责任，国产动画所做的显然远远不够，甚至可以说很不好，国产动画需要清醒地意识到自身问题所在，并奋发有为，勇于承担起历史所赋予的重任。

一、《功夫熊猫》《花木兰》对中国元素的祛魅

最近几年有一部中国题材的动画片在全球取得了巨大的成功，它就是《功夫熊猫》。作为一部充满了中国元素的 3D 动画，这部影片令人耳目一新，它讲述的故事发生在中国，“功夫”和“熊猫”作为中国最具代表性的表征符号，本就充满了中国意味，再加上该片中到处可见的中国元素，很容易让人产生中国味道的错觉。比如《功夫熊猫》里有两个重要的场景，一

① 王中江：《张岱年“文化综合创新论”的特质》，《北京日报》2012 年 1 月 16 日。

② 楼宇烈：《百年国学启示录》，《光明日报》2007 年 1 月 11 日。

③ 徐稳：《论原创力视阈下的中国文化主体意识重建》，《山东青年政治学院学报》2012 年第 4 期。

个是玉皇宫，一个是和平谷，玉皇宫代表的是中国风宫殿建筑，和平谷代表的是充满了中国意味的山水风光，制作团队创作该片时分别以武当山古迹和丽江、桂林的风景为蓝本进行场景架构，非常成功。在角色设置上，影片除了阿宝这个熊猫之外，五位重要的配角采用的都是中国功夫中最知名且最具特色的拳法代表——虎鹤双形、猴拳、蛇拳、螳螂拳，由此诞生了娇虎、仙鹤、金猴、灵蛇、螳螂五位角色。另外，在故事情节、布景、服装、食物等方面，这部影片也富含中国元素，面条、筷子、馒头、饺子、太极拳等中国意象充斥全片，就连音乐也选用了由笛子和二胡等中国乐器演奏的乐曲。

如此富含中国元素的 3D 动画是在宣扬中国文化吗？显然不是。众所周知，美国电影业极其发达，在全球市场所向披靡，但几乎每一部美国电影都是“美国梦”的宣传大使，在好莱坞全球化的过程中，美国电影把美国文化也随之推广世界，其价值观、审美趣味、文化风尚等美国文化特质在全球得以广泛传播。一部耗资巨大、耗时多年，意在全球动画市场的好莱坞 3D 动画作品，怎么可能会以宣扬中国文化为旨归？这显然不符合好莱坞的制片逻辑。

图6-1　《功夫熊猫》剧照

如果对《功夫熊猫》细加分析，就会发现隐秘所在，表面看来，这部作品到处都是中国元素的堆积，但这些中国元素在影片中都是为叙事服务的，而《功夫熊猫》的叙事无非是好莱坞电影无数次重复的“美国梦”的又一次复写，是美国意识形态的又一次传播而已。首先，对阿宝这个“功夫熊猫”主角来说，他之所以要承担起拯救世界的使命，要去做那个众人仰视的英雄，这是上天选定的。我们从影片的叙事可知，阿宝自身从主观上并没有特别强烈的要成为救世英雄的梦想，他只不过是一个喜欢功夫又贪吃的小胖子，但上天选择了他来承担起救世英雄的伟大使命，这一点暗合了美国主流文化对自身“天选之子”的自我定位。美国 WASP 主流文化认为乘坐“五月花号”来到北美大陆建国的美国人是“天选之子”，美国居于“山巅之城”，俯瞰众生，美国人作为上帝的选民就是要承担起领导世界、拯救世界的伟大使命，这种种族优越感强烈地镶嵌进了美国保守主义主流文化之中，经久不衰。其次，我们从影片叙事可知，整个《功夫熊猫》系列的叙事关键都被界定在了“认识你自己”这一理念上。无论是破解功夫的奥秘所在，如对无字功夫秘籍的领悟，还是亲情认同和身份归属上，如《功夫熊猫 3》中对生父和养父以及在熊猫村里对熊猫生活习性的重拾与回归，均是将功夫熊猫的行动逻辑架置于“认识你自己”“成为你自己”“做你自己”之上，“认识你自己”“成为你自己”构成了解决问题的核心关键，也是成为英雄之路上的最后关卡，对于这一点，我们在无数好莱坞电影中早已熟识。再次，《功夫熊猫》对于个人英雄的塑造，显然也是美国文化的经典符号复写。与中国文化对集体主义、群体力量的强调不同，美国文化崇尚个人主义，迷恋个人主义的超级英雄，好莱坞电影中最后拯救世界的使命和重担往往要由上天选定的那个“天选之子”独自来完成，这样才能越发凸显英雄的伟大不凡。《功夫熊猫》的叙事亦是如此，与反面角色的最后决斗，在面临正邪双方生死存亡的紧要关头，其他角色面对反面角色都已落败，眼见正义将被邪恶压倒时，阿宝作为那个“天选之子”的救世英雄站了出来，灵光乍现，一下子领悟到了功夫的真谛，从而一举挫败反面角色，确立起救世英雄的功名。最后，阿宝作为“小人物，大英雄”，更是“美国梦”的直接展现。美国文化中的英雄形象并非不食人间烟火，也并非生来就是英雄，他会有缺点，有各种各样的问题，就像众生一样平凡，只是因为一份坚持，因为一份机遇，也因为一份对自我能量的确认和展现，小人物成了大英雄。“美国梦”之所以在美国电影中能够在全球得以广泛传播并得到认同，其魅力就在这里，它不是高高在上，它似乎触手可及，对于芸芸众生如你我，人人皆有成为英雄的可能，其潜力就暗藏在每一个平凡人身上，所需要的只是去找到它并运用它。显然，阿宝在《功夫熊猫》中又一次在全球为“美国梦”做了成功的宣传推广。

由此观之，表面上充满了中国元素的《功夫熊猫》，其实质是一部地地道道的好莱坞美国电影，它传播和宣扬的并不是表面的中国文化，而只是把中国文化元素拿来使用，装饰了它那个隐含其后的美国的“梦”而已。

与《功夫熊猫》类似的还有另一部美国动画《花木兰》。作为另一个中国文化符号，花木兰替父从军的故事，除了其“巾帼不让须眉”的传奇色彩之外，更因其“孝”与“忠”在中国流传千古。但在迪士尼版《花木兰》中，这些中国文化意义被消隐，取而代之的是一个美国式的“个人成长”式英雄故事，其所保留的只是那一份女英雄的传奇，忠孝之大义已被移植于个人英雄成长史背后隐约闪烁。

因此，无论是《功夫熊猫》还是《花木兰》，其中的中国元素只是作为美国叙事的装饰和补充被加以使用，中国文化并没有成为主体得到宣扬，或者说中国文化在这里被“降格”了，仅仅具有美国化叙事的装饰性意义。如果从文化间性的平等性观之，这里体现出的并不是文化间性，而是一种主客或从属的非对等关系。对于《功夫熊猫》和《花木兰》这样的美国动画，我们非但不能因其对中国元素的展现而心存感激，反而要严加警惕和省察这样一个问题：如果国产动画不能确立起中国文化的主体性，赋予中国元素以中国意义，那么众多中国文化符号如为其他文化体系所征用，如美国动画所做的那样，这些中国元素原来所负载的丰厚中国意义将被抽离、稀释并“扁平化”，中国文化元素将遭遇“釜底抽薪”式榨取，从而成为悬浮无根的浮夸表象装饰进其他文化体系的“梦”里。

二、国产动画文化主体性的重建路径

面对其他文化体系对中国元素的“祛魅”，国产动画需要重建中国文化的主体身份，从而重建中国元素的“返魅”之途。但遗憾的是，目前国产动画尚没有对此问题引起重视，大多数国产动画作品并没有提升到文化主体性的高度来看待这一问题。即使一些传统文化题材的国产动画，也较多仅仅停留在中国文化元素的表象层面，并没有深入中国元素的文化意义，更不用说还有一部分国产动画完全照搬日本、美国动画，无论是人物造型、风格审美，还是文化负载，均是“日美风”。比如像《魔比斯环》这样的国产 3D 动画，中国元素在其中尚且难寻，更遑论对中国元素的意义询唤了。

因此，重建国产动画的文化主体性是一个急需解决的问题。在当下文化全球化的时代，强势文化的冲击迅猛而深入，如果不能守住本土的文化主体性，就很容易被强势文化像潮水一样盖覆其上，自身的文化特质被遮蔽隐而不现，长此以往，本土文化的根性渐失，国家的文化安全堪忧。

针对国产动画而言，如何重建国产动画的文化主体性呢？

笔者认为，国产动画的文化主体性重建需要国产动画由里到外进行一次回归文化主体的革新。首先，从外部视听呈现看，它需要完成对中国元素的“返魅”，重建中国元素能指与所指的意义关联，当然，这里的“所指”是指中国元素在中国文化体系中的意义负载。其次，国产动画需要凸显中国叙事的文化魅力，各民族的民族性格各有差异，在叙事表达层面也各有特色，中国叙事中的伦理叙事、常识叙事是中国文化的积淀与呈现，国产动画的文化主体性重建应该对此形成呼应。再次，国产动画需要彰显中国智慧，中国文化博大精深，蕴含了几千年来华夏民族的集体智慧，如儒家的“修齐治平”、道家的“天人合一”“物我两忘”、禅宗的“顿悟”“云在青天水在瓶”等思想，均在人与自然、人与环境、人际交往，以及自我调适等层面凸显了中国智慧。国产动画面对如此一座“金矿”而无动于衷，去“邻家借粮”岂不令人扼腕叹息！因此需要静下心来认认真真地开采中国智慧的这座“金矿”。

最后，国产动画需要彰显中国神韵。实际上，国产动画如果能够在中国意象、中国叙事以及中国智慧几个层面上完美负载的话，其自身便已独具中国气质，已经具有中国神韵了。如果对国产动画的期待提升更高一层的话，那么国产动画还可以进一步在美学风格上去回应中国审美的民族特质，如对意境、气韵的钟爱。至此，国产动画的主体性重建基本上涵盖了动画艺术由视听表达层面到内容叙事层面，再到精神气质层面的全方位介入，由此，中国文化在国产动画的根性存在便得以确立，文化的主体性便得以重建。

（一）中国意象

顾名思义，“意象”者，“意”+“象”也。笔者在这里之所以选择“中国意象”，而非“中国元素”，意欲强调的就是中国“意”的涵定，即中国意象作为一个完整充分的整体，应该是“中国意”+“中国象”，而非目前诸如美国动画对中国元素的使用那样，仅仅借用中国元素之表象，而抽离其意义，注重美国文化意涵。如此，中国元素徒具其表，仅作为猎奇的视听符号，对华夏文化的传播毫无益处。国产动画需要彰显中国元素的意义差异。在文化全球化的当下，视听符号的全球化传播早已实现，因此表象差异越发无法标示文化的差异质素，只有深入符号背后的文化渊源去索引其意义差异，才能够在光怪陆离的表象群中凸显自身，在其中彰示多元。国产动画对中国意象的使用，需要回归到华夏传统文化语境，在文化沿袭和历史积淀的厚重储存里提取意义，使中国意象的“象”之花因中国“意”之根的广博涵养而枝繁叶茂，花团锦簇。

需要指出的是，这里的“中国意象”并非只有视觉元素，也包含听觉元素。众所周知，中国音乐因其自身鲜明的民族特色而区别于西洋音乐，琴、筝、箫、笛、二胡、琵琶、丝竹、鼓等是代表中华传统音乐文化的乐器，在漫长的历史发展中，各种乐器也被分别赋予了不同的情感和文化内涵，而且地域色彩鲜明，如云南的葫芦丝，内蒙古的马头琴等，均具有一定地域标示功能。这些独具中国文化特色的音乐元素在国产动画视听语言中得以展现，将极大地提升国产动画的民族特色。

（二）中国叙事

叙事，作为故事的讲述，在不同的文化体系中，因民族性格和文化心理的差异，往往会在叙事风格和样态上体现出一定的区别，如法国电影的浪漫化叙事、印度电影的歌舞叙事、韩国电影的悲情叙事等，这些叙事差异植根于民族文化传统，同时也成为民族文化特质的体现。

中国文化源远流长，叙事传统悠久，在传奇、话本、小说等叙事艺术实践中形成了鲜明的中国特色，并在久远的历史发展中趋于稳定。就动画艺术而言，笔者认为国产动画凸显中国叙事，可以从伦理叙事和常识叙事两个层面展开。

与西方文化凸显个体英雄的个人叙事不同，中国文化更加注重在群体价值上彰显伦理叙事。在中国文化中，家国同构、家国一体，国是大的家，家是小的国。无论是家还是国，都需要树立起人伦的秩序感。中国叙事往往建构在家庭、国家空间中人与人之间产生的亲情、爱情、友情、爱国之情，在情感的纠缠与冲突、个体与群体的出离与皈依中，一个个悲喜故事的序幕徐徐拉开。西方电影叙事更注重故事讲述在结构上严密的完整性，一如西方绘画在透视方法上的“焦点透视”一样，它更为追求一种科学精神的严谨，更重“事”，以“事”抒“情”；而中国的伦理叙事，意趣并不在此，它更像中国绘画的“散点透视”，更重“意”而非“形”，更重“情”而非“事”，以“情”带“事”。所以在中国文化的伦理叙事里，“情”往往成为人伦间推动叙事进展的核心动力，“情不知所起，一往而深”，往往让观众深浸剧情的情感旋涡而无法自拔。人伦情感，作为中国叙事的文化基底，理应在国产动画的叙事实践中得到加强。

国产动画凸显中国叙事，还可以在常识叙事层面展开。中国历史绵延五千年，在漫长的历史传承之中，中国文化形成了自己独特的理性观，这便是常识理性。所谓“常识理性”，即将人之常情和常识视为合理性和合法性的基础，用其来审视一切思想观念。诚如朱熹所言，天际无极之妙，不离日用之间。金观涛认为，常识理性作为中华民族的一种基本的思维方式，“如同科学体系中的公理那样自明的出发点，并用它们来论证人的种种行为和观念价值系统的合理性。也就是说，常识不仅是建构整个观念大厦的基石，甚至是批判反思意识形态和社会规范合理性的最后标准”[①]。在常识理性观下形成的中国常识叙事，更加注重对人之常情和常识的展示，它相对远离那些非理性的、光怪陆离的、荒诞不经的、耸人听闻的内容，而更喜欢在一种波澜不惊、静水流深、不动声色的日常中去书写人生人性的万般滋味和千转百回。常识叙事具有独特的东方美学魅力，蕴含了中国文化内省、静观、通达的文化基质，理应在国产动画的叙事实践中得到重视。

（三）中国智慧

笔者对很多国产动画的观感，一个直接的印象就是中国文化的信息负载量过于稀薄。且不说其他，仅就其主题而言，大多数国产动画沿袭的均是自由、平等、博爱、环保等一系列西方艺术母题。当然，作为艺术母题，这些主题实际上不分东西方，无论在西方还是在中国，它们均具有普适性，尤其是在这样一个全球化的时代，艺术母题的全球“旅行”早已是一个既定事实，所以国产动画将主题界定于此毫无问题。可商榷的是，即使是相同的艺术母题，毕竟中国文化与西方文化的渊流差异甚大，造成的直接结果就是面对同样的思考对象，中国文化与西方文化所选择的介入路径并非一致。比如，同样是对“环保”这一母题的思考，西方文化更多是从主客二分、人与自然两立的基点介入，而中国文化则更多是从“天人合一”“物我两忘”的混沌观介入，不同的介入路径体现的是东西方文化不同的哲学思想。再比如，西方文化重个人主义，而中国文化重集体主义，这就造成同样是对“忠”“勇”“礼”“智”“信”等美好品质的肯定，美国文化和中国文化完全是在两条不同的路径上进行推演和表现的。实际上，在几乎所有重大艺术母题

---

① 金观涛、刘青峰：《中国现代思想的起源》，香港中文大学出版社 2000 年版，第 102 页。

上，鉴于东西方文化和哲学观的差异，其所选择的介入路径均体现出很大不同。所以，国产动画在处理这样的艺术母题时完全可以更多依据于中国哲学的文化资源，从不同的文化路径进行中国智慧的逻辑演绎。国产动画需要去强化自身的中国色彩，中国色彩不能仅仅停留在中国元素的表象层面，更需要深入中国智慧的肌理层面，让中国智慧成为国产动画内容运行和角色动作的底层逻辑和心理动力，只有这样，国产动画才算是给中国之“象”匹配了中国之“意”，才算是中国意象的整体呈现。中国智慧在国产动画中的嵌入与蕴涵，既是国产动画巨大的资源宝库，也是国产动画无可推脱的文化责任。

（四）中国神韵

中国审美注重风神与韵味，所谓言有尽而意无穷，追求言外之意、象外之象、景外之景、韵外之致等。国产动画传达中国神韵，即在国产动画中凸显一种中国风采和中国味道。

一定程度上而言，如果国产动画能够较为充分地在视听语言、叙事推进、人物情感、心理动机等几个层面完成中国文化负载的话，这样的国产动画作品将自然而然地具备中国神韵，因为它就是一个中国文化的结晶体，其从里到外所传达的信息都是中国的，它就是一个中国文化的表征物。

同时，我们也要提及中国文化还有着独特的审美范畴，比如对意境的追求。“意境”是指一种能令人感受领悟、意味无穷却又难以明确言传、具体把握的境界。它是形神情理的统一、虚实有无的协调，既生于意外，又蕴于象内。意境的审美追求，体现了中国哲学“天人合一”的意趣，注重主观的人的生命律动与客观的物的自性天然情景交融，混沌一体。国产动画可以在审美趣味上相对呼应意境说的意趣。当然，并非所有国产动画都需要刻意追求意境，毕竟受题材、角色等所限，有些内容的作品未必适合追求虚实相生的审美意境。但作为一个理想，我们希望在越来越多的国产动画作品中能够更普遍地欣赏到中国审美的独特气质。

三、国产动画需要强化文化逻辑论证

国产动画在建构自身文化主体性的过程中，除了有意识地做好中国文化负载，还需要重视自身的文化逻辑论证环节。因为文化负载并不等同于文化堆砌，所有负载在动画作品中的文化信息都需要完美消融其中，而不是生硬地塞在里面，所以强化国产动画的文化逻辑论证，便成为国产动画建构自身文化主体性必不可少的一环，逻辑论证即文化信息加以负载消融的重要环节。

目前，国产动画在技术环节相较于国外的动画发达国家已经没有太大差距，但在故事叙述层面却有着不小的距离，如何讲一个精彩的故事已经成为阻碍国产动画发展提升的瓶颈，国产动画意欲实现突破就必须打破瓶颈，在叙事的细化层面提升自我。叙事问题涉及的层面很多，但在笔者看来，目前国产动画在重建自身文化主体性的过程中，最为急需解决的是叙事层面的文化逻辑论证环节。

国产动画叙事在文化逻辑论证环节存在较大的问题，很少有作品能够静下心来细细打磨，把叙事的各项要素编织得严丝合缝，赋予角色形象充分自洽的行动脉络和心理动机。比如国产动画中常见的成长主题，往往表现一个中国式的、正面的英雄在历经各种非常态的磨难之后，最终打败各种恶势力取得胜利的故事。英雄很少有内心的挣扎和矛盾，即便有，也是匆匆几笔带过，缺乏细腻的刻画和铺垫，显得非常生硬，人物的性格弱点几乎看不到。为什么他是英雄？因为他本来就是英雄！这些英雄形象都是天生完美的，不仅在能力上十分完美，不可战胜，而且在道德上连丝毫的犹豫和妥协都不存在，在政治上也都十分正确。这样的角色和叙事设定，严重缺乏生活质感，很容易产生虚假感，难以引起观众的喜爱和认同。相比较而言，美国动画非常注重叙事的逻辑论证，取得成功的那些经典动画作品往往都在叙事和形象塑造方面极见功力。比如《海底总动员》中的马林出场时就是普通人，没有“自带光环”，甚至有着某种性格缺陷——胆小懦弱。影片巧妙地交代了这种性格缺陷形成的原因，马林的妻儿遭遇鲨鱼袭击，只剩下尼莫一个孩子，这个巨大打击和失去家人的至深恐惧是造成马林对儿子过分保护的原因。在这样的性格设置下，故事推进，主人公在生活中遇到了重重困难和阻力。为了解决问题，达成个人目标，主人公主动或被动地采取行动，在此过程中逐渐出现性格上的转变：马林为了找到离家的尼莫，不得不硬着头皮与水母、鲨鱼等进行斗争，克服种种困难后，终于不再怯懦怕事，变成了海底的英雄。在《海底总动员》里，角色形象的性格转变与叙事推进紧密结合，相互支撑，合情合理，而非“命中注定”，生来就是一个盖世英雄。这样的叙事和角色塑造更容易引起观众的认同感，因为它暗合着普罗大众的一般生活经验。①

电影叙事，从某种意义上来讲，就像写议论文，提出论点之后，只有辅以充分的论据和严密的论证，论点才能得以成立。电影叙事亦然，要想使故事感人，真实可信，引人入胜，故事的讲述就必须建立在严密的逻辑论证上，注重起承转合，注重日常经验的现实依托，注重人物的心理脉络发展，注重角色与周围环境的互动等。只有这样，电影叙事才能使观众感同身受，才能使观众按照其现实的生活经验去验证影像叙事，才能被吸纳进故事中。反之，如果电影叙事没有提供这些逻辑论证的细节，观众就很难“入戏”，电影也就给人一种“假”“不走心”之感。

电影叙事，既能够强化逻辑论证，又能够表征文化论证。赵毅衡认为：“叙述，是人类组织个人生存经验和社会文化经验的普遍方式。”② 电影叙事是一个“编码—解码”过程，文化信息完全能够被编码进电影文本，并通过解码环节予以还原。学者保罗·维尔斯等人曾提出过“文本世界”理论，该理论认为，读者对叙事中不同概念层次的世界进行表征的过程是一个“指示转移”的过程，读者都具备这样的认知能力，将“指示中心”投射到其他的

① 关于中美动画在英雄形象塑造方面的差异，详见王灵丽《中美动画电影叙事比较研究》，东方出版中心2018年版中的相关内容，本部分参考了该书第二章的部分论述。

② 赵毅衡：《广义叙述学》，四川大学出版社2013年版，第6页。

人或者物上，即能够采用他人（或物）的视角来理解世界。[1] 也就是说，在编码环节被融入的文化信息，通过严密的逻辑论证，使观众的“指示中心”不断位移投射，完全可以在解码环节得到充分复原。电影既是认知媒介，更是情感媒介，只要能够在电影文本内建构一个充足自洽的情感空间，观众的“移情”便能充分实现，在移情建构的基础上，通过因果关系的推进，融入相关文化逻辑，也就构筑了观众的文化认同。因此，电影叙事“就是用具体形象的方式演绎论证个体性认知是否真实、是否具有说服力的一次话语实践”[2]。

建构国产动画的文化主体性，既需要有意识地灌注中国文化信息，提升中国意象、中国叙事、中国智慧和中国神韵在作品中的比重，同时也必须重视对这些中国文化信息在作品中灌注的过程，即提供严密的文化逻辑论证，使之顺滑流畅，真实可信，感人至深。只有如此，中国文化通过国产动画的传播渠道才能够走进观众的内心，引发认同，提升观众的文化自信和民族凝聚力。

四、小结

文化主体性问题关涉一个国家的文化安全。在当今世界的国际竞争中，文化竞争被提升到一个新的高度，文化的力量既深远又“润物细无声”，它形塑着一个国家的精神家园和心灵归属，是民族身份认同的基础。因此，在当今世界，各个国家都极为重视本国的文化主体性问题。

动画艺术，作为对青少年具有巨大影响力的艺术形式，不应在我国文化主体性重建过程中缺席。国产动画需要责无旁贷地承担起这份沉甸甸的责任，在创作实践中提升建构自身文化主体性的自觉意识，并将其内化为一种不自觉的主观追求，一方面不断提高中国文化在作品中的信息负载，加大中

① 唐伟胜：《认知叙事学视野中的叙事理解》，《外国语》（上海外国语大学学报）2013 年第 4 期。
② 陈林侠：《大众叙事媒介构建国家形象——从特征、论证到文化逻辑》，《中州学刊》2013 年第 10 期。

国意象、中国叙事、中国智慧和中国神韵在创作环节的有机熔铸；另一方面强化自身的文化逻辑论证环节，在作品的叙事推进和角色塑造中灌注严密的中国文化底色，使之成为叙事肌理和行为逻辑动力，彰显中国情感和中国观念作为角色行为动机的文化渊源所承载的中国味道。

作为具有悠久历史和灿烂文化的文明古国，中国屹立于世界的东方，数千年来华夏文明绵延不绝，是“四大文明古国”中唯一一个没有中断历史的国家。这份历史传承和文化积淀的厚重，本应成为华夏民族文化自觉、文化自信的信仰来源，遗憾的是，因为中国近现代史的积贫积弱，以及半封建半殖民地的悲惨经历，中国文化的主体性并没有得到完整延续，甚至一度出现“国外的月亮比国内圆”的崇洋媚外之势。可喜的是，改革开放以来，随着我国国力的全面提升，民族复兴与中国崛起已经成为势不可当的历史趋势，中国文化的主体性重建也将在国家崛起过程中得到强力支撑并得以实现。

第四节　国产 3D 动画的民族化问题

一、民族化缘起：现代性反思与认同建构

3D 动画作为当下最为主流的动画形态，在全球范围内得到了迅速扩张，当然，这种扩张所代表的是美国动画的利益，它是文化帝国主义的一种典型体现。那么处于“被帝国”“被扩张”语境中的中国动画应该如何捍卫自己的文化核心利益？ 3D 动画的民族化是一个急需解决的问题。

为何要进行民族化？这是 3D 动画民族化所要面对的首要问题。

从动力上来讲，民族化问题并不是一个自发的问题，而是一个被动的施

为过程，因为如果没有“他者”的出现，也就不存在自我审视和反思的可能空间，正是在“他者”的映照和对比中，自我才能完成自身的评估和重塑。自我和他者是一对彼此依存的概念，需要在彼此的映照中彰显自身。民族化问题的核心是对自我的确认，或者说是认同，而认同需要的产生同样依赖于他者的出现。自我与他者之区分在于差异，所以也可以说认同问题的缘起来自差异的出现。如乔治·拉雷恩所言：“在相对孤立、繁荣和稳定的环境里，通常不会产生文化身份问题。身份要成为问题，需要有个动荡和危机的时期，既有的方式受到威胁。这种动荡和危机的产生源于其他文化的形成，或与其他文化有关时，更加如此。正如科伯纳·麦尔塞所说，‘只有面临危机，身份才成为问题。那时一向认为固定不变、连贯稳定的东西被怀疑和不确定的经历取代’。这句话为我们理解身份的通常含义提供了一条线索。”[①] 而在当下时代，造成“动荡和危机”的“他者”即全球化。全球化和民族化构成一对“他者”与“自我”的意指概念，正是在全球化的大举扩张之下，民族文化才遭遇困境并引发认同危机；同时，也正是全球化的存在，才激发起强烈的民族化认同建构冲动，所以全球化对于民族化构成了双重作用，一方面是毁灭的力量，另一方面却又激发起强烈的认同建构。

全球化是理解国产 3D 动画民族化问题的起点。而对于全球化的理解，中国学界也存在着一个接受态度上的转变。改革开放之初，对于“全球化”问题，国人是热情拥抱的，甚至一度出现过“国外的月亮比国内圆”之类的全盘西化倾向。随着改革开放的国门打开，各种各样的观念思潮、新鲜事物也令国人眼界大开，国人的价值理念急剧发生转变，传统价值观遭到严重削弱，而西方价值观念在国人心中得到尊崇。然而从 20 世纪 90 年代初开始，出现了一股传统民族文化的“复古”之风，从“新儒学”开始，到 21 世纪初的所谓“文化保守主义浮出水面”的文化现象，“民族化”作为一个题域又得到了重视。

---

① ［英］乔治·拉雷恩：《意识形态与文化身份：现代性和第三世界的在场》，戴从容译，上海教育出版社 2005 年版，第 194 页。

考察国人对于全球化问题的态度转变，现代性反思与认同建构构成了这一转变的根本原因。

正如汪晖“谁的现代性”之发问一样，现代性的启蒙理性开始在国人心中遭受质疑，当然，质疑更多是出自意识形态的考量。汪晖在其《文化与公共性》的“导言”中发问：“为什么欧洲中心主义能够规划现代的全球历史，把自身设定为普遍的抱负和全球历史的终结，而其他地区的种族中心主义却没有这样的能力？”① 汪晖提出了自己的中国现代性方案，即认可一种完全从中国自身“文化同一性”中发展而来的现代性话语在当下中国的合法性存在与发展。

与汪晖略有差异，吴冠军也提出了自己的现代性方案，正如其书名所示：《多元的现代性》。与汪晖的最大不同体现于其现代性方案相较于汪晖对传统“民族性”的回归，吴冠军在认同“民族性”的同时，依然看重“全球化”作为“他者的存在”之意义。无论是汪晖或吴冠军，其现代性方案的一个根本基点是相同的，即“民族化”。

为何会出现对“现代性”的批判、对“民族化”的回归？笔者认为是因为后现代话语在中国学界的涌入。与西方现代性数百年的发展历程不同，在中国，现代性刚刚启程不久，国外的后现代思想即已涌入，而后现代思潮的主要特征就是对现代性启蒙话语的批判和质疑。这一态度不能不对国内学人构成影响。考察汪晖发问的历史点位与后现代话语在中国的泛滥，不能说完全是一种巧合。

另外，之所以出现这样的一个从全球化到民族化的关注转向，还同国人的文化认同需要有关。

在全球化于世界范围内疯狂肆虐的同时，“文化认同”被各个文化体系，尤其是第三世界国家提上了重要的议事日程。因为全球化更大程度上是西方文化的全球扩张，而在这一过程中的弱势文化，如第三世界的文化，则

① 汪晖：《文化与公共性·导论》，载汪晖、陈燕谷主编《文化与公共性》，生活·读书·新知三联书店 1998 年版，第 10 页。

面临着日渐式微甚至消亡的危险，所以对第三世界国家来说，建构对本民族文化的认同，显得尤为重要。

中国也不例外，虽然中国有着灿烂悠久的文化传统，可是在全球化的文化浪潮中，我国传统文化的影响力越来越小，普遍的“西化”倾向对国人的民族文化认同造成了致命解构，所以中国需要重新建构本民族的文化认同。

无论是从现代性反思还是从文化认同建构来讲，“民族化”都是捍卫自身文化核心利益的不二之途。如果说全球化是思考民族化问题的起点的话，那么民族化则是全球化困境解决方案的终点。

二、新的语境，新的“民族化”

对于 3D 动画的民族化问题有两个矛盾需要处理好，一是在时间维度上当下与传统的关系，二是在空间维度上民族文化与外来文化之间的关系。这两个矛盾如果不能得到恰当的处理，将严重影响到 3D 动画民族化的质量和效果，有可能使 3D 动画民族化成为一种肤浅的“原教旨主义”或者“全盘西化”的当下版本，而不能对国产 3D 动画的创作实践提供真正具有前瞻指导价值的理论阐释。具体而言，时间维度上的矛盾体现为 3D 动画的民族化与“探民族风格之路”的国产动画民族化传统之间的矛盾，3D 动画民族化应该如何面对国产动画的民族化传统，是延续？还是否定？或者其他？而在空间维度上的矛盾则体现为国产 3D 动画与美国 3D 动画之间的关系问题，3D 动画又该如何面对处于绝对优势地位的美国 3D 动画，是拒绝？还是模仿？抑或其他？

首先我们来看第一个矛盾：3D 动画的民族化问题如何面对国产动画“探民族风格之路”的民族化传统。

国产动画的民族化问题是一个在 20 世纪 50 年代提出的话题。动画是西方舶来品，国产动画是在学习西方动画的基础上开始起步的。在中华人民共和国成立之前，主要学习和借鉴的是美国迪士尼动画，如在早期由万氏兄弟制作的动画电影《铁扇公主》中便留有鲜明的模仿迪士尼动画的痕迹，里面的孙悟空在造型上明显模仿了米老鼠的造型。在中华人民共和国成立之后，受冷战局势的影响，国产动画开始主要观摩研习苏联动画，在创作的各个层面都体现出了向苏联动画看齐的倾向，如在 20 世纪 50 年代初制作的《小猫钓鱼》(1952)、《小梅的梦》(1954)、《乌鸦为什么是黑的》(1955) 等动画中，无论是造型还是动作设计，都具有鲜明的苏联痕迹。真正意识到要走国产动画的民族化道路，提出“探民族风格之路”口号，是受到《乌鸦为什么是黑的》获奖后的评论的刺激。1956 年，由钱家骏、李克弱执导的第一部国产彩色动画《乌鸦为什么是黑的》在“第八届威尼斯国际儿童电影节”上获奖，这本是一件高兴的事情，然而电影节上的评论却让大家高兴不起来，该片因模仿苏联动画的缘故，在电影节上被与会者误认为是一部苏联动画。这不得不引起反思：如果一味继续模仿苏联动画，即使模仿得再好，也不过是“为他人作嫁衣裳”，那么中国动画的自身地位和特色何在？中国动画又何以获得认可与发展？正是在这样的反思之下，当时任上海美术电影制片厂厂长的特伟提出了“探民族风格之路”的口号，从此开始了国产动画的民族化探索。

“探民族风格之路”的口号提出之后，国产动画创作便有意识地向“民族化”靠拢，如在 1956 年创作的《骄傲的将军》中就借鉴了中国的传统戏曲尤其是京剧的许多元素，片中音乐大量运用京剧锣鼓，主要人物造型也采用了京剧脸谱：将军是大花脸，食客师爷则是二花脸。许多人物的语言和动作是动画设计师们依照戏曲演员的表演设计的。在场景安排上，《骄傲的将军》强调舞台感和空间感，颇有传统文化特色。这种有意识向传统文化靠拢、大量运用传统文化表现形式与元素进行动画创作的制作方法，在此后的一系列优秀国产动画中得到了淋漓尽致的体现，并因此以“中国学派”而为世界动画界所认可和命名。动画学人尹岩先生在《动画电影中的“中国学派”》一文中曾对“中国学派”的艺术特征进行过详细分析和界定，在他看来，动画电影中的“中国学派”实际上就是中国民族化的动画电影，“中国学派”动画的艺术审美特征主要体现为三点，即寓教于乐的教化方式、写意传神的艺术手段和别具一格的美术风格。在思想内容上，“中国学派”动画重视教化意义，在“中国学派”动画中，教育意义或深或浅，或显或隐，始终不曾模糊，更不曾放弃。中国动画艺术家始终把“深刻的思想内容与尽可能完美的艺术形式的结合”作为艺术追求的目标。这就构成“中国学派”寓教于乐这一艺术特征。在表现方法上，“中国学派”动画具有鲜明的写意传神特色。写意传神主要通过造型上笔情墨趣的意象追求、动作设计上载歌载舞的写意化追求和整体审美上情景交融的意境追求来加以体现。最能体现“中国学派”写意传神之神韵的动画是水墨动画，尹岩先生以《牧笛》为例详细解读了该片在造型、动画设计以及意境追求的卓越成就。在美术风格上，“中国学派”的动画世界是由丰富多彩的艺术风格和多种多样的艺术形式构成的，这得益于中国画派的悠久传统和丰富形态。时代审美意趣各异，画家出身素养不一，使中国画派又呈现风格迥异的美术风采。如战国帛画的墨线勾画，汉代砖画的细致精巧，敦煌壁画的生动恢宏、唐代青绿勾勒的金碧山水，两宋的水墨梅竹，明清的水墨山水花鸟，以及民间年画、剪纸、壁画等，都具有浓郁的民族特色，为“中国学派”的美术风格提供了取之不尽的营养。可以说，仅仅把这些传统绘画风格自然过继于动画电影，就足以使其风貌与他国动画不同。这是传统美术带给“中国学派”的优越之处。“中国学派”充分利用了中国美术风格上得天独厚的条件，呈现出丰富多样的神采。[①]

在尹岩先生的这篇论文发表前后，谈论国产动画“民族化”或“中国学派”动画的文章也有很多，如松林的《愈有民族性，愈有国际性——美术电影民族风格的形成与发展》《美术电影要走民族化的道路》、金松柏的《美术电影民族化探索的历史回顾》等，以及最近几年以国产动画民族化为研究对象的研究生论文（如朱可的《论“中国学派”动画电影》等），均未能对尹岩先生所论述的框架构成突破，基本上停留在《动画电影中的“中国学派”》

① 尹岩：《动画电影中的“中国学派”》，《电影艺术》1988 年第 6 期。

所架构的研究空间之内，所以尹岩先生对“中国学派”/“民族化”的归纳总结具有典型性和代表意义。当然，这并非意味着尹岩先生的概括已经尽善尽美了，比如对动画题材选择上“中国学派”所体现出的对中国传统神话、童话、民间传说等传统文学资源的倚重与偏爱就没有进入尹岩先生的阐释视野，然而这一点确实与尹岩所归纳的其他三点一样，在“中国学派”动画中得到了鲜明体现。

国产动画的民族化传统可以归纳为四点：第一，动画题材上对传统文学资源的倚重与偏爱；第二，表现形式上的写意性；第三，意识形态上的教化倾向；第四，审美意蕴上的意境追求。

那么 3D 动画的民族化问题面对这样的国产动画“民族化”传统，应该以何种方式来处理呢？是全盘否定还是照单全收？抑或采取其他的处理方式？对此，这里暂且存而不论，待 3D 动画民族化问题的第二个矛盾提出之后再一起做一个分析，因为两个矛盾共享着同一个处理原则和方法，所以可以归在一起来论证。

3D 动画民族化的第二个矛盾是国产 3D 动画与美国 3D 动画的矛盾，它代表着本土文化与外来文化之间的矛盾。国产 3D 动画的民族化又该对处于绝对优势地位的美国 3D 动画采取何种态度呢？

如前所述，3D 动画自身存在着很大的悖论性，一方面在工具理性的层面，3D 动画体现出强大的价值正值；另一方面在价值理性的层面，3D 动画又呈现出其负价值。同时，3D 动画又具有鲜明的“文化帝国主义”倾向，全球化的逻辑即现代性的逻辑，3D 动画全球化的过程，可以清晰看出其对现代性秩序、统一和普适等质素的追求，是确立美国动画霸权和统治地位以及对其他国家意识形态文化输出的重要方式。

面对美国 3D 动画中所体现出的悖论和“文化帝国主义”倾向，国产 3D 动画民族化又该如何应对，能否因为其价值理性上的负价值和“文化帝国主义”倾向而彻底否定和排斥这种动画样态呢？还是因为其在工具理性上所体现出的强大的正价值而全盘接受？有没有一种途径能够趋利避害？

对于 3D 动画民族化问题所关涉的这两个矛盾，笔者认为可以采取同一种处理原则和方式，那就是“和而不同”的原则和方法。

“和而不同”是中国古老的传统智慧，出自《论语·子路》“君子和而不同，小人同而不和”，原意指在为人处世方面，君子可以与他周围的人保持和谐融洽的关系，但他对待任何事情都必须经过自己的独立思考，从不愿人云亦云，盲目附和；小人则没有自己独立的见解，只求与别人一致，不讲求原则，与别人不能保持融洽的关系。本书借用这一概念来概括处理 3D 动画民族化过程中的两种矛盾的基本原则，在原意的基础上略有补充。这里的“和”具有两层含义，第一层含义是指顺应潮流，而不逆潮流而动。比如对于第一组矛盾，面对国产动画的民族化传统，这是自新中国动画诞生以来国人的自觉追求，这种潮流源自对自我的确认需求，它表征着在当下全球化时代语境中本土文化的危机和对危机的自我拯救，所以对于这种民族化传统需要顺应，而不能逆其而动，走“全盘西化”的道路；而对于第二组矛盾，即与美国 3D 动画之间的矛盾，同样需要顺应潮流，而不能逆潮流而动，既然 3D 动画已经成了当下时代最为强势的动画电影形态，成了最能够与时代审美趋势和动画期待相契合的表现形式，那么，尽管这种动画形式在价值理性层面存在着诸多问题，同样不能对其采取彻底否定和排斥的态度，而必须顺应这种潮流，因为只有顺应潮流，才能为国产动画创造出更大的生存空间，否则就是自绝后路。也就是说，既要顺应美国的 3D 动画形态潮流，又要顺应国产动画的民族化潮流，可是两者之间又存在新的矛盾性，如何解决？这需要诉诸“和”的第二层含义，即“中和”。“中和”是传统文化中庸之道的主要内涵，在《礼记·中庸》中有“喜怒哀乐之未发谓之中，发而皆中节谓之和；中也者，天下之大本也，和也者，天下之达道也。致中和，天地位焉，万物育焉”之句，隐意指要学会包容正反两面意见并加以融合，使人类始终处于合作中的一种为人处世的方式方法。本着“中和”的原则，对于 3D 动画民族化过程中的国产动画传统和美国 3D 动画之间的矛盾也就可以解决了，无论是对于国产动画传统还是美国 3D 动画，均采取一种批判地继承之态度，吸取两者中的精华部分，弃置其糟粕，将两者的精华合二为一，从而锻铸出新的“民族化”内涵，既避免对于传统的“原教旨主义”式处理，也避免对于外来文化的“全盘西化”之简单化处理，为“民族化”注入新的合理化内核。通过“和”的处理之后的3D动画民族化问题自然也就体现出“不同”来，与国产动画民族化传统相比，因为其介入了外来文化的维度而体现出不同；与美国3D动画相比，又因为其对传统文化的坚守而体现出差异。

这种新方式的“民族化”还是“民族化”吗？

这要归结于“民族化”的内涵，所谓“民族化”，即“化”其他外来文化性的事物以“成”民族性的事物，民族化是一个动作过程，它的根本追求在于民族性，通过民族化的“化约”过程抵达对民族性的彰显。那么，通过新方式的“民族化”过程能够抵达民族性的内核吗？问题又归结于对民族性的理解问题，如果将民族性看作一种本质主义的、固化的存在，显然这种新的“民族化”方式彰显出的民族性必然与那个固化的民族性本质有出入，因为它介入了外来文化的新的因素；但如果将民族性看作一个流动的、与时俱进的概念，那么通过新的“民族化”过程所彰显的民族性恰恰是对民族性的重写与更新，它完成了对民族性的特定时代精神的昭示。

对此问题，本书认同钱穆先生的逻辑。在钱穆先生看来，中华文化具有古老的因革传统，他在《现代中国学术论衡》一书中提出：“孔子曰：‘殷因于夏礼，所损益可知也。周因于殷礼，所损益可知也。其或继周者，虽百世可知也。’其言因言继，即言其传统。其言损益，即其当时之现代化。夏商周三代，何尝非当时之现代化。孔子已早知必有继周而起者，但又知其必因于周，而又不能无损益，秦汉以下是已。”“至言学术思想，孔子亦有所因，有损益。故孟子曰：‘孔子圣之时者也。’孔子乃上承周公而现代化。孟子曰：‘乃吾所愿，则学孔子。’孟子亦上承孔子而现代化。荀子亦然。而孟子荀子所损益于孔子者则各不同，而孟荀之高下得失亦于是判。两汉以下，中国全部儒学史，无不如此。同因于孔子，同有其损益而现代化。故吾中华民族绵延五千年来之历史，乃所谓人文化成。或可谓神农尧舜禹汤文武周公孔子创之，而吾五千年之国人则因而损益之。”[1] 在这里，钱穆先生提出了两个问题，一是民族文化的现代化问题，二是学术思想的现代化问题。“因”者沿袭也，“损益”者变革也，只有沿袭，才能保证民族文化的血脉，只有变革，才能保证民族文化的生命力。于是，民族性被纳入了一个沿袭和变革的二元格局，民族性在某一个历史时期具有一定的稳定性，但这并非意味着它是一个固化的本质概念，当民族的社会文化语境发生变化时，民族性同样会发生相应的变更，它具有随时代变化而重新认识和界定的流动性，也就是钱穆先生所言的“有所损益”。

民族性有“因”，也有“损益”，民族化就需与时俱进，从时代的具体语境出发来制定相应的“化成”方式。对 3D 动画来说，其民族化过程同样需要从具体的时代语境出发。相对于 20 世纪 50 年代开始的国产动画民族化，当下的国产 3D 动画民族化在具体社会文化语境上有两点重大改变，一是在生产方式上由 20 世纪的计划经济时代转变为当下的市场经济时代；二是由 20 世纪相对封闭自守的自足时代转变为当下的全面开放的全球化时代。这两个方面的转变对国产 3D 动画的民族化产生了根本性的影响，使其必须采取一种不同于 20 世纪的新的民族化方式，因为一方面 3D 动画的民族化既不可能不在制作方面对美国 3D 动画有所跟进，对其采取不理不睬的态度，只能更加严重地压缩国产动画的生存空间（在 3D 动画的全球化章节已有相关论述），又不可能把美国 3D 动画排斥于国门之外。因为这是一个无论经济还是文化都全面全球化的时代，中国也早已加入 WTO，20 世纪相对封闭和自足的时代氛围早已成为明日黄花，一去不返。另一方面，当下的 3D 动画制作在经济方式上由计划经济转变为市场经济，无疑会对其市场适应性提出更高更严苛的要求，不能像 20 世纪的国产动画民族化那样可以只负责制作，而不负责发行。因为那时的民族化，国家对动画采取统购统销的政策，制作者不对市场负责，这种政策早已在 1995 年彻底结束，所以当下

[1] 钱穆：《现代中国学术论衡》，生活·读书·新知三联书店 2001 年版，第 157—158 页。

的 3D 动画民族化也不能像 20 世纪那样可以在回归传统文化上做到如此纯粹，它必须顾及影片的接受和票房问题，美国 3D 动画在经济收益上的巨大成功无疑会具有极大的榜样意义。如果说 20 世纪的国产动画民族化的根本出发点源自意识形态的诉求的话，那么当下的 3D 动画民族化更多来自经济利益的诉求，民族化已褪去了政治层面的含义，呈现为实现经济目的的主观策略选择。

从这样的思路出发，“和而不同”的新的 3D 动画民族化方式体现出极大的适用性。因为如果一味回归传统文化，固守国产动画民族化的传统，无疑无法赢得市场的肯定，在当下这样一个视觉文化的时代，传统文化必须经过现代化的过滤才能够赢得观众的喜爱，这个现代化也是对美国 3D 动画合理因素的借鉴和利用。如果全盘西化的话，一来无法体现出民族的自身特性，不能为国内观众所接受；二来因为在技术、经济等方面的差距，无法实现美国 3D 动画的效果，无法实现既定的利益诉求。所以 3D 动画的“民族化”也必须倚重民族性，既营造出国内观众的熟悉亲切感，同时也兼具一种对国外观众所具有的神秘性和独特性。于是，将本土民族文化与外来全球文化“中和”的 3D 动画将体现出双方面的适用性。对于国内观众，它既具有亲近感，又具有全球文化的流行元素，实现了传统民族文化的现代化，有利于对民族文化的认同建构；对于国外观众，它因为这种双面因素的兼具，同样可以体现出熟悉和神秘的双重性，有利于传统文化的对外传播。只有在这个意义上，“越是民族的就越是国际的”才能够得到充分的体现。

无论对于国产动画的民族化传统还是对于美国 3D 动画，“和而不同”都是 3D 动画民族化的基本原则和策略。

三、3D 动画民族化的应然之途

本着“和而不同”的原则，3D 动画的民族化已经不能再走 20 世纪国产动画的民族化之路。因为面临新的时代语境，20 世纪国产动画生产的主客观条件都已经不再充分，3D 动画的民族化必须走上另外一条道路，即无论对于民族化传统还是外来动画文化，均采取一种扬弃的态度，不倚不弃，对于两者中的合理化成分以及能够契合当下社会文化语境的部分进行吸纳，抛却其不合时宜的不能与当下时代完成共振的因素，从而使 3D 动画的民族化走上一条开放、多元、健康的道路。

这就需要对国产动画的民族化传统和外来动画文化进行剖析：哪些因素是当下 3D 动画的民族化所需要保留的？哪些因素是不合时宜必须抛弃的？

对于国产动画的民族化传统，前已论述，可以归纳为四个要点：1. 动画题材上对传统文学资源的倚重与偏爱。2. 表现形式上的写意性。3. 意识形态上的教化倾向。4. 审美意蕴上的意境追求。对于这四个要点，首先需要排除掉的就是第三点，即意识形态上的教化倾向，这是目前国人之所以不喜欢国产动画最主要的一个因素，就是对国产动画中的教化性产生了严重的抵触情绪。有人曾做过相关调查，在国人不喜欢国产动画的诸多原因中，国产动画中的说教色彩位列其首，所以在 3D 动画的民族化过程中一定要处理好"教"与"乐"的关系。国产动画中并非不可以有教育意义，其他国家的动画如美国迪士尼动画中也在宣扬对美好价值理念的追求，但必须以一种为观众喜闻乐见的形式去制作，而不是像绝大部分国产动画中所体现出的简单化、机械化处理那样。"寓教于乐"没有问题，但必须确实做到"乐"，而不是仅剩下赤裸裸的"教"。在这个问题上，3D 动画的民族化需要警惕国产动画民族化传统中的说教性，在坚守文化道德底线的基础上多多探索为观众所喜欢的表现形式。如果说在 20 世纪的国产动画民族化时期，因为社会环境的相对封闭，外来动画文化的冲击尚构不成实质威胁，国人对动画的选择性空间非常小，以至于不得不依赖国产动画的话，那么在当下这样一个开放、网络化的全球化时代，日本、美国等动画文化可以以各种形式展现在国人面前的时候，国产动画早已不是过去那种近似唯一的选择，而只是其中的一个选择而已。在这个意义上，国产动画与国外动画被放置在了同一个竞争平台之上，如果国产 3D 动画不能处理好"寓教于乐"的问题，依然延续过去那种“板着脸”的说教姿态，无异于自绝于国人。

其次，对于国产动画民族化传统中的另外三点也需要变通处理。比如对于动画题材上对传统文学资源的倚重，并非意味着只有采用了传统文学资源中的题材才是民族化，现代题材同样可以做到民族化，关键不在于采不采用传统文学题材，而在于如何对题材进行处理和表现。对于表现形式上的写意性和审美意蕴上的意境追求也面临着同样的问题。我们不否认表现形式上的写意性和审美意蕴上的意境追求是国产动画民族化过程中非常重要的经验积累，通过“写意”化处理后的影像效果也确实能够彰显华夏民族传统文化的精髓和魅力，但这同样不能成为当下国产 3D 动画民族化的必然要求和束缚。因为当下的生产和接受语境都已经今非昔比，跟过去那个时期已“不可同日而语”，国产 3D 动画民族化的出发点应该是契合当下的生产和接受语境，所以必然需要对表现形式上的写意性和审美意蕴上的意境追求进行变通处理。举一个简单的例子，水墨动画《牧笛》和《山水情》可谓国产动画民族化的经典之作，是民族化动画的桂冠，无论从题材内容还是表现形式、影像以及音乐上，全部采取了传统文化元素，两部作品可谓是从“里”到“外”均透着传统文化的神韵，是国产动画民族化最为纯粹的经典了，但它们却不足以成为当下国产 3D 动画民族化的榜样。首先生产语境就已经不同了，《牧笛》和《山水情》是计划经济时代的产物，在那样一个时代，动画人可以心无旁骛地去做纯粹的民族化艺术探索，因为无论作品做成什么样子，艺术探索到什么程度，都不用担心发行放映问题，也不用担心影片票房不好影响自己的经济收益，一切都有国家管着，工资福利由国家发着，影片的发行、放映也由国家管着，动画人只是负责把作品做好，所以我们可以看到如此纯粹的艺术动画，没有对白、画面和音乐精益求精、美术设计均是当时国内数一数二的美术大家等等。这样的生产要素也只有在那样一个计划经济的时代才可能实现，放在当下市场经济的生产语境中，首先用水墨动画这种表现形式去创作一部动画长片似乎就不可能，因为水墨动画制作过程极其烦琐，对人力、物力、财力都具有非常高的要求，所以从投入产出的效果来看，风险极大，大部分制片公司出于资本安全的考虑，未见得会采用这种动画形式。另外，即使采用，也不可能在艺术性上做到如此纯粹，因为在市场经济的生产语境下，生产受到消费的严重制约，生产是为了消费的生产，从当下视觉文化凸显、感性高扬的消费文化语境下，试问《牧笛》《山水情》里那些审美要素在生产中能够保留几分？当然，这并非意味着表现形式上的写意性和审美意蕴上的意境追求已经在国产 3D 动画民族化过程中没有了存在的必要，而是说在当下的国产 3D 动画民族化中，表现形式上的写意性和审美意蕴上的意境追求不能像以前那样做到如此纯粹了。表现形式上的写意性和审美意蕴上的意境追求是传统民族文化的核心和精髓，无论是在过去的国产动画民族化探索中，还是在当下的国产 3D 动画民族化过程中，都需要坚守，差别只是在于纯粹的程度。比如在国产 3D 动画《麋鹿王》中，无论在影像还是音乐上，很多段落和场景都透着写意和意境神韵，但这种对写意和意境的追求已经和《牧笛》《山水情》有了根本差别，它是弥散在叙事之中的，是局部的、细节化的写意，而不是整体的纯粹写意，写意和意境是故事的附属，是在叙事过程中隐形存在的，而不是像《牧笛》和《山水情》那样叙事极端弱化，写意和意境成为显性存在。

同样道理，对外来动画文化，主要是日本、美国动画，国产 3D 动画民族化同样需要持一种扬弃的态度，吸收其合理性要素为我所用，而摒弃其不适合于国产动画的要素。合理化要素主要是幽默搞笑的动画娱乐品格和娴熟的动画叙事技巧，需要摒弃的则主要是其唯利是图的商业追求以及为达到这一目的所采取的暴力、色情等表现手段。主题上的说教色彩是国产动画的一个主要特点，这需要学习日本、美国动画中的娱乐精神，当然，说教并非动画所独有，华夏文化中悠久的“文以载道”传统，对“道”的追求体现在几乎所有民族性文艺形式中，但因为动画在中国往往被看作一种以儿童为对象的艺术，所以“道”在这里就演变成了说教。随着国家对动画产业的重视与扶持，动画以儿童为主要对象的观众定位必须打破，即使是为儿童量身制作的动画也需要采纳新的表现形式，即便儿童在日本、美国动画的影响下，也已经厌倦了简单的说教，所以国产 3D 动画需要合理地吸纳日本、美国动画中的娱乐精神，为国产动画带来一份活力和趣味。在动画的叙事方面，国产 3D 动画也需要向日本、美国动画学习。国产动画除了说教外，另一个为观众所诟病的方面即动画叙事的薄弱，在为日本、美国动画做代工生产 20 多年后的今天，在动画技术上虽然与其仍有差距，但差距已不大，甚至有些技术已经赶上或超过日本、美国，比如北京迪生通博公司开发的动画技术已经为日本、美国动画公司所订购。但在讲故事的能力上，国产动画无疑跟日本、美国动画还存在着很大的差距，国产动画往往“有句无篇”，不能讲一个精彩的故事，这一点也需要合理吸纳日本、美国动画中的成功经验。对于日本、美国动画中唯利是图的倾向以及为达到这一目的而采用暴力、色情的手段，国产 3D 动画中必须摒弃，虽然我们不主张国产动画中过于明显的说教色彩，但必须坚守民族文化基本的道德底线，毕竟国产动画在当下这样一个全球化的时代，一方面担负着对内建构民族文化认同，另一方面还肩负着对外传播民族优秀文化的双重任务。无论对内还是对外，都需要将民族传统文化中的精华部分发扬光大，而不能走向对国外低俗文化的拷贝。

从“和而不同”的原则出发，对动画民族传统和外来动画文化均采取扬弃的态度，笔者认为国产 3D 动画的民族化应该由浅入深分为以下几个层次。

（一）传统民族动画表现形式与 3D 动画的复合化

这方面已有成功范例，如对水墨动画和 3D 动画的结合，2003 年用这种方法制作的短片《塘韵》《夏》等已得到了国内外动画界的赞扬；2004 年，中国美术学院的常虹老师编导的短片《潘天寿》融合手绘、三维、水墨、实拍等多种动画表现形式，令人耳目一新，该片获得日本“东映动画大奖”；2006 年，短片《桃花源记》则融合三维、工笔、水墨、剪纸、皮影等多种动画形式，影像效果强烈鲜明，为国内外观众所赞赏。

（二）中国元素的凸显

本书此处所用的“中国元素”是指能够反映中国人文精神和民俗心理，具有中国文化特质的视听文化符号，如中国书法、篆刻印章、中国结、京戏脸谱、皮影、中国武术、太极拳、桃花扇、景泰蓝、玉雕、中国漆器、红灯笼、笛子、二胡、鼓、古琴、琵琶、古筝等。这些视觉和听觉元素在国产 3D 动画中的运用，一方面能够使国内观众产生熟悉感，有利于文化认同；另一方面可以使国外观众一眼即可辨出中国特色，产生对中国文化的向往，有利于文化传播。

（三）中国式情感、价值观与思想方式

因为民族文化传统的差异，各个民族在情感、价值观和思想方式上存在着很大差异。比如中国文化中对于情感表达重“乐而不淫，哀而不伤”“发乎情止乎礼”等倾向；在价值观上，中国人重集体和家庭；在思想方式上，“天人合一”“中庸之道”等倾向，都是中华民族传统文化的鲜明特色。那么国产 3D 动画的民族化过程就需要在表达层面上彰显中国式的情感、价值观和思想方式。当然，这并非意味着彻底回到传统，而是回到传统中的精华部分，对于传统文化中的糟粕部分如“三纲五常”这类的价值规范则需要彻底摒除。

（四）华夏美学意蕴

3D 动画民族化的最高境界是在审美上达到华夏美学的神韵：“意境”之美。“意境”追求一种“情景交融”“虚实相生”的审美境界，是中国美学独特的审美范畴。3D 动画的民族化需要将“意境”内化为自己的审美追求，从而使自身体现出鲜明的中国文化特色。

在保证讲好一个精彩故事的基础上，这样逐次渐进的四个层次构成 3D 动画民族化由浅入深的基本路径。当然，这并不是说只要满足最低层次的要求即可。

笔者认为如果要在四个层面中标示出 3D 动画民族化的基本内涵，可以把这条基准线标示在第三层面上，即在影片中体现出中国式情感、价值观与思想方式，第一和第二层面仅是实现第三层面的方式手段，而由第三层面进一步提升，可以追求审美意境的实现。第四层面的“意境”追求不必然构成 3D 动画民族化的必要成分，可以视制作实力、题材内容、表现手段等具体条件而定，但第三层面却是 3D 动画民族化必不可少的基本内涵，失却这一点，仅达到了第一和第二层面的“民族化”，不是真正意义上的民族化，只是“徒具其表”，不具实质的民族化空壳而已。

目前的国产 3D 动画创作还很薄弱，急需发力。自 2006 年第一部国产 3D 动画电影《魔比斯环》诞生以来，已有多部 3D 动画影片公映，如《向钱冲，向前冲》《阿童木》《麋鹿王》《齐天大圣前传》《超蛙战士》《世博总动员》等。无论从数量还是质量上，跟美国 3D 动画的蓬勃发展相比，都存在着很大的差距。盘点已有的国产 3D 动画创作实践，可以发现两个明显的问题。

第一个问题是“徒具其表”的民族化，表现为对民族化采取了简单化的理解和处理方式。以《超蛙战士》为例，该片虽然特别设计了一些中国元素，如在人物设定上对京剧生、旦、净、末、丑类型人物形象的比照，以及对京剧脸谱和一些京剧音乐如京胡、锣、镲等表现元素的加入，甚至还特意加入了一段《穆桂英挂帅》，但在总体上来看，距离真正意义上的民族化尚有不小的差距，无论在叙事上还是在审美上，该片都是对美国科幻电影的生硬模仿，机器人、机械铠甲、太空大战段落等，无不是观众已经烂熟的美国式科幻大片里必不可少的要素，而且整个影片的故事架构也是建构在美国科幻大片的叙事框架之内，看不出一丝民族化情感和价值观的痕迹。与该片相类似的还有《向钱冲，向前冲》，虽然搬出了中国古代钱币的造型，但无论是叙事上的停滞还是审美上的呆板无趣，都与真正的民族化相差甚远。

第二个问题是国产 3D 动画的“全盘西化”问题。这一点在《魔比斯环》和《阿童木》等影片中表现得淋漓尽致。前者虽然是一部历时五年、耗资 1.3 亿元的国产 3D 动画“大片”，但票房惨淡，根本原因在于其“全盘西化”的问题。该片从编剧到导演及制片均从国外引进，制作团队会集了来自美国、英国、加拿大、法国、马来西亚等多个国家的动画制作人员，可以说从策划之初，该片就是向着国际化方向行进的。反映在文本层面，该片从故事到场景及音乐彻底照搬美国动画的制作模式，连剧中人物的名字都是“杰克”“西蒙”等，试问这样的国产 3D 动画意义何在？从对内文化认同和对外文化传播的意义上来看，均不具明显价值。即使从商业利润的层面考虑，对于这样一部美国动画的“赝品”来说，有多大的可能性击败无论在技术还是在资金上都更为先进和雄厚的美国本土原创 3D 动画？

无独有偶，仅仅三年之后，又出现了一部与该片具有“异曲同工”之妙的国产 3D 动画《阿童木》，这时连原创故事都放弃了，直接对手冢治虫的经典之作采取了翻拍，虽然在技术上可圈可点，票房惨败却已是情理之中的事情。毕竟国产 3D 动画的根本还是在于“民族化”之上，丢掉了这个根本，枉论发展，连生存都会成为很大的问题。拍摄《阿童木》的意马动画因该片的巨额亏损导致公司解散便是一个鲜活的例证。

图6-2　《麋鹿王》剧照

在国产 3D 动画电影中，笔者认为《麋鹿王》的探索为国产 3D 动画的民族化之路提供了一定的启示和参考。该片取材自《山海经》，吸收了大量中国神话、民间传说的元素，在彰显意象、意境美学的影像风格中讲述了一段人兽之恋，即麋鹿公主和人类王子的恋爱。在视觉表现上，该片的视觉元素从中国传统绘画和传统动画的宝库中汲取营养，角色形象、场景设计，甚至饰物服装和道具，都具有很浓的中国味；在主题意蕴上，该片所表达的主题也体现了中华民族人与自然以及人与万物和谐共存的理念，体现了“天人合一”的民族文化价值观。尤其值得一提的是，该片在以传统民族文化作为根本的基础上，还在一定程度上参考借鉴了国外动画的精华部分，如在叙事和角色设定上，该片可以明显看出参考借鉴了宫崎骏《幽灵公主》《天空之城》以及美国动画《怪物史莱克》等影片，但如前所述，这是一种值得肯定的民族化方式，是对传统文化和外来文化的双重扬弃与结合，对于国产 3D 动画的民族化之路，该片所提供的探索具有参考意义。

结　语

3D 动画展望及其表征重建

自 1995 年第一部 3D 动画长片《玩具总动员》诞生以来，3D 动画已经走过了 20 余年的历程。在这 20 余年里，随着数字技术的迅猛发展，3D 动画制作技术精益求精，已经达到了可以在影像质量上与真人实拍电影毫厘不爽的程度；在这 20 余年里，3D 动画也当仁不让地成了最为流行、最受全球观众青睐的动画类型。

但是正如笔者在本书主体部分论述的那样，对于 3D 动画的崛起，必须从两方面来看，一方面是其在工具理性层面所具有的极大的正价值，另一方面是必须看到在 3D 动画崛起的过程中被有意或无意遮蔽掉的那些部分，比如价值理性的缺失、商品拜物的彰显、文化帝国主义倾向等。我们不能被 3D 动画巨额的经济利益冲昏头脑，失去对其的批判和反思，正如 3D 动画利用视觉奇观和新感性所期望观众表现的那样。

对于 3D 动画表现出的工具理性和价值理性的悖论关系，本书提出了整合两者的美好愿望，将 3D 动画在工具理性层面巨大的正价值整合进价值理性之中，从而消解悖论，使工具理性从根本上服务和体现出价值理性的终极关怀。当然，这个过程也是 3D 动画的表征重建过程，工具理性和价值理性悖论就是表征中的价值蕴藉，整合即表征重建。那么整合或者重建的路径何在？

在进入这个问题之前，我们首先关注一下 3D 动画最近的发展态势。自《阿凡达》公映以来，一个新的概念成了电影界的热点，那就是“3D 电影”，我们在“3D 动画”概念辨析部分对此曾有分析，“3D 电影”与“3D 动画”是两个概念，“3D 电影”是需要佩戴特制眼镜观看的立体电影，而

“3D 动画”则是一个相较于传统二维动画而言的概念，它不必然是立体电影；但不得不说，3D 动画最近的发展趋势正是向着立体影像的形态前进，即 3D 立体动画形态。其实在《阿凡达》之前，迪士尼／皮克斯就已经推出过 3D 立体动画《霹雳狗》了，3D 立体动画实际上走在了 3D 电影之前，只不过影响有限，达不到《阿凡达》的高度。

3D 立体动画构成了 3D 动画的一个主要趋势，因为 3D 立体动画具有防盗版等突出优势，以及在影像奇观上更为突出的效果，所以 3D 立体动画成了各大动画公司的不二之选，比如迪士尼／皮克斯、梦工厂、20 世纪福克斯等 3D 动画的顶尖制作公司都纷纷在近年推出了自己的 3D 立体动画，《霹雳狗》《飞屋环游记》《冰河世纪 3》《玩具总动员 3》《怪物史莱克 4》《驯龙高手》等都获得了巨大的成功。

“浸入感”将会是 3D 动画未来一段时期发展的主要方向，3D 立体动画仅是其中一条途径，是影像层面的优化。正如 4D 电影所显示的那样，除了影像的改良之外，“浸入感”的强化还可以通过对影院硬件设备的改良来实现，如对座椅运动轨迹的设置、对影院自然现象仿真功能的设置（如在 2010 年上海世博会上很多场馆中所体现的那样，通过对座椅的运动及在影院内对风、雨、冷、热等现象的人为模拟来强化观众的“浸入感”）等，都能够强化观众“身临其境”的“浸入感”。随着 3D 动画技术以及虚拟现实技术的飞速发展，尤其当这种技术能够为制作公司带来更为丰厚的经济收益时，我们完全有理由相信，3D 动画将会在未来很长一段时期内，在“浸入感”的强化方面得到更为迅猛的发展。

考察 3D 立体动画和 4D 动画（或者以后可能出现的 5D、6D 等）的价值实质，却得出一个更为悲观的结论：3D 立体动画／4D 动画更加剧了 3D 动画在工具理性和价值理性之间的裂痕。3D 立体动画／4D 动画在视听空间上具有更大的优势，它更容易营造奇观，也更容易使观众“浸入”其中。但在这个越发凸显奇观和“浸入”的过程中，“肯定的文化”性质、商品拜物等倾向性也将被贯彻得更为彻底，距离价值理性的终极关怀无疑也将渐行渐远。

那么在这样一个发展态势之下，3D 动画表征重建的可能路径何在呢?

首先来看在 3D 动画内部进行正面重建是否具有可行性。所谓“从正面重建”，即从直接的 3D 动画生产进行表征重建。3D 动画制作中可否采用另外一种不同于当下的表征范式来加以表现，从而体现出价值理性的终极关怀呢? 从理论上来讲，这种可能性是存在的，只要 3D 动画的制作者不“唯利是图”、不利用和依赖“视觉奇观”和新感性以迎合观众获取经济和意识形态层面的利益，而从张扬艺术精神、注重终极关怀的角度出发，也就是说 3D 动画的制作者持一种曼海姆意义上的“非依附性的”知识分子之社会启蒙意识来制作 3D 动画，表征重建即可完成。但是从实践上来讲，这种实现却是不存在的，且不论曼海姆的“超阶级的”“非依附性的”知识分子在当下这个全面世俗化的传媒时代能够在多大可能性上存在（正如葛兰西的“有机知识分子”所显示的那样，任何知识分子都是特定阶级的代言人），即使存在，他具有对社会的批判和启蒙意识，也摆脱了制作公司对经济利益的追求，那么这种重建还是无法完成。因为作为一种大众艺术，3D 动画的生产除了受到生产方的制约，同样还要受到社会消费语境的制约，在当下这样一个消费文化全面弥散和深入的时代，观众早已经不能够接受精英式的启蒙，他们需要的就是视觉奇观和感性张扬，这是整个时代社会文化的审美语境，无从逃避也无可奈何。依靠“非依附性的”启蒙知识分子制作一两部具有艺术意蕴、终极关怀的 3D 动画是可能性，但作为一种长期的制作机制却是不可能性，因为它无法维持 3D 动画的再生产。从这个层面来看，要实现正面的 3D 动画表征重建，先要完成观众的启蒙重建，显然这是一个几近于无法完成的任务。

笔者认为 3D 动画表征重建的可能路径存在于另外一个层面，即技术的解放力量与“业余者”的结合。

“业余者”是萨义德对某一类知识分子的指称，在萨义德看来，当下时代的知识分子已经越来越消失在琐碎的细枝末节中，沦落为专业社会大趋势中鼠目寸光的专业人士，已经失去了整体的眼光和批判的空间。所以真正的知识分子需要从专业社会的束缚和形塑中解脱，而以一种“业余者”的公共身份对社会文化发言，即萨义德所说的“知识分子的公共角色是局外人、‘业余者’、搅扰现状的人”[①]。这些“业余者”式的知识分子尽管也普遍感受到专业社会的压力，但可以用“业余性”来加以对抗，“而所谓的业余性就是，不为利益或奖赏所动，只是为了喜爱和不可抹杀的兴趣，而这些喜爱与兴趣在于更远大的景象，越过界限和障碍达成联系，拒绝被某个专长束缚，不顾一个行业的限制而喜好众多的观念和价值”[②]。从萨义德“业余者”的层面来看 3D 动画的表征重建，就可以发现一条可能的表征重建路径，因为“业余者”可以跨越在 3D 动画生产中所有的束缚与显在的利益诉求，如生产方对政治经济的利益诉求、消费方对影像的视觉期待等，它仅仅从自己的“喜爱和兴趣”出发，制作自己想做和喜欢做的 3D 动画。那么 3D 动画制作“业余者”的存在空间是否可能呢？答案是肯定的。这种可能性空间就存在于 3D 动画技术的解放意义之上，3D 动画技术的出现，打破了传统动画制作对硬件、资金等方面的高度要求。理论上来讲，只要具备一台电脑和一套 3D 动画制作软件就可以制作自己的 3D 动画，使“人人都是艺术家”成为一种现实的可能。随着 3D 动画技术飞速迅猛地发展，相信越来越人性化、简便化的 3D 动画制作软件会不断被推出，制作 3D 动画即使对普通大众来说也会变得越来越容易，正如 Flash 动画所走过的历程一样。从这个层面来讲，当萨义德意义上的“业余者”与技术的解放力量一旦结合，3D 动画表征重建的可能空间即已实现。但这样的“业余者”式 3D 动画实践积累到一定的程度，一方面会为 3D 动画电影生产出大量的不同于以往的、具有多元审美倾向的观众，从而一定程度上影响到 3D 动画电影的生产；另一方面也会为 3D 动画电影生产贡献出多样化的艺术探索，从而丰富 3D 动画电影的表征范式，打破其模式化形态。

---

① ［美］爱德华·W. 萨义德：《知识分子论》，单德兴译，生活·读书·新知三联书店 2002 年版，第 2 页。
② ［美］爱德华·W. 萨义德：《知识分子论》，单德兴译，生活·读书·新知三联书店 2002 年版，第 67 页。

我们期待在 3D 动画的发展中可以看到不一样的 3D 动画——一种实现了工具理性与价值理性整合的、实现了表征范式重建的 3D 动画。正如著名诗人福楼拜一个多世纪前乐观的预言："艺术愈来愈科学化，而科学愈来愈艺术化；两者在山麓分手，有朝一日将在山顶重逢。"[①] 我们期待那一天的早日到来。

① ［苏联］米・贝京：《艺术与科学——问题・悖论・探索》，任光宣译，文化艺术出版社 1987 年版，第 131 页。

参考文献

专著

[1] 罗钢、刘象愚主编:《文化研究读本》,中国社会科学出版社2000年版。

[2] 李四达编著:《迪斯尼动画艺术史》,清华大学出版社2009年版。

[3] 余为政主编:《动画笔记》,海洋出版社2009年版。

[4] 陶东风:《文体演变及其文化意味》,云南人民出版社1994年版。

[5] 中国艺术研究院外国文艺研究所《世界艺术与美学》编委会编:《世界艺术与美学》第六辑,文化艺术出版社1983年版。

[6] 陆扬主编:《文化研究概论》,复旦大学出版社2008年版。

[7] 陶东风主编:《文化研究精粹读本》,中国人民大学出版社2006年版。

[8] 陆扬、王毅:《文化研究导论》,复旦大学出版社2009年版。

[9] 黄鸣奋:《"泛动画"百家创意》,厦门大学出版社2009年版。

[10] 龙全主编:《兼容·和而不同——第四届全国新媒体艺术系主任(院长)论坛论文集》,北京航空航天大学出版社2009年版。

[11] 文化部电影局《电影通讯》编辑室、中国电影出版社本国电影编辑室合编:《美术电影创作研究》,中国电影出版社1984年版。

[12] 闵大洪:《数字传媒概要》,复旦大学出版社2003年版。

[13] 聂欣如:《动画概论》,复旦大学出版社2006年版。

[14] 容旺乔:《动画概论》，江苏美术出版社2006年版。

[15] 周宪:《文化表征与文化研究》，北京大学出版社2007年版。

[16] 黄琳主编:《影视艺术——理论·简史·流派》，重庆大学出版社2001年版。

[17] 张咏华:《媒介分析：传播技术神话的解读》，复旦大学出版社2002年版。

[18] 乔瑞金:《技术哲学教程》，科学出版社2006年版。

[19] 张烈、骆春慧编:《计算机三维建模与动画基础》，清华大学出版社2008年版。

[20] 高字民:《从影像到拟像——图像时代视觉审美范式研究》，人民出版社2008年版。

[21] 徐瑞青:《电视文化形态论——兼议消费社会的文化逻辑》，中国社会科学出版社2007年版。

[22] 孙周兴编:《海德格尔选集》，上海三联书店1996年版。

[23] 齐鹏:《新感性：虚拟与现实》，人民出版社2008年版。

[24] 王晓路等:《文化批评关键词研究》，北京大学出版社2007年版。

[25] 朱狄:《当代西方艺术哲学》，武汉大学出版社2007年版。

[26] 谭好哲:《文艺与意识形态》，山东大学出版社1997年版。

[27] 李恒基、杨远婴主编:《外国电影理论文选》，上海文艺出版社1995年版。

[28] 尤战生:《流行的代价——法兰克福学派大众文化批判理论研究》，山东大学出版社2006年版。

[29] 高岭:《商品与拜物：审美文化语境中商品拜物教批判》，北京大学出版社2010年版。

[30] 周宪:《文化研究关键词》，北京师范大学出版社2007年版。

[31] 周宪:《审美现代性批判》，商务印书馆2005年版。

[32] 佘碧平编:《现代性的意义与局限》，上海三联书店2000年版。

[33] 陈振明：《法兰克福学派与科学技术哲学》，中国人民大学出版社 1992 年版。

[34]《中国动画年鉴》编辑部编：《中国动画年鉴（2006）》，中国广播电视出版社 2007 年版。

[35] 潘一禾：《文化安全》，浙江大学出版社 2007 年版。

[36] 李朝阳：《中国动画的民族性研究》，中国传媒大学出版社 2011 年版。

[37] 金观涛、刘青峰：《中国现代思想的起源》，香港中文大学出版社 2000 年版。

[38] 赵毅衡：《广义叙述学》，四川大学出版社 2013 年版。

[39] 汪晖、陈燕谷主编：《文化与公共性》，生活·读书·新知三联书店 1998 年版。

[40] 钱穆：《现代中国学术论衡》，生活·读书·新知三联书店 2001 年版。

[41][英] 斯图尔特·霍尔编：《表征——文化表征与意指实践》，徐亮、陆兴华译，商务印书馆 2013 年版。

[42][美] 赫伯特·马尔库塞：《爱欲与文明——对弗洛伊德思想的哲学探讨》，黄勇、薛民译，上海译文出版社 1987 年版。

[43][美] 赫伯特·马尔库塞：《审美之维——马尔库塞美学论著集》，李小兵译，生活·读书·新知三联书店 1989 年版。

[44][美] 赫伯特·马尔库塞：《单向度的人——发达工业社会意识形态研究》，刘继译，上海译文出版社 2008 年版。

[45][英] 阿雷德·鲍尔德温等：《文化研究导论》，陶东风等译，高等教育出版社 2004 年版。

[46][德] 阿多诺：《美学理论》，王珂平译，四川人民出版社 1998 年版。

[47][德] 鲁道夫·爱因汉姆：《电影作为艺术》，邵牧君译，中国电影

出版社 1981 年版。

[48][美] 艾瑞克 · 弗洛姆:《弗洛姆文集》, 冯川等译, 改革出版社 1997 年版。

[49][德] 霍克海默:《霍克海默集: 文明批判》, 渠东、付德根译, 上海远东出版社 2004 年版。

[50] 中共中央马克思恩格斯列宁斯大林著作编译局译:《马克思恩格斯全集》第 23 卷, 人民出版社 1972 年版。

[51][美] 马泰 · 卡林内斯库:《现代性的五副面孔》, 顾爱彬等译, 商务印书馆 2002 年版。

[52][英] 安东尼 · 吉登斯、[德] 乌尔里希 · 贝克、[英] 斯科特 · 拉什:《自反性现代化——现代社会秩序中的政治、传统与美学》, 赵文书译, 商务印书馆 2001 年版。

[53][英] 汤林森:《文化帝国主义》, 冯建三译, 上海人民出版社 1999 年版。

[54][英] 约翰 · 汤姆林森:《全球化与文化》, 郭英剑译, 南京大学出版社 2002 年版。

[55][英] 迈克 · 费瑟斯通:《消解文化——全球化、后现代主义与认同》, 杨渝东译, 北京大学出版社 2009 年版。

[56][德] 马克斯 · 韦伯:《经济与社会》(上卷), 林荣远译, 商务印书馆 1997 年版。

[57][英] 尼尔 · 波兹曼:《技术垄断——文化向技术投降》, 何道宽译, 北京大学出版社 2007 年版。

[58][德] 沃林格:《抽象与移情: 对艺术风格的心理学研究》, 王才勇译, 辽宁人民出版社 1987 年版。

[59][英] 乔治 · 拉雷恩:《意识形态与文化身份: 现代性和第三世界的在场》, 戴从容译, 上海教育出版社 2005 年版。

[60][美] 爱德华 · W. 萨义德:《知识分子论》, 单德兴译, 生活 · 读

书·新知三联书店 2002 年版。

[61][苏联] 米·贝京:《艺术与科学——问题·悖论·探索》,任光宣译,文化艺术出版社 1987 年版。

[62][美] 克利福德·格尔茨:《文化的解释》,韩莉译,译林出版社 1999 年版。

[63][美] 大卫·A. 普莱斯:《皮克斯总动员:动画帝国全接触》,吴怡娜等译,中国人民大学出版社 2009 年版。

[64][瑞士] H. 沃尔夫林:《艺术风格学》,潘耀昌译,辽宁人民出版社 1987 年版。

[65][苏联] 鲍列夫:《美学》,乔修业、常谢枫译,中国文联出版公司 1986 年版。

[66][法] 让·鲍德里亚:《消费社会》,刘成富、全志钢译,南京大学出版社 2008 年版。

[67][法] 居伊·德波:《景观社会》,王昭风译,南京大学出版社 2007 年版。

[68][法] 乔治·萨杜尔:《世界电影史》,徐昭、胡承伟译,中国电影出版社 1982 年版。

[69][英] 理查德·豪厄尔斯:《视觉文化》,葛红兵等译,广西师范大学出版社 2007 年版。

[70][法] 安德烈·巴赞:《电影是什么?》,崔君衍译,江苏教育出版社 2005 年版。

[71][德] 瓦尔特·本雅明:《机械复制时代的艺术作品》,王才勇译,中国城市出版社 2002 年版。

[72][德] 齐格弗里德·克拉考尔:《电影的本性》,邵牧君译,中国电影出版社 1981 年版。

[73][古希腊] 亚里士多德:《诗学》,罗念生译,上海人民出版社 2006 年版。

[74][美]苏珊·朗格:《艺术问题》,滕守尧译,南京出版社2006年版。

[75][美]艾布拉姆斯编:《简明外国文学辞典》,湖南人民出版社1987年版。

[76][德]海德格尔:《存在与时间》,陈嘉映、王庆节合译,生活·读书·新知三联书店1987年版。

[77][加拿大]马歇尔·麦克卢汉:《理解媒介——论人的延伸》,何道宽译,商务印书馆2000年版。

[78][法]让-伊夫·戈菲:《技术哲学》,董茂永译,商务印书馆2000年版。

[79][美]保罗·莱文森:《莱文森精粹》,何道宽译,中国人民大学出版社2007年版。

[80][新西兰]肖恩·库比特:《数字美学》,赵文书等译,商务印书馆2007年版。

[81][美]M.李普曼编:《当代美学》,邓鹏译,光明日报出版社1986年版。

[82][法]皮埃尔·布迪厄:《艺术的法则:文学场的生成与结构》,刘晖译,中央编译出版社2001年版。

[83][美]约翰·A.兰特主编:《亚太动画》,张惠临译,中国传媒大学出版社2006年版。

[84][英]维多利亚·D.亚历山大:《艺术社会学》,章浩等译,江苏美术出版社2009年版。

[85][美]丹尼尔·贝尔:《资本主义文化矛盾》,赵一凡等译,生活·读书·新知三联书店1989年版。

[86][法]让·鲍德里亚:《物体系》,林志明译,上海人民出版社2001年版。

[87][匈牙利]贝拉·巴拉兹:《电影美学》,何力译,中国电影出版社

1979 年版。

[88][斯洛文尼亚] 阿莱斯·艾尔雅维茨:《图像时代》，胡菊兰等译，吉林人民出版社 2003 年版。

[89][美] 道格拉斯·凯尔纳:《媒体奇观》，史安斌译，清华大学出版社 2003 年版。

[90][美] 弗雷德里克·杰姆逊、[日] 三好将夫编:《全球化的文化》，马丁译，南京大学出版社 2001 年版。

[91][英] 约翰·伯格:《观看之道》，戴行钺译，广西师范大学出版社 2007 年版。

[92][英] E.H. 贡布里希:《艺术与错觉——图画再现的心理学研究》，林夕等译，浙江摄影出版社 1987 年版。

[93] David B. Guralnik (eds.), *Webster's New World Dictionary of The American Language*, Willim Collins Publishers, Inc., 1980.

[94] Judy Pearsall and Patrick Hanks (eds.), *The New Oxford Dictionary of English*, Oxford: Clarendon Press, 1998.

[95] Wendalyn R. Nichols, et al. (eds.), *Random House Webster's College Dictionary*, New York: Random House, 1999.

[96] Scott Lash, *Sociology of Postmodernism*, London: Routledge, 1990.

[97] Leslie Fiedler, "Cross the Border—Close the Gap", in Postmodernism: *An International Anthology*, Wook-Dong Kim (eds.), Seoul: Hanshin, 1991.

[98] Arthur C. Danto, Carolyn Korsmeyer (eds.), "The Artworld", *Aesthetic*: *The Big Questions*, Cambridge: Blackwell, 1998.

[99] Howard S. Becker, *Art Worlds*, San Francisco: University of California Press, 1982.

期刊

［1］陶东风：《文化研究在中国——一个非常个人化的思考》，《湖北大学学报（哲学社会科学版）》2008年第4期。

［2］颜纯钧：《中断和连续——论电影美学中的一对范畴》，《文艺研究》1993年第5期。

［3］聂欣如：《试论新媒体动画（数字三维动画）的媒介本体》，《上海大学学报（社会科学版）》2011年第3期。

［4］吴国盛：《海德格尔的技术之思》，《求是学刊》2004年第6期。

［5］肖亿立：《三维电脑动画技术概论》，《硅谷》2009年第14期。

［6］电子骑士：《动画危机总动员》，《环球银幕》2010年第5期。

［7］韩克庆：《比特时代对人类社会的重构》，《山东大学学报（哲学社会科学版）》1998年第4期。

［8］俞吾金：《从科学技术的双重功能看历史唯物主义叙述方式的改变》，《中国社会科学》2004年第1期。

［9］吴晓明：《阿多诺对"概念帝国主义"的抨击及其存在论视域》，《中国社会科学》2004年第3期。

［10］苏友贞：《小波特无法承受的重担》，《万象》2003年第10、11期合刊。

［11］赵士发：《合理性——价值论研究的焦点》，《社会科学动态》2000年第1期。

［12］陈奇佳、宋晖：《中国动画发展问题刍议》，《影视艺术》2006年第5期。

［13］杨鹏：《本土动漫的昨天、今天、明天——中国动漫出版产业分析》，《出版广角》2005年第8期。

［14］徐稳：《论原创力视阈下的中国文化主体意识重建》，《山东青年政治学院学报》2012年第4期。

[15] 唐伟胜：《认知叙事学视野中的叙事理解》，《外国语》（上海外国语大学学报）2013 年第 4 期。

[16] 陈林侠：《大众叙事媒介构建国家形象——从特征、论证到文化逻辑》，《中州学刊》2013 年第 10 期。

[17] 尹岩：《动画电影中的"中国学派"》，《电影艺术》1988 年第 6 期。

[18][美] 诺埃尔·卡洛尔：《巴赞在电影理论中的地位》（下），张东林译，《电影艺术》1993 年第 2 期。

[19][法] 让·米特里：《蒙太奇的心理学》，崔君衍译，《世界电影》1980 年第 3 期。

[20][美] 斯蒂文·普林斯：《真实的谎言——感觉上的真实性、数字成像与电影理论》，王卓如译，《世界电影》1997 年第 1 期。

[21][美] 吉·麦斯特：《什么不是电影》，邵牧君译，《世界电影》1982 年第 6 期。

网站

[1] 中国动画网：http://www.yuxinfj.com.

[2] 中国动漫网：http://www.zgdmyx.net.

[3] 中国影视资料馆：http://www.cnmdb.com/index.shtml.

[4] 银海网：http://www.filmsea.com.cn.

[5] 当代文化研究网：http://www.cul-studies.com.

后 记

3D 动画是伴随数字技术的飞速发展而诞生的动画形态，它的生成、发展和演变均受限于这个数字化生存的时代，同时也表征着这个时代。技术的发展日新月异，审美文化的演化时刻不停，与时俱进的 3D 动画也必将在未来展现出更多侧面和可能性。我深知对 3D 动画的研究注定会是一个“在路上”的未完成时态。本书作为我近年来对 3D 动画观察思考的一个小结，也注定只是 3D 动画演进史上的一个注脚。3D 动画的历史虽短暂，但对动画艺术的影响巨大，遗憾的是目前学界并没有形成 3D 动画研究的热潮，研究成果较少。本书的出版意在抛砖引玉，以期能够引起学界对 3D 动画的更多关注，从而拓展 3D 动画研究的深度和广度。书中如有错漏之处，还请方家不吝赐教。

本书是在我的博士论文的基础上修订而成的。感谢我的博士生导师聂欣如教授，聂教授学养深厚，在博士论文写作期间，从选题确定、方向把握到理论选择、史料运用，均给予了我细致指导，为博士论文的顺利完成提供了支持和勉励。

感谢福建省社科规划办和华侨大学，正是福建省社科规划基础研究后期资助项目“3D 动画转型及其文化表征”和华侨大学高层次人才科研启动项目“3D 动画研究”的立项，为本书的出版提供了资金支持，使本书得以面世。

感谢我的家人，无论是博士论文写作期间还是后续研究中，他们的无私奉献和全力支持，给我提供了宽松的环境，也给予了信心和力量。

感谢文化艺术出版社的编辑们，没有他们的辛勤付出，本书不可能这么快与大家见面。

孙振涛

2019 年 6 月